国家中职示范校电气类专业
优质核心专业课程系列教材

DIANGONG DIANZI JISHU YU JINENG

电工电子技术与技能

◎ 主　编　李万吉　刘　超
◎ 副主编　马志敏　程　雪　宋立武
◎ 参　编　张溪鹤　孙凯悦
◎ 主　审　付炬良

西安交通大学出版社
XI'AN JIAOTONG UNIVERSITY PRESS

图书在版编目（CIP）数据

电工电子技术与技能 / 李万吉，刘超主编. —西安：西安交通大学出版社，2015.7
ISBN 978-7-5605-7763-0

Ⅰ.①电… Ⅱ.①李… ②刘… Ⅲ.①电工技术—中等专业学校—教材 ②电子技术—中等专业学校—教材 Ⅳ.①TM ②TN

中国版本图书馆 CIP 数据核字（2015）第187234号

书　　名	电工电子技术与技能
主　　编	李万吉　刘　超
副 主 编	马志敏　程　雪　宋立武
参　　编	张溪鹤　孙凯悦
策划编辑	杨　璠
文字编辑	魏耀楠
出版发行	西安交通大学出版社
	（西安市兴庆南路10号　邮政编码710049）
网　　址	http://www.xjtupress.com
电　　话	（029）82668357 82667874（发行中心）
	（029）82668315（总编办）
传　　真	（029）82668280
印　　刷	虎彩印艺股份有限公司
开　　本	880mm×1230mm　1/16　印张 25.875　字数 632千字
版次印次	2015年8月第1版　　2015年8月第1次印刷
书　　号	ISBN 978-7-5605-7763-0/TM·109
定　　价	69.00元

读者购书、书店添货、如发现印装质量问题，请与本社发行中心联系、调换。
订购热线：（029）82665248　　（029）82665249
投稿热线：（029）82669097　　QQ：8377981
读者信箱：lg_book@163.com

吉林省工业技师学院国家中职示范校建设项目
优质核心专业课程系列教材编委会

《电工电子技术与技能》编写组

主　编：李万吉　刘　超

副主编：马志敏　程　雪　宋立武

参　编：张溪鹤　孙凯悦

主　审：付炬良

前言

　　本书根据人力资源和社会保障部制定的《技工院校一体化课程教学改革试点工作方案》和二〇一三年人力资源和社会保障部颁发的专业标准编写。编写过程中力求做到以国家职业标准为依据，以综合职业能力培养为目标，以典型工作任务为载体，以学生为中心，根据典型工作任务和工作过程设计课程体系和内容，按照工作过程的顺序和学生自主学习的要求进行教学设计并安排教学活动，实现理论教学与实践教学融通合一、能力培养与工作岗位对接合一、实习实训与顶岗工作学做合一。

　　本书根据教学内容及工厂实际提炼出21个典型工作任务，每个任务包含学习目标、工作任务、任务实施、任务小结几项内容。本着理论实践相结合的原则，适当压缩理论内容，并放到项目知识链接中供同学们学习。

　　本书适用于中等职业学校电类及非电类专业使用，非电类专业对于打"*"部分可以选学。建议电类专业学时为180学时，非电类专业学时为90～120学时。

　　本书由李万吉、刘超担任主编，马志敏、程雪、宋立武担任副主编。由于编者水平有限，书中可能存在疏漏，殷切期望使用本书的师生给予批评指正，以便今后提高修订质量。

编者

2015.1

目录

项目一
电工基本操作

任务1 电工安全知识

学习目标

1. 掌握电能的生产、输送和分配的相关专业知识。
2. 熟练掌握维修电工基本安全知识。
3. 了解安全用电和消防知识。
4. 能正确使用灭火器扑救电气火灾。
5. 熟练掌握触电急救知识和方法。
6. 能正确实施触电急救。

工作任务

本任务主要学习维修电工的基本安全知识，使学生了解电能的生产、输送和分配的相关专业知识，并能正确使用灭火器扑救电气火灾并且熟练掌握触电急救知识和方法。

任务实施

【一】准备。

由发电、输送、变电、配电和用电构成的整体，称为电力系统。电能是一种优质能源，它与其他形式的能相比较，具有转换容易、效率高、便于输送和分配、有利于实现自动化等许多方面的优点。

在当今的人类社会，不用说工农业生产、交通运输、文教卫生等方面离不开电，就是我们日常生活中用的电灯、电话、电视机……哪样都少不了电。但是，当你不认真地驾驭它，不注意它的安全使用，不注意防范它狰狞的一面，那么，它给你带来的光明、欢乐、财富就可能化为灰烬，也许还会损害或无情地夺走你的生命。

电气灾害是常见的一种灾害，大多数是人为造成的。只要预防工作完善，就能减少灾害的发生，即使发生了灾害也可最大限度地降低灾害所带来的损失。因此，做好与电气灾害斗争的预防工作，就显得极其重要。

一、电能的生产

目前电能生产主要有以下三种方式：

1．火力发电

火力发电的基本原理是通过煤、石油和天然气等燃料燃烧来加热水，产生高温高压的蒸汽，再用蒸汽来推动汽轮机旋转并带动三相交流同步发电机发电。火力发电的优点是建设电厂的投资较少，建厂速度快；缺点是耗能大、发电成本高且对环境污染较严重。目前我国仍以火力发电为主。

2．水力发电

水力发电的基本原理是利用水的落差和流量去推动水轮机旋转并带动发电机发电。其优点是发电成本低，环境污染小。但由于水力发电的条件是要集中大量的水形成水位的落差，所以受自然条件影响较大，建设电厂的投资较大且建厂速度慢。水力发电厂如图1-1所示。

图1-1　水力发电厂

3．核能发电

核能发电是利用原子核裂变时释放出的能量加热水，使之成为高温高压的蒸汽，去推动汽轮机并拖动发动机发电。核能发电站如图1-2所示。

图1-2 核能发电站

核能发电消耗的燃料少，发电的成本较低。但建设核能发电站的技术要求和各方面条件要求高，投资大且建设周期长。

此外，还有风力发电、太阳能发电、地热发电和潮汐发电等。

二、电能的输送和分配

1. 电力系统

为了供电的安全连续可靠和经济，将各类发电厂的发电机、变电所、输电线、配电设备和用电设备联系起来组成一个整体，这个整体就称为电力系统，如图1-3所示。

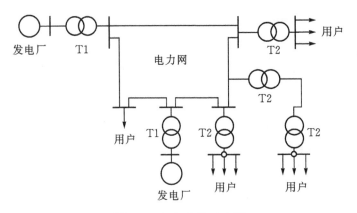

图1-3 电力系统示意图

三、维修电工基本安全知识

维修电工必须接受安全教育，在掌握电工基本的知识和工作范围内的安全操作规程后才能参加电工的实际操作。

1. 维修电工应具备的条件

（1）必须身体健康、精神正常。凡患有高血压、心脏病、支气管哮喘、神经系统疾病、色盲疾病、听力障碍及四肢功能有严重障碍者，不能从事维修电工工作。

（2）必须通过正式的技能鉴定站考试，合格并持有维修电工操作证。

（3）必须学会和掌握触电紧急救护法和人工呼吸法等。

2．维修电工人身安全知识

（1）在进行电气设备安装和维修操作时，必须严格遵守各种安全操作规程和规定，不得玩忽职守。

（2）在停电部分操作时，要切实做好防止突然送电的各项安全措施，如挂上"有人工作，不许合闸！"的警示牌，锁上闸刀或取下总电源保险器等。不准约定时间送电。

（3）在邻近带电部分操作时，要保证有可靠的安全距离。

（4）操作前应仔细检查操作工具的绝缘性能，及绝缘鞋、绝缘手套等安全用具的绝缘性能是否良好，有问题的应立即更换，并定期进行检查。

（5）登高工具必须安全可靠，未经登高训练的人员，不准进行登高作业。

（6）如发现有人触电，要立即采取正确的抢救措施。

3．设备运行安全知识

（1）对于已经出现故障的电气设备、装置及线路，不应继续使用以免事故扩大，并及时进行检修。

（2）必须严格按照设备操作规程进行操作，接通电源时必须先合隔离开关，再合负荷开关；断开电源时，应先切断负荷开关，再切断隔离开关。

（3）当需要切断故障区域电源时，要尽量缩小停电范围。有分路开关的，要尽量切断故障区域的分路开关，尽量避免越级切断电源。

（4）电气设备一般都不能受潮，要有防止雨雪、水汽侵袭的措施。电气设备在运行时会发热，因此必须保持良好的通风条件，有的还要有防火措施。有裸露的带电设备，特别是高压电气设备要有防止小动物进入造成短路事故的措施。

（5）所有电气设备的金属外壳，都应有可靠的接地保护措施。凡有可能被雷击的电气设备，都要安装防雷设施。

四、触电急救知识和方法

1．触电的危害及救护

人体是导电体，一旦有电流通过时，将会受到不同程度的伤害。由于触电的种类、方式及条件的不同，受伤害的后果也不一样。

当人体接触了通电物体，引起的一系列生理效应，都叫做触电。人触电死亡的原因：当通过人体的电流超过人能忍受的安全数值时，肺便停止呼吸，心肌失去收缩跳动的功能，导致心脏的心室颤动，"血泵"不起作用，全身血液循环停止。血液循环停止之后，引起胞组织缺氧，在10～15秒内，人便失去知觉；再过几分钟，人的神经细胞开始麻痹，继而死亡。

现场抢救触电者的原则：迅速、就地、准确、坚持。

2．触电的种类

1）电击

电击是电流通过人体时所造成的内伤。

电击可以使肌肉抽搐，内部组织损伤，造成发热发麻，神经麻痹等。严重时将引起昏迷、窒息，甚至心脏停止跳动而死亡。

2）电伤

电伤是指电流的热效应、化学效应、机械效应以及电流本身作用下造成的人体外伤。

电伤可以造成电烧伤、皮肤金属化、电烙印、机械性损伤、电光眼等伤害。

3．触电的方式

（1）单相触电：人体直接碰触带电设备其中的一相时，电流通过人体入地的触电现象。对于高压带电体，在人体虽然未直接接触，但小于安全距离时，高电压对人体放电，造成单相接地引起触电，也属于单相触电，如图1-4所示。

（2）两相触电：人体同时接触两根火线所造成的触电为两相触电，如图1-5所示。

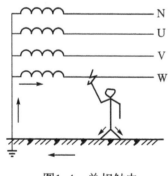
图1-4　单相触电

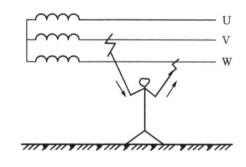
图1-5　两相触电

4．触电的急救措施和方法

1）通畅气道

（1）清除口中异物：使触电者仰面平躺，宽松衣带、头部侧转，用手指清除其口腔中的异物防止异物推向咽喉。

（2）仰头抬额法通畅气道：救护人一只手放在触电者前额，另一只手指将其颌骨向上抬起，使伤员的头部充分后仰，呼吸道尽量畅通，同时这也可以防止舌根陷落而堵塞气流通道。

2）口对口（鼻）人工呼吸法

（1）使触电者仰卧，松开衣领或紧身衣着、裤带，使胸廓能自然扩张。

（2）抢救者在侧旁，一手紧捏触电者鼻子（避免漏气），并将手掌外缘压住其额部，另一只手托在颈后，上抬，使头部充分后仰，以解除舌下坠所致的呼吸道梗阻。

（3）用口唇把触电者的口唇包住大口吹气，同时观察胸部是否隆起，以确定吹气是否有效和适度。

（4）吹气停止后，急救者头稍侧转，并立即放松捏紧鼻孔的手，让气体从触电者肺部排出，此时应注意胸部复原的情况，倾听呼气声，观察有无呼吸道梗阻。

（5）反复进行，频率为12次每分，平均每5秒吹一次。

口对口人工呼吸的操作方法如图1-6所示。

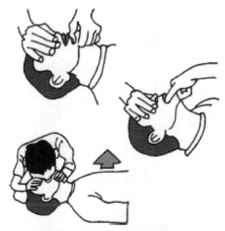

图1-6　口对口人工呼吸

人工呼吸法注意事项：

①吹气的压力需掌握好，刚开始时可大一点，频率稍快一些，经10～20次后可逐步减小压力，维持胸部轻度升起即可。吹气也不宜过大，容易造成胃充气。

②吹气时间宜短，约占一次呼吸周期的三分之一，但也不能过短，否则影响通气效果。

③如遇到牙关紧闭者，可采用口对鼻吹气，此时可将触电者嘴唇紧闭，急救者对准鼻孔吹气，吹气时压力应稍大，时间也应稍长，以利气体进入肺内。

3）胸外心脏按压法

胸外心脏按压法是指有节律地以手对触电者心脏挤压。此法效果好，操作方法如图1-7所示。

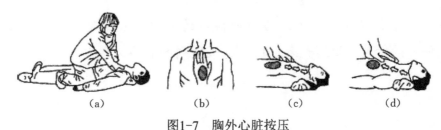

(a)   (b)   (c)   (d)

图1-7　胸外心脏按压

（1）使触电者仰卧于硬板上或地上，以保证挤压效果。

（2）抢救者跪跨在触电者的腰部。

（3）抢救者以一手掌根部按于触电者胸下二分之一处，即中指指尖对准其颈部凹陷的下缘，当胸一手掌，另一手压在该手的手背上，肘关节伸直。依靠体重和臂、肩部肌肉的力量，垂直用力，向脊柱方向压迫胸骨下段，使胸骨下段与其相连的肋骨下陷3.5～4.5厘米，间接压迫心脏，使心脏内血液搏出。

（4）挤压后突然放松（要注意掌根不能离开胸壁），依靠胸廓的弹性使胸复位，此时，心脏舒张，大静脉的血液回流到心脏。

（5）按照上述步骤连续操作，每分钟需进行100次。

心外按压法注意事项：

①挤压时位置要正确，一定要在胸骨下二分之一处的压区内，接触胸骨应只限于手掌根部，手掌不能平放，手指向上与肋骨保持一定的距离。

②用力一定要垂直，并要有节奏，有冲击性。

③对小儿只用一个手掌根部即可。

④挤压的时间与放松的时间应大致相同。

⑤为提高效果，应增加挤压频率，最好能达每分钟100～120次。

4）心肺复苏法

有时触电者心跳、呼吸全停止，应使用心肺复苏法进行急救。

（1）急救者只有一人时，也必须同时进行心脏挤压及口对口人工呼吸。此时可先吹2次气，立即进行挤压15次，然后再吹2口气，再挤压，反复交替进行，不能停止（单人急救15：2）。

（2）急救现场存在2人以上者，可采取双人急救。一人在正位或侧位做胸外心脏按压，一人在侧位做口对口人工呼吸。第一次尽快为电击者补氧，先做2次人工呼吸，然后做5次胸外心脏按压；第二次开始循环做1次人工呼吸，做5次胸外心脏按压，直至救助完毕（双人急救5：1）。

抢救过程中的再判定，用看、听、试和摸脉搏及观察瞳孔的方法完成对伤员呼吸和心跳是否恢复的再判定；如瞳孔缩小、脉搏和呼吸恢复、面部红润，则急救成功。

【二】观看录像，讨论触电事故的现象及发生原因。

温馨提示：完成【一】【二】后，进入总结评价阶段。分自评、教师评两种，主要是总结评价本次安装、调试、演示过程中做得好的地方及需要改进的地方等。根据评分的情况和本次任务的结果，填写如表1-1、表1-2所列的表格。

表1-1 学生自评表格

任务完成进度	做得好的方面	不足、需要改进的方面

表1-2 教师评价表格

学生在本次任务中的表现	学生进步的方面	学生不足、需要改进的方面

【三】写总结报告。

任务小结

本次任务主要学习维修电工的基本安全知识，使学生了解电能的生产、输送和分配的相关专业知识，并能正确使用灭火器扑救电气火灾并且熟练掌握触电急救知识。

任务 2 维修电工常用工具的选择与使用

✕ 学习目标

1. 掌握维修电工常用工具的选择与使用。
2. 注意掌握验电器的使用方法和使用技巧。
3. 能够培养分场合选择工具的能力。
4. 能正确掌握使用酒精喷灯的方法和注意事项。

✕ 工作任务

本任务主要是学习维修电工常用工具的使用方法；使学生能熟练掌握维修电工常用工具的使用方法和注意事项。

✕ 任务实施

【一】准备。

一、验电器

验电器是用来判断电气设备或线路上有无电源存在的器具，分为低压和高压两种。

1. 低压验电器的使用方法

（1）必须按照图1-8所示方法握妥笔身，并使氖管小窗背光朝向自己，以便于观察。

（2）为防止笔尖金属体触及人手，在螺钉旋具试验电笔的金属杆上，必须套上绝缘套管，仅留出刀口部分供测试需要。

（3）验电笔不能受潮，不能随意拆装或受到严重振动。

（4）应经常在带电体上试测，以检查是否完好。不可靠的验电笔不准使用。

图1-8　低压验电笔握法

（5）检查时如果氖管内的金属丝单根发光，则是直流电；如果是两根都发光则是交流电。

2．高压验电器的使用方法

（1）使用时应两人操作，其中一人操作，另一个人进行监护。

（2）在户外时，必须在晴天的情况下使用。

（3）进行验电操作的人员要戴上符合要求的绝缘手套，并且握法要正确。

二、螺钉旋具

螺钉旋具俗称起子、螺丝刀，用来拧紧或旋下螺钉，有十字和一字之分。电工不能使用金属杆直通柄顶的螺钉旋具（俗称通芯螺丝刀），应在金属杆上加套绝缘管。

1．种类

1）普通螺丝刀

普通的螺丝刀就是头柄造在一起的螺丝批，如图1-9所示。容易准备，只要拿出来就可以使用，但由于螺丝有很多种长度和粗度，有时需要准备很多支不同的螺丝批。

图1-9　普通螺丝刀

2）组合型螺丝刀

组合型螺丝刀是一种把螺丝批头和柄分开的螺丝批，如图1-10所示。要安装不同类型的螺丝时，只需把螺丝批头换掉就可以，不需要带备大量螺丝批。好处是可以节省空间，却容易遗失螺丝批头。

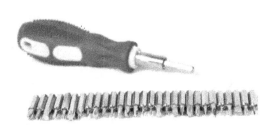

图1-10　组合型螺丝刀

3）电动螺丝刀

电动螺丝刀，顾名思义就是以电动马达代替人手安装和移除螺丝，通常是组合螺丝刀，如图1-11所示。

图1-11　电动螺丝刀

4）钟表起子

钟表起子属于精密起子，常用在修理手带型钟表，故有此一称，如图1-12所示。

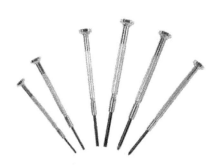

图1-12　钟表起子

5）小金刚螺丝起子

小金刚螺丝起子的头柄及身长尺寸比一般常用的螺丝起子小，但非钟表起子，如图1-13所示。

从其结构形状来说，通常有以下几种：

（1）直形。这是最常见的一种。头部型号有一字、十字、米字、T型（梅花型）、H型（六角）等。

（2）L形。多见于六角螺丝刀，利用其较长的杆来增大力矩，从而更省力。

（3）T形。汽修行业应用较多。

图1-13 小金刚螺丝起子

2. 使用方法

将螺丝刀拥有特化形状的端头对准螺丝的顶部凹坑，固定，然后开始旋转手柄。根据规格标准，顺时针方向旋转为嵌紧；逆时针方向旋转则为松出（极少数情况下则相反）。一字螺丝批可以应用于十字螺丝，因十字螺丝拥有较强的抗变形能力。

三、钢丝钳

钢丝钳各部位位置及握法如图1-14所示。

（1）钳口：用来弯绞或钳夹导线线头。

（2）齿口：用来固紧或起松螺母。

（3）刀口：用来剪切导线或剖切软导线的绝缘层。

（4）铡口：用来铡切钢丝和铅丝等较硬金属线材。

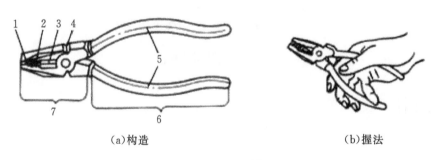

（a）构造 　　　　　　　　　　　　（b）握法

图1-14 钢丝钳

1—钳口；2—齿口；3—刀口；4—铡口；5—绝缘管；6—钳柄；7—钳头

钳柄上必须套有绝缘管。使用时的握法如图1-14（b）所示。钳头的轴销上应经常加机油润滑。

四、断线钳

断线钳又名斜口钳、偏嘴钳，专门用于剪断较粗的电线或其他金属丝，其柄部带有绝缘管套。

五、尖嘴钳

1. 用途

尖嘴钳的头部尖细，适用于在狭小的工作空间操作。尖嘴钳有裸柄和绝缘柄两种，绝缘柄的耐压为500 V，电工应选用带绝缘柄的，尖嘴钳能夹持较小螺钉、垫圈、导线等元件，带有刀口的尖嘴钳能剪断细小金属丝。在装接控制线路时，尖嘴钳能将单股导线弯成需要的各种形状。

2. 使用注意事项

（1）不允许用尖嘴钳装卸螺母、夹持较粗的硬金属导线及其他硬物。

（2）塑料手柄破损后严禁带电操作。

（3）尖嘴钳头部是经过淬火处理的，不要在锡锅或高温条件下使用。

3. 握法

尖嘴钳的握法如图1-15所示。

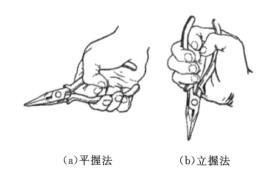

(a)平握法　　　　(b)立握法

图1-15　尖嘴钳的握法

六、斜口钳

斜口钳如图1-16所示。

图1-16　斜口钳

1. 用途

斜口钳可以用于切断金属丝，也可以让使用者在特定环境下获得舒适的抓握剪切角度。广泛用于首饰加工、电子行业制造、模型制作等。

2．使用注意事项

（1）禁止普通钳子带电作业。

（2）剪切紧绷的钢丝或金属，必须做好防护措施，防止被剪断的钢丝弹伤。

（3）不能将钳子作为敲击工具使用。

七、剥线钳

剥线钳如图1-17所示。

图1-17　剥线钳

1．用途

剥线钳为内线电工、电动机修理、仪器仪表电工常用的工具之一，专供电工剥除电线头部的表面绝缘层用。

2．使用方法

要根据导线直径，选用剥线钳刀片的孔径。

（1）根据缆线的粗细型号，选择相应的剥线刀口。

（2）将准备好的电缆放在剥线工具的刀刃中间，选择好要剥线的长度。

（3）握住剥线工具手柄，将电缆夹住，缓缓用力使电缆外表皮慢慢剥落。

（4）松开工具手柄，取出电缆线，这时电缆金属整齐露出外面，其余绝缘塑料完好无损。

八、镊子

1．用途

镊子用于夹取毛发、细刺及其他细小东西的器具。镊子是手机维修中经常使用的工具，常常用它夹持导线、元件及集成电路引脚等，如图1-18所示。

图1-18 镊子

2．使用注意事项

不可使其加热，不可夹酸性药品，用完后必须使其保持清洁。

九、电工刀

电工刀是用来切割或剖削的常用电工工具（如图1-19所示）。

图1-19 电工刀

电工刀的使用方法如下：

（1）使用时刀口应朝外进行操作。用完后应随即把刀身折入刀柄内。

（2）电工刀的刀柄结构是没有绝缘的，不能在带电体上使用电工刀进行操作，避免触电。

（3）电工刀的刀口应在单面上磨出呈圆弧状的刃口。在剖削绝缘导线的绝缘层时，必须使圆弧状刀面贴在导线上进行切割，这样刀口就不易损伤线芯。

十、活络扳手

活络扳手的钳口可在规格范围内任意调整大小，用于旋动螺杆螺母，其结构如图1-20（a）所示。

活络扳手规格较多，电工常用的有150 mm×19 mm、200 mm×24 mm、250 mm×30 mm等几种，前一个数表示体长，后一个数表示扳口宽度。扳动较大螺杆螺母时，所用力矩较大,手应握在手柄尾部,如图1-20(b)所示。扳动较小螺杆螺母时,为防止钳口处打滑,手可握在接近头部的位置,且用拇指调节和稳定螺杆,如图1-20(c)所示。

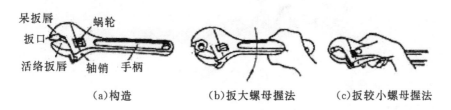

(a)构造　　　　　　(b)扳大螺母握法　　　(c)扳较小螺母握法

图1-20　活络扳手

使用活络扳手旋动螺杆螺母时,必须把工件的两侧平面夹牢,以免损坏螺杆螺母的棱角。

使用活络扳手不能反方向用力,否则容易扳裂活络扳唇,不准用钢管套在手柄上作加力杆使用,不准用作撬棍撬重物,不准把扳手当手锤,否则将会对扳手造成损坏。

十一、压线钳

压线钳如图1-21所示。

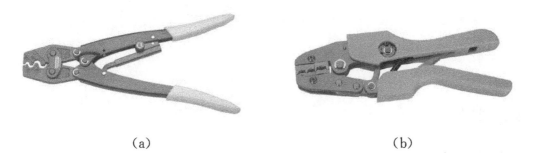

(a)　　　　　　　　　　　　　　　(b)

图1-21　压线钳

用途:大小直径导线连接、终端头的压接。

规格:根据工作原理有液压和手动压线钳,可根据导线和套管选用不同规格的压模。

十二、断线钳

断线钳如图1-22所示。

用途:专用切断工具,一般用于电线的切断。

规格:根据工作原理有液压和手动断线钳,有不同尺寸大小。

图1-22　断线钳

十三、紧线器

紧线器如图1-23所示。

用途：紧线器是用来收紧户内瓷瓶线路和户外架空线路导线的专用工具。

结构：由夹线钳、滑轮、收线器、摇柄等组成。

规格：分为平口式和虎口式两种。

图1-23　紧线器

十四、喷灯

喷灯如图1-24所示。

用途：喷灯是一种利用喷射的火焰对工件进行加热的电工专用工具，常在大面积铜导线焊接及其焊接表面搪锡时使用。

规格：喷灯分煤油喷灯和汽油喷灯两种。

图1-24　喷灯

【二】通过指导教师发放相关工具，大家独立思考和分析各个工具的用途和使用方法。

温馨提示：完成【一】【二】后，进入总结评价阶段。分自评、教师评两种，主要是总结评价本次安装、调试、演示过程中做得好的地方及需要改进的地方等。根据评分的情况和本次任务的结果，填写如表1-3、表1-4所列的表格。

表1-3 学生自评表格

任务完成进度	做得好的方面	不足、需要改进的方面

表1-4 教师评价表格

学生在本次任务中的表现	学生进步的方面	学生不足、需要改进的方面

【三】写总结报告。

任务小结

本次任务主要是对维修电工常用工具的简单了解和掌握，让学生认识各个工具并且通过学生自主学习，查阅相关资料熟练掌握维修电工各个工具的使用方法和注意事项，了解如何根据需要选择工具。

任务 3 维修电工安全防护用具及登高工具

学习目标

1. 了解维修电工安全防护用具的种类及使用方法。
2. 熟练掌握各工具的名称及使用条件。
3. 了解电工操作的基本装备有哪些。
4. 能正确使用登高工具。

工作任务

本任务主要学习维修电工安全防护用具的相关知识及使用方法，还介绍了维修电工常用的登高工具。

任务实施

【一】准备。

一、高压验电器

高压验电器如图1-25所示。

（1）用途：高压验电器是检测高压供配电网络中的配设备、架空线路及电缆等是否带电的专用工具。

（2）规格：规格按电压等级的不同而确定，有10 kV、35 kV、110 kV等。

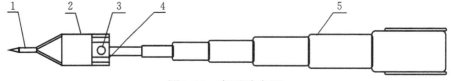

图1-25 高压验电器

1—触头；2—元件及电池；3—自检按钮；4—显示灯；5—伸缩杆总成

（3）类型：发光型、声光型、风车型。

（4）结构：一般由检测部分、绝缘部分、握柄部分组成。

（5）使用注意事项：

①选择相应电压等级的验电器；

②一般都是伸缩式，应充分拉伸，手握部分不得超过隔离环；

③使用前应将验电器在确有电源处试测，证明验电器性能确实良好，方可使用；

④使用时，应逐渐靠近被测物体，直到氖灯亮；

⑤室外使用，必须在气候条件良好的情况下方可使用。

二、绝缘棒

绝缘棒如图1-26所示。

（1）用途：操作高压跌落式熔断器、单极隔离开关、柱上油断路器等。

（2）规格：有500 V、10 kV、35 kV等。

图1-26　绝缘棒

三、绝缘鞋（靴）

1．绝缘鞋

（1）用途：电工必备的个人安全防护用品，其作用是使人体与地面绝缘，主要用于防止跨步电压的伤害，也辅助用作防止接触电压电击。

（2）规格：一般为5000 V或6000 V。

2．绝缘靴

（1）用途：其作用是使人体与地面绝缘，主要用于防止跨步电压的伤害，只能作为高压作业的辅助安全用具。

（2）规格：一般为10 kV、35 kV、110 kV等。

四、绝缘手套

（1）用途：可以使人的两手与带电体绝缘，防止人手触及同一电位带电体或同时触及不同电位带电体产生电击。低电压作业时，可作为基本安全用具；高电压作业时，只

能作为辅助安全用具。绝缘手套如图1-27所示。

（2）规格：5 kV、12 kV、22 kV等。

图1-27　绝缘手套

五、安全带

安全带是腰带、保险绳和腰绳的总称，用来防止发生空中坠落事故。腰带用来系挂保险绳、腰绳和吊物绳，系在腰部以下、臀部以上的部位，如图1-28所示。

图1-28　安全带

六、脚踏板与脚踏绳

1．脚踏板

脚踏板又叫登高板，用于攀登电杆的一种专用登高用具，由板、绳、钩组成，如图1-29所示。

图1-29　脚踏板

2. 脚踏绳

脚踏绳又叫登高绳，也是一种攀登电杆的专用登高用具，适应直径较粗的电杆使用；由较粗的麻绳结成封闭的圆圈。

七、脚扣

1. 脚扣：脚扣也是攀登电杆的专用登高用具。
2. 脚扣结构：主要由弧形扣环、脚套组成。
3. 脚扣分类：分为木杆脚扣和水泥杆脚扣，两种类型如图1-30所示。

图1-30 脚扣

八、梯子

如图1-31所示，梯子是最常用的登高工具之一，有单梯、人字梯（合页梯）、升降梯等几种；通常用毛竹、硬质木材、铝合金等材料制成。电工常用由玻璃纤维制成的绝缘梯。

图1-31 安全梯

【二】以小组为单位领工具，小组成员共同探讨工具的外形及使用方法。

温馨提示：完成【一】【二】后，进入总结评价阶段。分自评、教师评两种，主要是总结评价本次安装、调试、演示过程中做得好的地方及需要改进的地方等。根据评分的情况和本次任务的结果，填写如表1-5、表1-6所列的表格。

表1-5 学生自评表格

任务完成进度	做得好的方面	不足、需要改进的方面

表1-6 教师评价表格

学生在本次任务中的表现	学生进步的方面	学生不足、需要改进的方面

【三】写总结报告。

任务小结

本次任务主要是对维修电工安全防护用具及登高工具的简单了解和掌握，让学生认识各个工具并且通过学生自主学习，查阅相关资料熟练掌握维修电工安全防护用具及登高工具的使用方法和注意事项，了解如何根据需要选择安全防护用具及登高工具。

任务 4 维修电工常用仪表的选择和使用

✄ 学习目标

1. 能够对维修电工常用仪表有一个初步认知。
2. 熟练掌握维修电工常用仪表的使用方法。
3. 根据环境和用途需要会独立进行常用仪表的选择。
4. 能避免操作不当或者错误操作对仪表带来的损害。

✄ 工作任务

本任务主要学习维修电工的常用仪表的选择和使用，同时要求学生熟练掌握维修电工常用仪表的使用方法，并且根据环境和用途需要会独立进行常用仪表的选择，避免操作不当或者错误操作对仪表带来的损害。

✄ 任务实施

【一】准备。

一、万用表的种类、用途和使用方法

万用表能测量直流电流、直流电压、交流电压和电阻等，有的还可以测量功率、电感和电容等，是电工最常用的仪表之一。

1. 500型机械万用表

1）500型机械万用表的基本结构及外形

万用表主要由指示部分、测量电路和转换装置三部分组成。指示部分通常为磁电式微安表，俗称表头；测量部分是把被测的电量转换为适合表头要求的微小直流电流，通常包括分流电路、分压电路和整流电路；不同种类电量的测量及量程的选择是

通过转换装置来实现的。万用表的外形如图1-32所示。

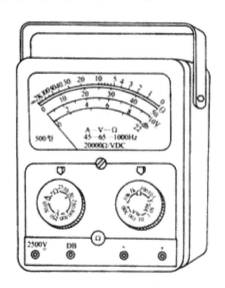

图1-32　500型机械万用表

2）500型机械万用表的使用方法

（1）端钮（或插孔）选择要正确。

红色表笔连接线要接到红色端钮上（或标有"＋"号插孔内），黑色表笔的连接线应接到黑色端钮上（或接到标有"－"号插孔内），有的万用表备有交直流2500伏的测量端钮，使用时黑色测试棒仍接黑色端钮（或"－"的插孔内），而红色测试棒接到2500伏的端钮上（或插孔内）。

（2）转换开关位置的选择要正确。

根据测量对象将转换开关转到需要的位置上。如测量电流应将转换开关转到相应的电流挡，测量电压转到相应的电压挡。有的万用表面板上有两个转换开关，一个选择测量种类，另一个选择测量量程。使用时应先选择测量种类，然后选择测量量程。

（3）量程选择要合适。

根据被测量的大致范围，将转换开关转至该种类的适当量程上。测量电压或电流时，最好使指针在量程的二分之一到三分之二的范围内，读数较为准确。

（4）正确进行读数。

在万用表的标度盘上有很多标度尺，它们分别适用于不同的被测对象。因此测量时，在对应的标度尺上读数的同时，也应注意标度尺读数和量程挡的配合，以避免差错。

（5）欧姆挡的正确使用。

①选择合适的倍率挡。测量电阻时，倍率挡的选择应以使指针停留在刻度线较稀的部分为宜，指针越接近标度尺的中间，读数越准确，越向左，刻度线越挤，读数的准确度越差。

②调零。测量电阻之前，先机械调零。再将两根测试棒碰在一起，同时转动"调零旋钮"，使指针刚好指在欧姆标度尺的零位上，这一步骤称为欧姆挡调零。每换一次欧姆挡，测量电阻之前都要重复这一步骤，从而保证测量准确性。如果指针不能调到零位，说明电池电压不足需要更换。

③不能带电测量电阻。测量电阻时万用表是由干电池供电的，被测电阻不能带电，以免损坏表头。在使用欧姆挡间隙中，不要让两根测试棒短接，以免浪费电池。

（6）注意操作安全。

①在使用万用表时要注意，手不可触及测试棒的金属部分，以保证安全和测量的准确度。

②在测量较高电压或较大电流时，不能带电转动转换开关，否则有可能使开关烧坏。

③万用表用完后最好将转换开关转到交流电压最高量程挡，此挡对万用表最安全，以防下次测量时疏忽而损坏万用表。

④当测试棒接触被测线路前应再作一次全面的检查，看一看各部分位置是否有误。

2．数字万用表

1）数字万用表的基本结构及外形

如今数字式测量仪表已成为主流，有取代模拟式仪表的趋势。与模拟式仪表相比，数字式仪表灵敏度高，准确度高，显示清晰，过载能力强，便于携带，使用更简单。下面以VC9802型数字万用表为例，简单介绍其使用方法和注意事项。数字万用表外形如图1-33所示。

图1-33 数字万用表

2）使用方法

①使用前，应认真阅读有关使用说明书，熟悉电源开关、量程开关、插孔、特殊插口的作用。

②将电源开关置于ON位置。

③交直流电压的测量：根据需要将量程开关拨至DCV（直流）或ACV（交流）的合适量程，红表笔插入V/Ω孔，黑表笔插入COM孔，并将表笔与被测线路并联，读数即显示。

④交直流电流的测量：将量程开关拨至DCA（直流）或ACA（交流）的合适量程，红表笔插入mA孔（＜200 mA时）或10 A孔（＞200 mA时），黑表笔插入COM孔，并将万用表串联在被测电路中即可。测量直流量时，数字万用表能自动显示极性。

⑤电阻的测量：将量程开关拨至Ω的合适量程，红表笔插入V/Ω孔，黑表笔插入COM孔。如果被测电阻值超出所选择量程的最大值，万用表将显示"1"，这时应选择更高的量程。测量电阻时，红表笔为正极，黑表笔为负极，这与指针式万用表正好相反。因此，测量晶体管、电解电容器等有极性的元器件时，必须注意表笔的极性。

3）使用注意事项

①如果无法预先估计被测电压或电流的大小，则应先拨至最高量程挡测量一次，再视情况逐渐把量程减小到合适位置。测量完毕，应将量程开关拨到最高电压挡，并关闭电源。

②满量程时，仪表仅在最高位显示数字"1"，其他位均消失，这时应选择更高的量程。

③测量电压时，应将数字万用表与被测电路并联。测电流时应与被测电路串联，测直流量时不必考虑正、负极性。

④当误用交流电压挡去测量直流电压，或者误用直流电压挡去测量交流电压时，显示屏将显示"000"，或低位上的数字出现跳动。

⑤禁止在测量高电压（220 V以上）或大电流（0.5 A以上）时换量程，以防止产生电弧，烧毁开关触点。

⑥当显示"（空）""BATT"或"LOW BAT"时，表示电池电压低于工作电压。

二、兆欧表的的选用、使用方法和注意事项

兆欧表俗称摇表，是用来测量大电阻和绝缘电阻的，它的计量单位是兆欧（MΩ），故称兆欧表。兆欧表的种类有很多，但其作用大致相同，常用ZC11型兆欧表的外形如图1-34（a）所示。

1）兆欧表选用

规定兆欧表的电压等级应高于被测物的绝缘电压等级。所以测量额定电压在500 V以下的设备或线路的绝缘电阻时，可选用500 V或1000 V兆欧表；测量额定电压在500 V以上的设备或线路的绝缘电阻时，应选用1000～2500 V兆欧表；测量绝缘子时，应选用

2500～5000 V兆欧表。一般情况下，测量低压电气设备绝缘电阻时可选用0～200 MΩ量程的兆欧表。

2）绝缘电阻的测量方法

兆欧表有三个接线柱，上端两个较大的接线柱上分别标有"接地"（E）和"线路"（L），在下方较小的一个接线柱上标有"保护环"或"屏蔽"（G）。

（1）线路对地的绝缘电阻。

将兆欧表的"接地"接线柱（即E接线柱）可靠地接地（一般接到某一接地体上），将"线路"接线柱（即L接线柱）接到被测线路上，如图1-34（b）所示。连接好后，顺时针摇动兆欧表，转速逐渐加快，保持在约120 r/min分后匀速摇动，当转速稳定，表的指针也稳定后，指针所指示的数值即为被测物的绝缘电阻值。

实际使用中，E、L两个接线柱也可以任意连接，即E可以与接被测物相连接，L可以与接地体连接（即接地），但G接线柱绝对不能接错。

（2）测量电动机的绝缘电阻。

将兆欧表E接线柱接机壳（即接地），L接线柱接到电动机某一相的绕组上，如图1-34（c）所示，测出的绝缘电阻值就是某一相的对地绝缘电阻值。

（3）测量电缆的绝缘电阻。

测量电缆的导电线芯与电缆外壳的绝缘电阻时，将接线柱E与电缆外壳相连接，接线柱L与线芯连接，同时将接线柱G与电缆壳、芯之间的绝缘层相连接，如图1-34（d）所示。

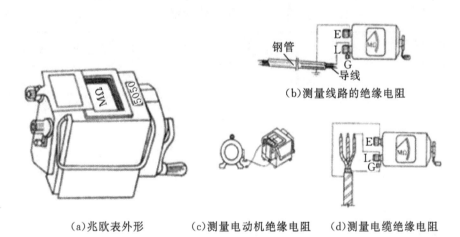

（b）测量线路的绝缘电阻

（a）兆欧表外形　　（c）测量电动机绝缘电阻　　（d）测量电缆绝缘电阻

图1-34　兆欧表外形及接线方法

3）使用注意事项

（1）使用前应作开路和短路试验。使L、E两接线柱处在断开状态，摇动兆欧表，指针应指向"∞"；将L和E两个接线柱短接，慢慢地转动，指针应指向在"0"处。这两项都满足要求，说明兆欧表是好的。

（2）测量电气设备的绝缘电阻时，必须先切断电源，然后将设备进行放电，以保证人身安全和测量准确。

（3）兆欧表测量时应放在水平位置，并用力按住兆欧表，防止在摇动中晃动，摇动的转速为120 r/min。

（4）引接线应采用多股软线，且要有良好的绝缘性能，两根引线切忌绞在一起，以免造成测量数据的不准确。

（5）测量完后应立即对被测物放电，在摇表的摇把未停止转动和被测物未放电前，不可用手去触及被测物的测量部分或拆除导线，以防触电。

【二】观看教学片，掌握仪表的用法和注意事项，且以小组为单位进行实际测量。

温馨提示：完成【一】【二】后，进入总结评价阶段。分自评、教师评两种，主要是总结评价本次安装、调试、演示过程中做得好的地方及需要改进的地方等。根据评分的情况和本次任务的结果，填写如表1-7、表1-8所列的表格。

表1-7　学生自评表格

任务完成进度	做得好的方面	不足、需要改进的方面

表1-8　教师评价表格

学生在本次任务中的表现	学生进步的方面	学生不足、需要改进的方面

【三】写总结报告。

✎ 任务小结

本次任务学习维修电工的常用仪表的选择和使用，同时要求熟练掌握维修电工常用仪表的使用方法。并且根据环境和用途需要会独立进行常用仪表的选择，能避免操作不当或者错误操作对仪表带来的损害。

任务 5　导线的连接与绝缘恢复

🔧 学习目标

1. 掌握导线的分类和应用。
2. 能对连接的导线进行绝缘恢复。
3. 能分清导线的线径。
4. 能正确掌握多种导线连接的方法。
5. 熟练掌握导线剖削的方法。

🔧 工作任务

　　本任务介绍了维修电工的基本操作知识。主要包括掌握导线的分类和应用，能对连接的导线进行绝缘恢复，能分清导线的线径，能正确掌握多种导线连接的方法，熟练掌握导线剖削的方法。

🔧 任务实施

【一】准备。

一、常用导线的分类与应用

1. 导线的分类

　　常用导线有铜芯线和铝芯线。铜导线电阻率小，导电性能较好；铝导线电阻率比铜导线稍大些，但价格低，因此得到广泛应用。

　　导线有单股和多股两种。一般截面积在6平方毫米及以下为单股线；截面积在10平方毫米及以上的为多股线。多股线是由几股或几十股线芯绞合一起形成的，有7股、19股、37股等。

导线又分软线和硬线，导线还分裸导线和绝缘导线。绝缘导线有电磁线、绝缘电线、电缆等多种。常用绝缘导线在导线线芯外面包有绝缘材料，如橡胶、棉纱、玻璃丝等。

2. 常用导线的型号及应用

1）B系列橡皮塑料电线

这种系列的电线结构简单，电气和机械性能好，广泛用作动力、照明及大中型电气设备的安装线。交流工作电压为500 V以下。

2）R系列橡皮塑料软线

这种系列软线的线芯由多根细铜丝绞合而成，除具有B系列电线的特点外，还比较柔软，广泛应用于家用电器、小型电气设备、仪器仪表中及作为照明灯线等。

此外还有Y系列通用橡套电缆。这系列电缆常用于一般场合下的电气设备、电动工具等的移动电源线。

二、导线线头绝缘层的剖削

导线线头绝缘层的剖削是导线加工的第一步，是为以后导线的连接作准备。电工必须学会用电工刀、钢丝钳或剥线钳来剖削绝缘层。

1. 塑料硬线绝缘层的剖削

（1）对于绝缘层线芯截面为4 mm²及以下的塑料硬线，一般使用钢丝钳进行剖削，剖削方法如下：

①用左手捏住导线，在需剖削线头处，用钢丝钳刀口轻轻切破绝缘层，但不可切入线芯。

②然后用手握住钢丝钳用力向外勒出塑料绝缘层。

③剖削出的芯线应保持完整无损，如损伤较大应重新剖削。

（2）芯线截面积大于4 mm²的塑料导线，可用电工刀来剖削绝缘层。

①根据所需的长度用电工刀以倾斜45°角切入塑料层。

②刀面与芯线径保持25°左右，用力向线端推削，但不可切入芯线，削去上面一层塑料绝缘层。

③将下面塑料绝缘层向后扳翻，最后用电工刀齐根切去（如图1-35所示）。

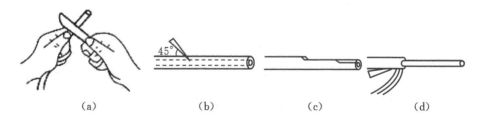

图1-35　电工刀剖削绝缘层方法

2．塑料软线绝缘层的剖削

塑料软线绝缘层只能用剖线钳或者钢丝钳剖削，不可用电工刀剖削，其剖削方法同塑料硬线绝缘层的剖削。

3．塑料护套线绝缘层的剖削

塑料护套线的绝缘层必须用电工刀来剖削。

（1）按所需长度用刀尖对准芯线缝隙划开护套层。

（2）向后扳翻护套，用刀齐根切去，在距离护套层5～10 mm处，用电工刀以倾斜45°角切入绝缘层。其他剖削方法同塑料硬线绝缘层的剖削。

4．橡皮线绝缘层的剖削

橡皮线绝缘层外面有一层柔软的纤维保护层，其剖削方法如下：

（1）先把橡皮线纺织保护层用电工刀尖划开，下一步与剖削护套线的护套层方法类同。

（2）然后用剖削塑料线绝缘层相同的方法剖去橡胶层。

（3）最后将松散的棉纱层集中到根部，用电工刀切去。

5．花线绝缘层的剖削

（1）在所需长度处用电工刀在棉纱纺织物保护层四周切割一圈后拉去。

（2）距棉纱纺织物保护层末端10 mm处，用钢丝钳刀口切割橡胶绝缘层，不能损伤芯线。然后右手握住钳头，左手将花线用力抽拉，钳口勒出橡胶绝缘层。

（3）最后把包裹芯线的棉纱层松散开来，用电工刀割去。

二、铜芯导线的连接

当导线不够长或要分接支路时，就要进行导线与导线的连接。

常用导线的线芯有单股、7股和11股等多种，连接方法随芯线的股数不同而异。

1．单股铜芯线的直线连接

单股铜芯线的直线连接方法如图1-36所示。

（1）绝缘剖削长度为芯线直径70倍左右，去氧化层；把两线头的芯线X形相交，互相绞接2～3圈。

（2）然后扳直两线头，将每个线头在芯线上紧贴并缠绕6圈，用钢丝钳切去余下芯线，并钳平芯线末端。

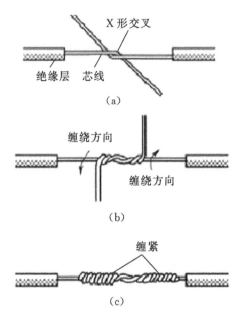

图1-36 单股铜芯线的直线连接

2．单股铜芯线的T形分支连接

将分支芯线的线头与干芯线十字相交，使支路芯线根部留出约3～5 mm，然后按顺时针方向缠绕支路芯线，缠绕6～8圈，用钢丝钳切去余下的芯线，并钳平芯线末端，如图1-37所示。

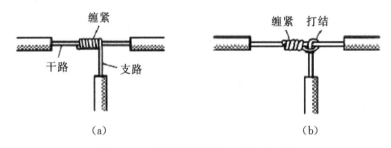

图1-37 单股铜芯线的T形分支连接

3．7股铜芯导线的直接连接

7股铜芯导线的直接连接如图1-38所示。

（1）绝缘剥削长度应为导线长度的21倍左右。然后剥去绝缘层的芯线散开并拉直，把靠近根部的1/3线段的芯线绞紧，然后把余下的2/3芯线头分散成伞形，并把每根芯线拉直。

（2）把两个伞形芯线头隔根对叉，并拉直两端芯线。

（3）把一端7股芯线按2、2、3根分成三组，接着把第一组2根芯线扳起，垂直于芯线并按顺时针缠绕。

（4）缠绕两圈后，余下的芯线向右扳直，再把下边第二组的2根芯线向上扳直，也按顺时针方向紧紧压着前2根扳直的芯线缠绕。

（5）缠绕两圈后，也将余下的芯线向右扳直，再把下边第三组的3根芯线向上扳直，也按顺时针方向紧紧压着前4根扳直的芯线缠绕。

（6）缠绕三圈后，切去每组多余的芯线，钳平线端，用同样的方法再缠绕另一端芯线。

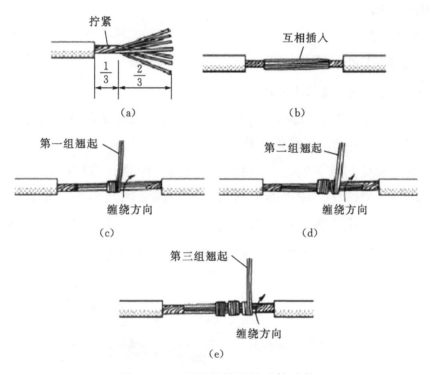

图1-38　7股铜芯导线的直接连接

4．7股铜芯导线的分支连接

7股铜芯导线的分支连接如图1-39所示。

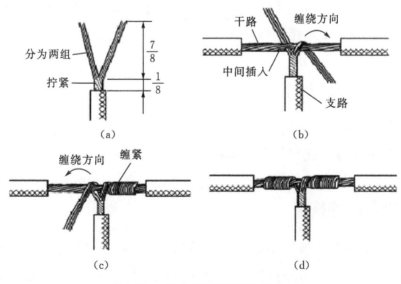

图1-39　7股铜芯导线的分支连接

（1）把分支芯线散开钳直，线端剖开长度为1，接着把近绝缘层1/8的芯线绞紧，把分支线头的7/8的芯线分成两组，一组4根，另一组3根，并排齐。然后用旋具把干线芯线撬分成两组，再把支线成排插入缝隙间。

（2）把插入缝隙将的7根线头分成两组，一组3根，另一组4根，分别按顺时针方向和逆时针方向缠绕3～4圈。

（3）钳平线端。

5．铜芯导线接头处的锡焊

铜芯导线接头处的锡焊如图1-40所示。

（1）10平方毫米及其以下的铜芯导线接头，可使用150 W电烙铁进行锡焊。锡焊前，接头上均须涂一层无酸焊锡膏，待烙铁烧热后，即可锡焊。

（2）16平方毫米及其以上铜芯导线接头，应用浇焊法。浇焊时，首先将焊锡放在化锡锅里，用喷灯或电炉熔化，使表面呈磷黄色，焊锡即达到高热。然后将导线接头放在锡锅上面，用勺盛上熔化的锡，从接头上面浇下。刚开始时，因为接头处温度提高，指导全部焊牢为止。最后用抹布轻轻擦去焊渣，使接头表面光滑。

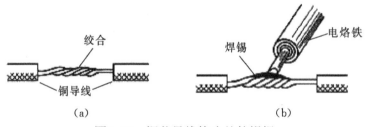

图1-40　铜芯导线接头处的锡焊

三、铝芯导线的连接

由于铝极易氧化，且铝氧化膜的电阻率很高，所以铝芯导线不宜采用铜芯导线的方法进行连接，铝芯导线常采用螺钉压接法连接和管压接法连接。

四、线头与接线桩的连接

（1）线头与接线桩头的连接。

（2）线头与螺钉平压式接线桩头的连接。

五、导线绝缘层的恢复

导线绝缘层破损后必须恢复绝缘，导线连接后，也必须恢复绝缘。恢复后绝缘强度不应低于原来的绝缘层。通常用黄蜡带、涤纶薄膜和黑胶布作为恢复绝缘层的材料，黄蜡带和黑胶布一般宽为20毫米较适中，包扎也很方便。

1．绝缘带的包扎方法

将黄蜡带从导线左边完整的绝缘层上开始包扎，包扎两根带宽后方可进入无绝缘层的芯线部分，包扎时，黄蜡带与导线保持一定倾斜角，每圈压叠带宽的1/2。

2．注意事项

（1）在380 V线路上恢复导线绝缘时，必须包扎1～2层黄蜡带，然后再包扎1层黑胶布。

（2）在220 V线路上恢复导线绝缘时，先包扎1～2层黄蜡带，然后再包扎1层黑胶布，或者只包扎2层黑胶布。

（3）绝缘带包扎时，各包层之间应紧紧相连，不能稀疏，更不能漏出芯线。

存放绝缘带时，不可放在温度很高的地方，也不可被油类侵染。

✖ 技能训练

1．训练任务

（1）导线的直线与T形连接。

（2）恢复绝缘层。

2．材料及工具准备

铜芯绝缘导线（BV–4 mm^{2}或自定）2 m，BV–16 mm^2，16 mm^2（7/1.7）塑料铜芯导线2 m，绝缘带1卷，黑胶布1卷，塑料胶带1卷，电工通用工具1套，绝缘鞋、工作服等。

【二】以小组为单位领工具，小组成员共同动手参与，掌握多种导线的连接方法与绝缘恢复。

温馨提示：完成【一】【二】后，进入总结评价阶段。分自评、教师评两种，主要是总结评价本次安装、调试、演示过程中做得好的地方及需要改进的地方等。根据评分的情况和本次任务的结果，填写如表1-9、表1-10所列的表格。

表1-9　学生自评表格

任务完成进度	做得好的方面	不足、需要改进的方面

表1-10 教师评价表格

学生在本次任务中的表现	学生进步的方面	学生不足、需要改进的方面

【三】写总结报告。

✖ 任务小结

本任务学习维修电工的基本操作知识。主要包括掌握导线的分类和应用，能对连接的导线进行绝缘恢复，能分清导线的线径，能正确掌握多种导线连接的方法，并熟练掌握导线剖削的方法。

项目知识链接：电工基础知识

一、直流电路

1. 电路

按图1-41所示，用开关和导线将干电池和小灯泡连接起来，只要合上开关，有电流流过，小灯泡就会亮起来。

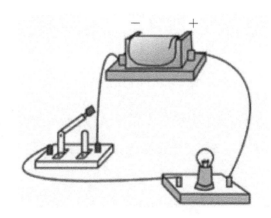

图1-41　直流电路实物图

由此可见，电路的定义就是电流通过的途径。

图1-42是用电气符号描述电路连接情况的图，称为电路原理图，简称电路图。

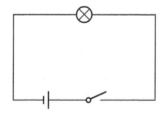

图1-42　直流电路图

在上述电路中，电源是提供电能的装置；开关是控制装置，控制电路的导通和断开；小灯泡是消耗电能的装置，称为负载；导线在电路中起连接作用。

为了保护电源和负载不受损坏，在有些电路中还安装有熔断器等保护装置。

2. 电流

1）电流的形成

电流是一种客观存在的物理现象。电流的形成是指导体中的自由电子在电场力的作用下做有规则的定向运动。（习惯上规定正电荷移动的方向为电流的实际方向。）

2）电流参考方向

是预先假定的一个方向，参考方向也称为正方向，在电路中用箭头标出。

（1）如图1-43（a）所示，$I=3$ A计算结果为正，表示电流实际方向与参考方向一致。

（2）如图1-43（b）所示，$I=-3$ A计算结果为负，表示电流实际方向与参考方向相反。

注意：电流的正、负只有在选择了参考方向之后才有意义。

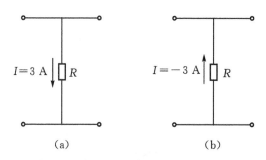

图1-43　电流的方向

特例：交流电的实际方向是随时间而变的。如果某一时刻电流为正值，即表示该时刻电流的实际方向与参考方向一致；如果是负值，则表示该时刻电流的实际方向与参考方向相反。

3）电流的大小

电流的大小用电流强度来表示，其数值等于单位时间内通过导体截面的电荷量，计算公式为：

$$I=\frac{Q}{t}$$

其中Q为电荷量（库仑/C）；t为时间（秒/s）；I为电流强度。

电流的单位是安（培）（A）。常用的电流单位还有毫安（mA）、微安（μA）等。

$$1\,A=10^3\,mA=10^6\,\mu A$$

4）电流对负载的作用和效应

电流对负载有各种不同的作用和效应，如表1-11所示。

表1-11　电流的作用和效应

热效应总出现	磁效应总出现	光效应在气体和一些半导体中出现	化学效应在导电的溶液中出现	对人体生命的效应
电熨斗、电烙铁、熔断器	继电器线圈、开关装置	白炽灯、发光二极管	蓄电池的充电过程	事故、动物麻醉

电流强度：电流的大小。

3．电压

1）电压的形成

物体带电后具有一定的电位，在电路中任意两点之间的电位差，称为该两点的电压，如图1-44所示。

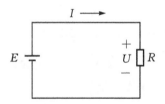

图1-44　电压的形成

2）电压的方向

电压的方向：一是高电位指向低电位，二是电位随参考点不同而改变。

3）电压的单位

电压用字母"U"表示，单位是"伏特"。常用单位有：千伏（kV）、伏（V）、毫伏（mV）、微伏（μV）。

$1\,kV=10^3\,V$；　$1\,V=10^3\,mV$；　$1\,mV=10^3\,μV$

4．电动势

1）电动势的定义

一个电源能够使电流持续不断沿电路流动，就是因为它能使电路两端维持一定的电位差。这种电路两端产生和维持电位差的能力就叫电源电动势。

2）电动势的单位

电动势用字母"E"表示，单位是"伏"。计算公式为（该公式表明电源将其他形式的能转化成电能的能力）：

$$E = \frac{W}{Q}$$

其中，W为外力所作的功，Q为电荷量，E为电动势。

3）电源内电动势的方向

电源内电动势的方向为由低电位移向高电位。

5．电阻

1．电阻的定义：自由电子在物体中移动受到其他电子的阻碍，对于这种导电所表现的能力就叫电阻。

2．电阻用字母"R"表示，单位是"欧姆"。

3．电阻的计算方式为：其中l为导体长度，s为截面积，ρ为材料电阻率，铜$\rho=0.017$，铝$\rho=0.028$。

6．欧姆定律

1．欧姆定律是表示电压、电流、电阻三者关系的基本定律。

2．部分电路欧姆定律：电路中通过电阻的电流，与电阻两端所加的电压成正比，与电阻成反比，称为部分欧姆定律。计算公式为$U=IR$。

3．全电路欧姆定律：在闭合电路中（包括电源），电路中的电流与电源的电动势成正比，与电路中负载电阻及电源内阻之和成反比，称全电路欧姆定律。计算公式为$E=I(R+r)$。其中，R为外电阻，r为内电阻，E为电动势。

（1）探究闭合电路的外电压（端电压）、内电压与电动势的关系。

①理论探究：电路闭合后，电源在外电路形成外电压$U_{外}$，同时在内电路形成内电压$U_{内}$。可以把闭合电路看成是由外电路与内电路串联构成的，电源的电动势E相当于串联电路的总电压，由串联电路的电压关系可知：$E=U_{内}+U_{外}$。

②实验探究：科学家运用电压表分别测出闭合电路的内、外电压，发现：$E=U_{内}+U_{外}$。

（2）探究闭合电路中的电流——全电路欧姆定律。

$$I = \frac{E}{R+r}$$

①推导全电路欧姆定律：设闭合电路中的电流是I，内外电路的电阻分别是r、R，对内、外电路分别运用欧姆定律有：$U_{内}=Ir$和$U_{外}=IR$，将其代入$E=U_{内}+U_{外}$整理可得：$E=Ir+IR$。

②闭合电路欧姆定律：公式表示的关系叫全电路欧姆定律，它反映出闭合电路中的总电流是由电源的电动势、外电阻、内电阻共同决定的。

7．电路的连接（串联、并联、混联）

1）串联电路

（1）电阻串联将电阻首尾依次相连，但电流只有一条通路的连接方法，如图1-45所示。

（2）电路串联的特点为电流与总电流相等，即 $I=I_1=I_2=I_3=\cdots$；总电压等于各电阻上电压之和，即 $U=U_1+U_2+U_3+\cdots$；总电阻等于负载电阻之和，即 $R=R_1+R_2+R_3+\cdots$；各电阻上电压降之比等于其电阻比，即

$$U_1:U_2:U_3:U_4:\cdots=R_1:R_2:R_3:R_4:\cdots$$

（3）电源串联：将前一个电源的负极和后一个电源的正极依次连接起来。

特点：可以获得较大的电压与电源。计算公式为

$$E=E_1+E_2+E_3+\cdots+E_n,$$
$$y_0=y_{01}+y_{02}+y_{03}+\cdots+y_{0n}$$

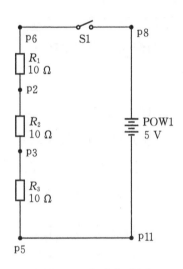

图1-45 串联电路图

2）并联电路

（1）电阻的并联：将电路中若干个电阻并列连接起来的接法，称为电阻并联，如图1-46所示。

（2）并联电路的特点：各电阻两端的电压均相等，即 $U_1=U_2=U_3=\cdots=U_n$；电路的总电流等于电路中各支路电流之总和，即 $I=I_1+I_2+I_3+\cdots+I_n$；电路总电阻 R 的倒数等于各支路电阻倒数之和，即 $1/R=1/R_1+1/R_2+1/R_3+1/R_4+1/R_5+\cdots 1/R_n$。

并联负载愈多，总电阻愈小，供应电流愈大，负荷愈重。

（3）通过各支路的电流与各自电阻成反比，即 $I_1:I_2=R_2:R_1$。

（4）电源的并联：把所有电源的正极连接起来作为电源的正极，把所有电源的负极连接起来作为电源的负极，然后接到电路中，称为电源并联。

（5）并联电源的条件：一是电源的电势相等；二是每个电源的内电阻相同。

（6）并联电源的特点：能获得较大的电流，即外电路的电流等于流过各电源的电流之和。

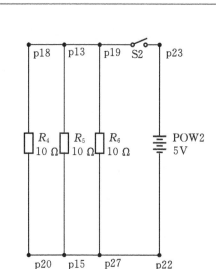

图1-46　并联电路图

3）混联电路

（1）定义：电路中既有元件的串联又有元件的并联称为混联电路，如图1-47所示。

（2）混联电路的计算：先求出各元件串联和并联的电阻值，再计算电路的电阻值；由电路总电阻值和电路的端电压，根据欧姆定律计算出电路的总电流；根据元件串联的分压关系和元件并联的分流关系，逐步推算出各部分的电流和电压。

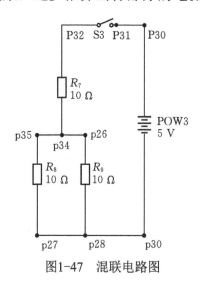

图1-47　混联电路图

8．电功和电功率

（1）电流所做的功叫做电功，用符号W表示。电功的大小与电路中的电流、电压及通电时间成正比，计算公式为$W=UIT=I^2RT$。

（2）电功及电能量的单位名称是"焦耳"，用符号J表示；也称千瓦·时，用符号kW·h表示。1 kW·h＝3.6 MJ。

（3）电流在单位时间内所作的功叫电功率，用符号P表示。计算公式为$P=UI$。

电功率单位名称为"瓦"或"千瓦"，用符号W或kW表示。

项目二
电机检修

任务 1 直流电机的安装与运行

✹ 学习目标

1. 掌握直流电机的结构、原理。
2. 掌握直流电机的分类命名。
3. 掌握直流电机的选配。
4. 掌握直流电机的安装。
5. 掌握直流电机的控制保护装置。
6. 掌握直流电机的运行与维护。
7. 直流电机的拆卸和装配。
8. 直流电动机的常见故障与检查。
9. 直流电动机故障的排除。

✹ 工作任务

本任务需要学习直流电机定义；了解直流电机的分类；了解电力拖动的特点；掌握直流电机组成和分类、直流电机故障及分析；理解本课程的性质、内容、任务和要求。先回顾生活中涉及发电机、电动机的场合，引出本次学习任务；再经过本次任务学习后写出学习报告（重点为你对直流电动机的认识和理解，最终我们要达到的目标）。

✹ 任务实施

【一】准备。

一、直流电机概述

直流电机（direct current machine）是指能将直流电能转换成机械能（直流电动

机）或将机械能转换成直流电能（直流发电机）的旋转电机，如图2-1所示。它是能实现直流电能和机械能互相转换的电机。当它作为电动机运行时是直流电动机，将电能转换为机械能；作为发电机运行时是直流发电机，将机械能转换为电能。

图2-1　直流电机外形

二、直流电机的结构和原理

直流电动机和直流发电机的结构基本一样。直流电机由静止的定子和转动的转子两大部分组成，在定子和转子之间存在一个间隙，称做气隙。定子的作用是产生磁场和支撑电机，它主要包括主磁极、换向磁极、机座、电刷装置、端盖等。转子的作用是产生感应电动势和电磁转矩，实现机电能量的转换，通常也被称作电枢。它主要包括电枢铁芯、电枢绕组以及换向器、转轴、风扇等。

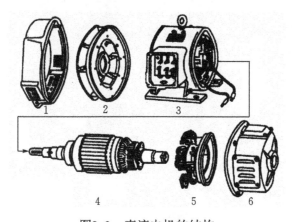

图2-2　直流电机的结构

1—前端盖；2—风扇；3—定子；4—转子；5—电刷及刷架；6—后端盖

1. 定子

1）主磁极

主磁极的作用是产生主磁通，它由铁芯和励磁绕组组成，如图2-3所示。铁芯一般用1 mm～1.5 mm的低碳钢片叠压而成，小电机也有用整块铸钢磁极的。主磁极上的励磁绕组是用绝缘铜线绕制而成的集中绕组，与铁芯绝缘，各主磁极上的线圈一般都是串联起来的。主磁极总是成对的，并按N极和S极交替排列。

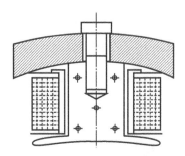

图2-3 直流电机的主磁极

2）换向磁极

换向磁极的作用是产生附加磁场，用以改善电机的换向性能。通常铁芯由整块钢做成，换向磁极的绕组应与电枢绕组串联。换向磁极装在两个主磁极之间，如图2-4所示。其极性在作为发电机运行时，应与电枢导体将要进入的主磁极极性相同；在作为电动机运行时，则应与电枢导体刚离开的主磁极极性相同。

图2-4 换向磁极的位置

3）机座

机座一方面用来固定主磁极、换向磁极和端盖等，另一方面作为电机磁路的一部分称为磁轭。机座一般用铸钢或钢板焊接制成。

4）电刷装置

在直流电机中，为了使电枢绕组和外电路连接起来，必须装设固定的电刷装置，它是由电刷、刷握和刷杆座组成的，如图2-5所示。电刷是用石墨等做成的导电块，放在刷握内，用弹簧压指将它压触在换向器上。刷握用螺钉夹紧在刷杆上，用铜绞线将电刷和刷杆连接，刷杆装在刷座上，彼此绝缘，刷杆座装在端盖上。

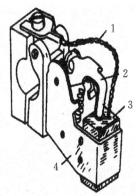

图2-5 电刷装置

1—铜丝辫；2—压指；3—电刷；4—刷握

2．转子

1）电枢铁芯

电枢铁芯的作用是通过磁通和安放电枢绕组。当电枢在磁场中旋转时，铁芯将产生涡流和磁滞损耗。为了减少损耗，提高效率，电枢铁芯一般用硅钢片冲叠而成。电枢铁芯具有轴向冷却通风孔，如图2-6所示。铁芯外圆周上均匀分布着槽，用以嵌放电枢绕组。

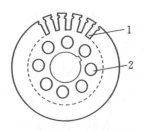

图2-6　电枢铁芯

1—槽；2—轴向通风孔

2）电枢绕组

电枢绕组的作用是产生感应电动势和通过电流产生电磁转矩，实现机电能量转换。绕组通常用漆包线绕制而成，嵌入电枢铁芯槽内，并按一定的规则连接起来。为了防止电枢旋转时产生的离心力使绕组飞出，绕组嵌入槽内后，用槽楔压紧；线圈伸出槽外的端接部分用无纬玻璃丝带扎紧。

3）换向器

换向器的结构如图2-7所示。它由许多带有鸽尾形的换向片叠成一个圆筒，片与片之间用云母片绝缘，借V形套筒和螺纹压圈拧紧成一个整体。每个换向片与绕组每个元件的引出线焊接在一起，其作用是将直流电动机输入的直流电流转换成电枢绕组内的交变电流，进而产生恒定方向的电磁转矩，使电动机连续运转。

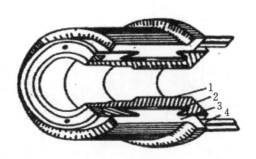

图2-7　拱型换向器

1—V形套筒；2—云母片；3—换向片；4—连接片

三、直流电机工作原理

1. 直流发电机的工作原理

图2-8是由直流发电机的主磁极、电刷、电枢绕组和换向器等主要部件构成的工作原理图，定子上有两个磁极N和S，它们建立恒定磁场，两磁极中间是装在转子上的电枢绕组。绕组元件abcd的两端a和d分别与两片相互绝缘的半圆形铜片（换向器）相接，通过电刷A、B与外电路相连。

当原动机带着电枢逆时针方向旋转时，线圈两个有效边ab和cd将切割磁场磁力线产生感应电动势，方向按右手定则确定，如图2-8（a）所示，在S极下由d→c，在N极下由b→a，电刷A为正极，电刷B为负极。负载电流的方向，由A→B。

当线圈转过180°时，如图2-8（b）所示，此时线圈边中的电动势方向改变了，在S极下由a→b，在N极下由c→d。由于此时电刷A和电刷B所接触的铜片已经互换，因此电刷A仍为正极，电刷B仍为负极，输出电流I的方向不变。

线圈每转过一对磁极，其两个有效边中的电动势方向就改变一次，但是两电刷之间的电动势方向是不变的，电动势大小在零和最大值之间变化。显然，电动势方向虽然不变，但大小波动很大，这样的电动势是没有实用价值的。要减小电动势的波动程度，实用的电机在电枢圆周表面装有较多数量互相串联的线圈和相应的铜片数。这样，换向后合成电动势的波动程度就会显著减小。由于实际发电机的线圈数较多，所以电动势波动很小，可认为是恒定不变的直流电动势。

由以上分析可得出直流发电机的工作原理：当原动机带动直流发电机电枢旋转时，在电枢绕组中产生方向交变的感应电动势，通过电刷和换向器的作用，在电刷两端输出方向不变的直流电动势。

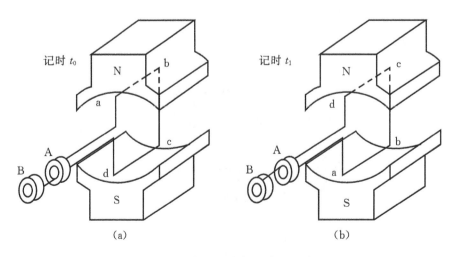

图2-8 直流发电机工作原理图

2．直流电动机的工作原理

直流电动机在机械构造上与直流发电机完全相同，图2-9是直流电动机的工作原理图。电枢不用外力驱动，把电刷A、B接到直流电源上，假定电流从电刷B流入线圈，沿BA顺时针方向，从电刷A流出。载流线圈在磁场中将受到电磁力的作用，其方向按左手定则确定，ab边受到向上的力，dc边受到向下的力，形成电磁转矩，结果使电枢顺时针方向转动，如图2-9（a）所示。当电枢转过90°时，如图2-9（b）所示，线圈中虽无电流和力矩，但在惯性的作用下继续旋转。

当电枢转过180°时，如图2-9（c）所示，电流仍然从电刷B流入线圈，沿d→c→b→a方向，从电刷A流出。与图2-9（a）比较，通过线圈的电流方向改变了，但两个线圈边受电磁力的方向却没有改变，即电动机只朝一个方向旋转。若要改变其转向，必须改变电源的极性，使电流从电刷A流入，从电刷B流出才行。

由以上分析可得直流电动机的工作原理：当直流电动机接入直流电源时，借助于电刷和换向器的作用，使直流电动机电枢绕组中流过方向交变的电流，从而使电枢产生恒定方向的电磁转矩，保证了直流电动机朝一定的方向连续旋转。

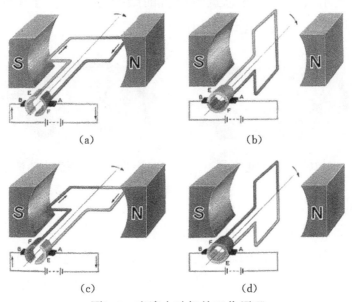

（a）　　　　　　　　　（b）

（c）　　　　　　　　　（d）

图2-9　直流电动机的工作原理

3．直流电机的可逆原理

比较直流电动机与直流发电机的结构和工作原理，可以发现：一台直流电机既可以作为发电机运行，也可以作为电动机运行，只是其输入输出的条件不同而已。

如果在电刷两端加上直流电源，将电能输入电枢，则从电机轴上输出机械能，驱动生产机械工作，这时直流电机将电能转换为机械能，工作在电动机状态。

如果用原动机驱动直流电机的电枢旋转，从电机轴上输入机械能，则从电刷两端可以引出直流电动势，输出直流电能，这时直流电机将机械能转换为直流电能，工作在发电机状态。

    同一台电机，既能作发电机运行，又能作电动机运行的原理，称为电机的可逆原理。一台电机的实际工作状态取决于外界的不同条件。实际的直流电动机和直流发电机在设计时考虑了工作特点的一些差别，因此有所不同。例如直流发电机的额定电压略高于直流电动机，以补偿线路的电压降，便于两者配合使用。直流发电机的额定转速略低于直流电动机，便于选配原动机。

四、直流电机的分类命名

1. 主要分类

    直流电机是实现直流电能与机械能之间相互转换的电力机械，按照用途可以分为直流电动机和直流发电机两类。其中将机械能转换成直流电能的电机称为直流发电机，如图2-10所示；将直流电能转换成机械能的电机称为直流电动机，如图2-11所示。直流电机是工矿、交通、建筑等行业中的常见动力机械，是机电行业人员的重要工作对象之一。作为一名电气控制技术人员必须熟悉直流电机的结构、工作原理和性能特点，掌握主要参数的分析计算，并能正确熟练地操作使用直流电机。

图2-10　直流发电机　　　　　　图2-11　直流电动机

    1）直流发电机

    直流发电机是把机械能转化为直流电能的机器。它主要作为直流电动机、电解、电镀、电冶炼、充电及交流发电机的励磁电源等所需的直流电机。虽然在需要直流电的地方，也用电力整流元件，把交流电转换成直流电，但从某些工作性能方面来看，交流整流电源还不能完全取代直流发电机。

    2）直流电动机

    直流电动机是将直流电能转换为机械能的转动装置。电动机定子提供磁场，直流电源向转子的绕组提供电流，换向器使转子电流与磁场产生的转矩保持方向不变。

    3）无刷直流电机

    无刷直流电机是近几年来随着微处理器技术的发展和高开关频率、低功耗新型电力电子器件的应用，以及控制方法的优化和低成本、高磁能级的永磁材料的出现而发展起来的一种新型直流电动机。

无刷直流电机既保持了传统直流电机良好的调速性能又具有无滑动接触和换向火花、可靠性高、使用寿命长及噪声低等优点，因而在航空航天、数控机床、机器人、电动汽车、计算机外围设备和家用电器等方面都获得了广泛应用。

按照供电方式的不同，无刷直流电机又可以分为两类：方波无刷直流电动机，其反电势波形和供电电流波形都是矩形波，又称为矩形波永磁同步电动机；正弦波无刷直流电动机，其反电势波形和供电电流波形均为正弦波。

2. 型号命名

国产电机型号一般采用大写的汉语拼音字母和阿拉伯数字表示，其格式为：第一部分用大写的拼音字母表示产品代号，第二部分用阿拉伯数字表示设计序号，第三部分用阿拉伯数字表示机座代号，第四部分用阿拉伯数字表示电枢铁芯长度代号。

以Z2-92为例：Z表示一般用途直流电动机；2表示设计序号，第二次改型设计；9表示机座序号；2表示电枢铁芯长度符号。

第一部分字符含义如下。

Z系列：一般用途直流电动机（如Z2、Z3、Z4等系列）。

ZY系列：永磁直流电机。

ZJ系列：精密机床用直流电机。

ZT系列：广调速直流电动机。

ZQ系列：直流牵引电动机。

ZH系列：船用直流电动机。

ZA系列：防爆安全型直流电动机。

ZKJ系列：挖掘机用直流电动机。

ZZJ系列：冶金起重机用直流电动机。

五、直流电机的选配

正确的选择直流电机，首先要通过直流电机的电压、转速、功率来进行直流电机的初步选型，现以平压印刷机为例，通过一组数据来实验，使学生了解直流电机的数据是怎样获得的。

1. 选择直流电机所需要的数据

（1）印刷数量为30 张/min；

（2）在一个工作循环中，蘸墨滚筒、匀墨圆盘先后分别转动60°和90°；

（3）压板的最大摆角为45°；

（4）印刷面积为480 mm×325 mm；

（5）机器所受最大工作阻力矩M_r=100 N·m。

2．直流电机的选择要求

印刷速度为：30 张/min（即主轴的转速也为：30 r/min）。

1）选型依据的主要指标

（1）输入轴功率。

（2）输出轴力矩。

（3）两者关系：$P=T \cdot n_2/（9550 \cdot \mu）$

式中：P——输入轴功率（kW）；

T——经过计算修正过的力矩数值（N·m）；

n_2——输出轴转速（r/min）；

μ——减速机的转动效率。

2）选型计算步骤

（1）主轴的理论力矩。

根据使用要求，计算出主轴的理论输出力矩 T_1。

$$T_1=9550 \cdot P/n$$

$P=0.02$（蘸墨）$+0.35$（刷墨）$+0.02$（匀墨）$+0.35$（压印）$+0.01$（夹纸）$=0.75\,\mathrm{kW}$

$$T_1=9549 \times 0.75 \div 30=238.725（\mathrm{N \cdot m}）$$

（2）输出轴理论力矩的修正。

由于使用环境温度的不同与工作运转中受力变化，所以在进行实际考虑的时候必须要对理论力矩进行修正，以保证减速器的正常运作和使用寿命。

$$T=T_1 \cdot a_1 \cdot a_2$$

式中：T——选型用力矩（N·m）；

T_1——理论计算力矩（N·m）；

a_1——环境温度系数；

a_2——工作运转过程中受力变化状况系数。

六、直流电机的起动运行与维护

直流电机的起动：施电于电动机，使电动机从静止状态加速到所要求的稳定转速时的过程。

依据系统运动方程式可知，要使电动机启动，必须要有 $T>T_L$，直流他励电动机启动时，为保证所通入的电枢电流能产生转矩，必须保证先有磁场，即先通励磁电流，后加电枢电压。

1．全压启动（直接启动）

直接启动时，$n=0$，$E_a=0$，若加入额定电压，则 I_s 太大，会使换向器产生严重的火花，烧坏换向器。一般I_{ast}限制在（1.8～2.5）I_{aN}内。限制I_{ast}的措施：

（1）启动时在电枢回路串联电阻。

（2）启动时降低电枢电压。

直流机在启动和工作时，励磁电路一定要接通，不能让它断开，而且启动时要满励磁。否则，磁路中只有很少的剩磁，可能产生以下事故：

①若电动机原本静止，由于励磁转矩$T=C_T\Phi I_a$，而$\Phi \to 0$，电机将不能启动，因此，电枢电动势为零，电枢电流会很大，电枢绕组有被烧毁的危险。

②如果电动机在有载运行时磁路突然断开，则$E\downarrow\downarrow \to I_a\uparrow\uparrow \to T$和$\Phi\downarrow$，可能不满足$T_L$的要求，电动机必将减速或停转，使$I_a$更大，也很危险。

③如果电机空载运行，可能造成飞车。$\Phi\downarrow \to E\downarrow \to I_a\uparrow \to T\uparrow >> T_0 \to n\uparrow$，飞车。

2．降压启动

在电枢回路内串接外加电阻降电压启动，降压启动时，需要一个电压可调的直流电源。在启动过程中加上合适的电压值使I_a保持为所需的数值。由$I_a=（U_a-E_a）/R_a$可知，为保持I_a不变，U_a-E_a应不变。初期E_a为零或很小，U_a也很小，当转速n逐步升高时，E_a在逐步增大，应使电枢电压U_a也同步增加，直至达到所需的转速。

七、直流电机的调速

1．调速

调速是指根据生产机械和生产工艺的要求，人为或自动改变拖动系统的转速，也称为速度调节。

调速的目的：满足生产的需要，提高工作机械的生产率，保证产品质量和设备经济运行。

调速的实质：改变拖动系统的稳定运行点，即从某一稳定转速过渡到另一个稳定转速。

2．转速变化

调速与转速变化是两个不同的概念，速度变化是在某条特性下，由于负载变化所引起的；速度调节则是在同一负载下，人为改变电动机机械特性而得到的。

3．调速范围D

在额定负载时，电动机最高工作转速与最低工作转速之比称为调速范围。一般用D来表示，即调速范围越大越好，调速范围D与静差率δ两项性能指标是相互制约的。

最高转速n_{max}受电动机换向和系统机械强度的限制，而最低转速n_{min}受转速相对稳定性的限制，即静差率的限制。

4．静差率δ

静差率δ又称转速变化率，是指电动机由理想空载转速n_0到额定负载时转速的变化率。

在n_0相同时，机械特性越硬，Δn就越小，δ就越小，电动机的相对稳定性就越高。

机械特性硬度相同时，机械特性越硬，Δn就越小，δ就越小，电动机的相对稳定性就越高。

5．调速平滑系数

调速的平滑性用平滑系数衡量，其定义是相邻两级转速之比。平滑系数越小调速越平滑。当i趋近无穷大，平滑系数趋近1时，为无级调速。

八、直流电机的保养

1．换向器的保养

有轻微灼痕：用0号砂布在旋转着的换向器上细细研磨。严重灼痕或粗糙不平，表面不圆或有局部凹凸时：拆下电枢进行重车。车削时，速度约为1～1.5 m/s，进给量为0.05～0.1 mm/r，最后一刀切削深度进刀量不大于0.1 mm。车完后，用挖沟工具将片间云母下刻1～1.5 mm，然后再细细研磨。

清除换向器表面的切屑及毛刺等杂物，最后将整个电枢吹净装配。

换向器在负载下长期运转后，表面会产生一层坚硬的深褐色的薄膜，这层薄膜能保护换向器不受磨损，因此要保存这层薄膜，不应磨去。

2．电刷的使用及研磨

电刷压力：一般电机应为12～17 kPa；经常受到冲击振动的电机应为20～40 kPa。（各电刷压力偏差不超过±10％），电刷与刷握框配合须留有不大于0.15 mm左右的间隙。

电刷磨损或碎裂：须换以相同规格（牌号及尺寸）的电刷，新电刷装配好后应研磨光滑。

研磨电刷的接触面：须用0号砂布，砂布宽度为换向器的长度，砂布的长度为换向器的周长，用橡皮胶一半贴住砂布的一端，另一半按转子旋转方向贴在换向器上，转动转子即可。研磨后接触面可达90％以上。

3．绕组的干燥处理

电机的绝缘电阻如果低于0.5 MΩ时，需要进行干燥处理。

电流干燥法：打开机盖上各通风窗，拆开并励绕组出线头，将电枢、串励、换向极绕组接成串联，通入直流电，使不超过铭牌额定电流的50％～60％，此时所加的电压约为额定值的3％～6％。一般加热温度不超过70 ℃。

对他励电机，应事先用外力阻止轴的转动。因为励磁电源虽已切断，但由于它还具有剩磁，所以容易造成高速运转。

4. 直流电动机使用前准备和检查内容

①用压缩空气或"皮老虎"吹净电机内部灰尘、电刷粉末等，清除污垢杂物。

②拆除与电机连接的一切接线（包括变阻器仪表等），用500伏兆欧表，测量绕组对机壳的绝缘电阻，若小于0.5兆欧时，则须参照"绕组的干燥法"，进行处理。

③检查换向器表面是否光洁，如有机械损伤或火花灼痕，应按"换向器的保养法"，进行处理。

④检查电刷是否磨损得太短，刷握的压力是否适当，刷架位置是否符合规定的标记。

⑤电动机在额定负载下，换向器上不得有大于1/2级的火花出现，火花等级可参阅"火花等级的鉴别"。

⑥电动机运转时，应注意测量轴承温度，并倾听其转动声音，如有异声可按交流电机维护中轴承的保养方法进行处理。

九、直流电机的拆装

1. 拆卸

卸前要进行整机检查、熟悉全机有关的情况，做好有关记录，充分做好施工前的准备工作。

拆卸步骤：

①拆除电机的所有接线，同时做好复位标记和记录。

②拆除换向器端的端盖螺栓和轴承盖的螺栓，并取下轴承外盖。

③打开端盖的通风窗，从各刷握中取出电刷；然后再取下接在刷杆上的连接线，并做好刷杆和连接线的复位标记。

④拆卸换向器端的端盖。拆卸时先在端盖与机座的接合处打上复位标记，然后在端盖边缘处垫以木楔，用铁锤沿端盖的边缘均匀地敲打使端盖止口慢慢地脱开机座及轴承外圈。记好刷架的位置，取下刷架。

⑤用厚牛皮纸或布把换向器包好，以保持清洁。防止碰撞致伤。

⑥拆除轴伸出端的端盖螺钉，将连同端盖的电枢从定子内小心地抽出或吊出。操作过程中要防止擦伤绕组、铁芯和绝缘等。

⑦把连同端盖的电枢放在准备好的木架上，用厚纸包裹好。

⑧拆除轴伸端的轴承盖螺钉，取下轴承外盖和端盖。轴承只在有损坏时才需取下来更换，一般情况下不要拆卸。

2. 直流电机的装配

电机的装配步骤按拆卸的相反顺序进行。操作中，各部件应按复位标记和记录进行复位，装配刷架、电刷时，更需细心认真。

3. 直流电机的组装试转

①组装后应经预防性试验合格。

②电动机定子、转子、铁芯、线圈、端盖外壳、风扇、接线盒各部位应无灰尘、油垢、锈斑等，槽楔应打紧，定子内膛严禁有任何遗留物。

③滑动式轴承的电动机定、转子间隙：[$(S_{最大}-S_{最小})/S_{平均}$]的值应小于10%，轴封与轴的间隙应小于0.05 mm，且不与轴磨擦。直流电机应测量主磁极和换向磁极的气隙；测量风扇与机座间的端面和径向间隙，测量电枢的串动量；复查和记录换向器的尺寸和偏摆度等。

④端盖、轴承盖、油挡盖、接线盒装好后，接缝应严密，螺丝应旋紧，垫圈应齐全，键槽与键完好，靠背轮与轴应紧固配合。

⑤风扇完好无损，固定螺丝应齐全，紧固可靠，外风扇不与端盖、外罩相磨擦。

⑥绕线式转子的电动机，刷握下沿与滑环应有2～3 mm的间隙，调整好刷握与滑环的相对中心位置，电刷与刷握应有0.1～0.2 mm的间隙，刷架滑环与转子回路绝缘应良好，非同相刷辫不能互相接触，更换电刷应有75%接触面，刷握刷架及定、转子接线应牢固可靠，引线应完好。

⑦轴封应完好，更换的润滑脂、规格数量应符合要求，电机整体组装完毕后，用手盘动转子应灵活，无卡涩及磨擦现象。

⑧接线应按标记正确无误，引线截面应足够，线鼻子焊线或压接线应牢靠，两线鼻子结合面应无氧化层及污物，应涂导电膏或凡士林，螺丝压接应紧固，以防过热，接头相间及对地绝缘应良好。

⑨应遵循"工完、料尽、场地清"。

十、直流电动机的常见故障

（1）直流电动机不能起动的原因和检修方法见表2-1。

表2-1 直流电动机不能起动的原因和检修方法

故障现象	故障原因	检修方法
电动机不能起动	电网停电	用万用表或验电笔检查，待来电后使用
	熔断器熔断	更换熔断器
	电源线在电动机接线端子上接错线	按图纸重新接线
	负载太大，启动不了	减小机械负载
	电刷位置不对	重新校正电刷中性线位置

续表

故障现象	故障原因	检修方法
电动机不能起动	定子与转子间有异物卡住	清除异物
	轴承严重损坏，卡死	更换轴承
	主磁极或换向器固定螺钉未拧紧，致使卡住电枢	拆开电动机，重新紧固
	起动电压太低	通常应在50 V时起动
	电刷提起后未放下	将电刷安放在刷程中
	换向器表面污垢太多	清除污垢

（2）直流电动机过热故障原因及检修方法见表2-2。

表2-2 直流电动机过热故障原因及检修方法

故障现象	故障原因	检修方法
直流电动机过热	电动机过载	减小机械负载或解决引起过载的机械故障
	电枢绕组短路	用前面叙述的方法找到故障点并处理
	新做的绕组中有部分线圈接反	按照正确的图纸接线
	换向极接反	拆开电动机，用前面叙述的方法找到故障点，并处理
	换向片有短路	用前面叙述的方法找到故障点并处理
	定子和转子铁芯相擦	拆开电动机，检查定子磁极固定螺钉是否松动或极下垫片是否比原来多，重新紧固或调整
	电动机气隙有大有小	调整定子绕组极下的垫片使气息均匀
	风道堵塞	重装风道
	风扇接反	重装风扇
	电动机长时间低压、低速运行	应适当提高电压，以接近额定转速为佳
	电动机轴承损坏	更换同型号轴承
	联轴器安装不当或皮带太紧	重新调整

（3）直流电动机火花故障及检修方法见表2-3。

表2-3　直流电动机火花故障及检修方法

故障现象	故障原因	检修方法
直流电动机电刷下有火花	电刷与换向器接触不良	重新研磨电刷
	电刷上的弹簧太松或太紧	适当调整弹簧压力，准确地说，应保持在1.5～2.5 N/m^2，通常凭手感来调整
	刷握松动	紧固刷握螺钉，刷握要与换向器垂直
	电刷与刷握尺寸不相配	若电刷在刷握中过紧，可用0#砂纸砂去少许，使电刷在刷握中自由滑动，若过松则更换与刷握相配的新电刷
	电刷太短，上面的弹簧已压不住电刷	当电刷磨损2/3时或电刷低于刷握时，应更换同一型号电刷
	电刷表面有油污粘住电刷粉	用棉纱蘸酒精擦净
	电刷偏离中性线位置	按前述方法重新调整刷架，使电刷处于中性线位置
	换向片有灼痕，表面高低不平	轻微时，用0#细砂纸按照前面所述方法砂去换向片少许，若严重，则需上车床车去一层，并按照前述方法处理
	换向器片间云母未刻净，或云母凸出	用刻刀按要求下刻云母
	电动机长期过载	应将机械负载减小到额定值以下
	换相极接错	按照前面所述方法处理
	换向极线圈短路	按照前面所述方法处理、尽量局部修复，否则重绕
	电枢绕组有线圈断路	按照前面所述方法查找、修复或做短接处理
	电枢绕组有短路	按照前面所述方法查找、修复
	换向器片间短路	按照前面所述方法查找、修复
	电枢绕组与换向片脱焊	换向器槽中有烧黑现象，按照前面所述方法修复
	重绕的电枢绕组有线圈接反	按正确的接线重接
	电源电压过高	电源电压降低到额定电压值以内

十一、直流电机的用途

由于直流电动机具有良好的启动和调速性能，常应用于对启动和调速有较高要求的场合，如大型可逆式轧钢机、矿井卷扬机、宾馆高速电梯、龙门刨床、电力机车、内燃机车、城市电车、地铁列车、电动自行车、造纸和印刷机械、船舶机械、大型精密机床和大型起重机等生产机械中，如图2-12所示是其应用的几种实例。

图2-12　直流电动机的应用

直流发电机主要用作各种直流电源，如直流电动机电源、化学工业中所需的低电压大电流的直流电源、直流电焊机电源等，如图2-13所示。

电解铝车间　　　　　　　　　　　　电镀车间

图2-13　直流发电机的应用

【二】学生认识直流电机外形，区分直流电动机和直流发电机，动手打开外壳，掌握两种直流电机的结构。

认识提示：搬动电机时注意安全，避免砸伤。

【三】教师演示直流发电机发电过程或应用视频。

演示提示：学生理解原理。

【四】教师演示直流电动机启动过程或应用视频。

演示提示：学生理解原理。

【五】观察两种电机运行的情况，比较并记录。

温馨提示：分析用途。

【六】学生自己上网查找资料，了解直流电机的拆装与维护。

温馨提示：动笔写步骤。

【七】观看相关视频或因特网资料，掌握直流电机的故障。

温馨提示：动笔写步骤、作比较。

【八】观看相关视频或因特网资料，掌握直流电机的运行特性及控制保护装置。

温馨提示：动笔写步骤、画图像。

【九】观看相关视频或因特网资料，掌握直流电机的故障排除方法。

温馨提示：动笔写步骤并操作。

温馨提示：完成【二】【三】【四】【五】【六】【七】【八】【九】后，进入总结评价阶段。分自评、教师评两种，主要是总结评价本次认识、拆装、演示过程中做得好的地方及需要改进的地方等。根据评分的情况和本次任务的结果，填写如表2-4、表2-5所列的表格。

表2-4 学生自评表格

任务完成进度	做得好的方面	不足、需要改进的方面

表2-5 教师评价表格

学生在本次任务中的表现	学生进步的方面	学生不足、需要改进的方面

【十】写总结报告。

温馨提示：报告可涉及内容为本次任务识别、拆装、记录、实物演示、故障检查、故障排除的结果等，并可谈谈本次实训的心得体会。

任务小结

本次任务主要是了解直流电机结构、工作原理、运行、安装与维护、拆装、故障分析、故障排除、应用等知识。

任务 2 单相电机的安装与运行

❖ 学习目标

1. 掌握单相电机的结构、原理。
2. 掌握单相电机的分类命名。
3. 掌握单相电机的选配。
4. 掌握单相电机的安装。
5. 掌握单相电机的控制保护装置。
6. 掌握单相电机的运行与维护。
7. 掌握单相电机的拆卸和装配。
8. 掌握单相电机的常见故障与检查。
9. 掌握单相电机故障的排除。

❖ 工作任务

　　本任务需要学习单相电机定义；了解单相电机的分类；了解单相电机的特点；掌握单相电机组成和分类、单相电机故障及分析；理解本课程的性质、内容、任务和要求。先回顾生活中涉及单相电机的场合，引出本次学习任务；再经过本次任务学习后写出学习报告（重点为你对单相电机的认识和理解，最终我们要达到的目标）。

⚒ 任务实施

【一】准备。

一、单相电机概述

1. 单相异步电动机的概述

用单相交流电源供电的电动机称为单相异步电动机单相异步电动机的容量一般在750 W以下，与同容量的三相异步电动机相比，它的体积较大，运行性能较差，但是它结构简单、成本低廉、运行可靠、维修方便，通常广泛应用在小容量的场合，如家用电器（电风扇、电冰箱、洗衣机等）、空调设备、电动工具（如油泵、砂轮机）、医疗器械及轻工设备中，如图2-14、图2-15、图2-16、图2-17所示。

图2-14　洗衣机电机

图2-15　电动车电机

图2-16　家用空调电机

图2-17　油烟机电机

2. 单相异步电动机的优缺点

（1）优点：结构简单，成本低廉，噪音小。

（2）缺点：与同容量三相感应电动机相比较，体积较大，功率因数及过载能力都较低。故单相感应电动机只能做成小容量。微型：几瓦～750瓦；小型：550瓦～3700瓦。

二、单相电机结构

以单相异步交流电动机为例，它与三相感应电动机相似，包括定子和转子两大部分。转子结构都是笼型的，定子铁芯由硅钢片叠压而成。定子铁芯上嵌有定子绕组。

单相异步交流电动机正常工作时，一般只需要单相绕组即可，但单相绕组通以单相交流电时产生的磁场是脉动磁场，单相运行的电动机没有起动转矩。为使电动机能自行起动和改善运行性能，除工作绕组（又称主绕组）外，在定子上还安装一个辅助的起动绕组（又称副绕组）。两个绕组在空间相距90°或一定的电角度，如图2-18所示。

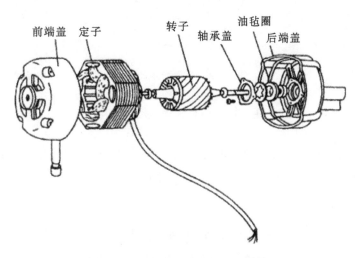

图2-18 单相异步交流电动机结构

三、单相电机的工作原理

在交流电机中，当定子绕组通过交流电流时，建立了电枢磁动势，它对电机能量转换和运行性能都有很大影响。所以单相交流绕组通入单相交流电流产生脉振磁动势，该磁动势可分解为两个幅值相等、转速相反的旋转磁动势，从而在气隙中建立正转和反转磁场。这两个旋转磁场切割转子导体，并分别在转子导体中产生感应电动势和感应电流。

该电流与磁场相互作用产生正、反电磁转矩。正向电磁转矩企图使转子正转；反向电磁转矩企图使转子反转。这两个转矩叠加起来就是推动电动机转动的合成转矩。

当绕组中通入单相交流电流后，产生一个强弱和正负不断变化的交变脉动磁场。这磁场没有旋转性，不能像三相电机那样使转子自行起动。但用外力使转子往任一方向转动一下，则转子便会按外力作用方向继续旋转，并逐步提高转速达到稳定运行状态。为了克服不能自行起动的缺点，设计了各种起动方法，按起动方法的不同，电机可分成五类：罩极式、分相式、电容式、通用（串激）式和推斥式。这几种起动方式都是促使单相电源分裂为两相，从而产生旋转磁场，使电机自行起动旋转。

1. 单相绕组的脉振磁场

（1）定子绕组：主绕组是一单相绕组 m 加一正弦交流电→气隙→产生脉振磁场 F_0，如图2-19所示。

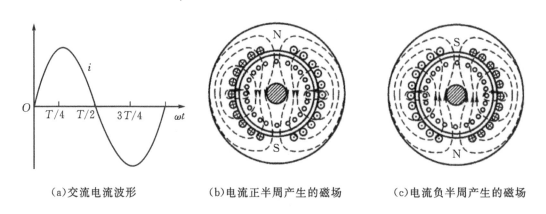

（a）交流电流波形　　　　（b）电流正半周产生的磁场　　　　（c）电流负半周产生的磁场

图2-19　单相脉动电动势产生

（2）脉动磁场：磁场大小及方向随电流的变化而变化，但磁场的轴线却固定不变。

（3）结论：磁场只是脉动而不旋转，电动机不启动。

2. 两相绕组的旋转磁场

单相分相式：定子安放两相绕组，它们参数相同，但空间位置上相差90°电角（对称），两相对称绕组中通入大小相等，相位相差90°电角的两相对称电流，如图2-20所示。

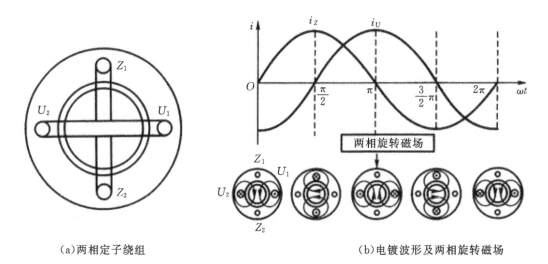

（a）两相定子绕组　　　　　　　　（b）电镀波形及两相旋转磁场

图2-20　两相绕组脉动磁场

合成磁场：一个旋转磁场 $n_1 = 60f/p$。

启动必要条件：

（1）定子具有空间不同相位的2个绕组。

（2）两相绕组中通入不同相位的交流电流，分相分析：

①转子静止时，$n=0$，$S=1$，合成转矩为0。单相感应电动机无起动转矩，故单相异步电动机不能自行启动。三相异步电动机电源断一相，相当于一台单相异步电动机，故不能起动。

②当$S\neq 1$时，$T\neq 0$，且T无固定方向，取决于S的正负。一旦旋转，转向依外力方向而定，即在外力矩作用下，电机可朝外力方向旋转。三相感应电动机运行中断一相，电机仍能继续运转。

③由于存在负序转矩，使合成转矩减小，过载能力低，T_F不变，n下降→S上升→I_2上升→I_1上升→温升增加。

3．单相电机的分类

根据获得旋转磁场方式的不同，主要分为分相电动机和罩极电动机。

1）分相启动电动机

分相启动电动机包括电容启动电动机、电容运转电动机和电阻启动电动机，分相式启动电动机特点：

（1）启动绕组和电容按短时工作设计；

（2）电容起到分相和提高功率因数的作用。

①电容启动电动机如图2-21所示。由于启动绕组和电容按短时工作设计，因此，当n达（70%～80%）n_1时，离心开关自动打开。定子具有空间不同相位的2个绕组；两相绕组中通入不同相位的交流电流，分相产生旋转磁场；电容器C配得合适，可使I_Z超前I_U90°→圆形旋转磁势，$T_S\uparrow$，$I_S\downarrow$。

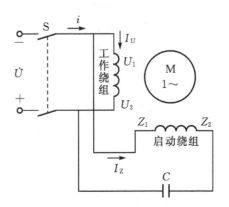

图2-21　电容启动电动机原理图

电容启动式特点：启动转距较大，启动电流也较大，应用在空气压缩机、电冰箱、水泵、电扇（70 W）等满载启动的场合，应用最普遍。

②电容运转电动机如图2-22所示。

启动：$C_1\uparrow\rightarrow T_S\uparrow$。

运行：（75%～80%）n_1时，C_2切除→C较小→运行性能较好。

应用：家用电器、泵、小型机械等。

改变方向：对调主绕组或副绕组2个接线端。

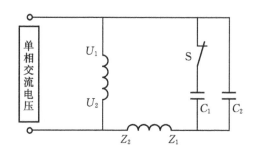

图2-22　电容运转电动机原理图

电容运转式特点：

a. 启动绕组和电容器按长期工作设计；

b. 过载能力、功率因数和效率均较高；

c. 容量能做到五十瓦至几千瓦；

d. 应用比较广泛，如应用于压气机、空调等。

③电阻启动电动机在启动绕组中串联电阻来分相，电阻启动式特点：工作绕组电阻小，电抗大；启动绕组电阻大，电抗小。

工作原理：在时间上滞后一个角度φ，而两个绕组在空间也相隔一个角度，产生旋转磁场，转向由未罩极部分转向罩极部分。电机转向也由未罩极部分转向罩极部分。

改变转向的方法：定子上绕制两套起动绕组；将定、转子反向安装。

优缺点：启动转矩小，结构简单，不需要电容器。

应用：用于小容量电动机中。如应用于小型风扇、电动模型和电唱机中。

2）罩极电动机

罩极电动机的定子作成凸极式，由硅钢片叠压而成，工作绕组为集中绕组，套在定子磁极上，每个极靴表面1/3～1/4处开有一个小槽，放入罩极绕组（短路环），如图2-23所示。

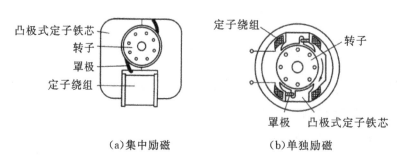

（a）集中励磁　　　　　（b）单独励磁

图2-23　凸极式单相罩极电动机结构

罩极电动机结构简单，制造方便，成本低，维护方便，但起动和运行性能差，用于小功率，空载起动，如台扇。

四、电机保养方法

专业电机保养维修中心电机保养流程：清洗定转子→更换碳刷或其他零部件→真空F级压力浸漆→烘干→校动平衡。

①使用环境应经常保持干燥，电动机表面应保持清洁，进风口不应受尘土、纤维等阻碍。

②当电动机的热保护连续发生动作时，应查明故障来自电动机还是超负荷或保护装置整定值太低，消除故障后，方可投入运行。

③应保证电动机在运行过程中良好的润滑。一般的电动机运行5000小时左右，即应补充或更换润滑脂，运行中发现轴承过热或润滑变质时，液压及时换润滑脂。更换润滑脂时，应清除旧的润滑油，并用汽油洗净轴承及轴承盖的油槽，然后将ZL-3锂基脂填充轴承内外圈之间的空腔的1/2（对2极）及2/3（对4、6、8极）。

④当轴承的寿命终了时，电动机运行的振动及噪声将明显增大，检查轴承的径向游隙达到一定值时，即应更换轴承。

⑤拆卸电动机时，从轴伸端或非伸端取出转子都可以。如果没有必要卸下风扇，还是从非轴伸端取出转子较为便利，从定子中抽出转子时，应防止损坏定子绕组或绝缘。

更换绕组时必须记下原绕组的形式，尺寸及匝数，线规等，当失落了这些数据时，应向制造厂索取，随意更改原设计绕组，常常使电动机某项或几项性能恶化，甚至于无法使用。

五、单相异步电机命名

单相异步电机命名含义如图2-24所示。

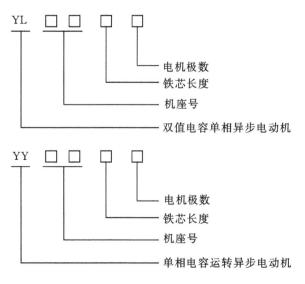

图2-24 单相异步电机名称含义

六、单相异步电动机的安装

电动机安装前应测量定子绕组对机壳及主绕组与辅绕组之间的绝缘电阻,其常温阻值不低于10 MΩ,否则应对绕组进行烘干处理,可采用灯泡加热法。

电动机的轴伸直径出厂时已经磨至标准公差尺寸,因此要求用户所配套的带轮或其他配套的零件内径要选国家标准的附件。安装时用手推入或轻轻敲击轴伸台即可,严禁用锤子猛击,否则容易振碎离心开关,造成电动机不能起动、损坏轴承、增大电动机的运行噪声。

电动机在安装至配套机械之前,要仔细检查电动机的底脚部分有无裂纹和影响机械强度等问题,一旦发现有问题,禁止安装使用。电动机要安装在带固定孔的平板上,并用同底脚孔相适应的螺栓固定。

为确保安全,在电动机运行前,务必把接地导线连接到电动机的接地螺钉上,并可靠接地,接地线应选用截面积不小于1 mm²的铜导线。

单相异步电动机使用的离心开关属于机械式开关,当电动机的转速达到额定转速的70%以上时,触点断开让辅绕组(起动绕组)断开或让起动电容断开不参加工作。当离心开关损坏或农村电压较低经常烧毁起动电容时,可改用时间继电器(220 V型)来代替离心开关。方法是将电动机内部离心开关上的两根线接在一起,在机外串入时间继电器的常闭触点(为了让触点耐用,需将多组触点并联使用或再增加中间继电器)。时间继电器的线圈的供电可与主绕组并联来实现,动作时间调在2~6 s。经多次实践,效果很好,在农村电压较低时也能避免烧毁起动电容的情况,用户很满意。

七、单相异步电动机的调速

方法：同三相异步电动机，改变定子电压：串电抗器、晶闸管调压，具体方法如下。

1. 串电抗器调速

串电抗器调速具有简单、方便等优点，但有级调速，T、$P\downarrow$，适合台风扇使用，如图2-25所示。

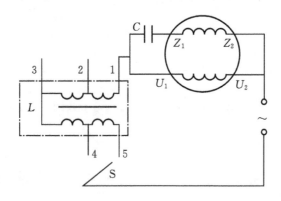

图2-25 串电抗器调速电路

2. 晶闸管调压调速

晶闸管调压调速由双向晶闸管、双向二极管，带电压开关的电位器、电阻、电容构成。它无级调速，其电路如图2-26所示。

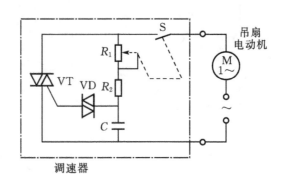

图2-26 晶闸管调压调速电路图

3. 自耦变压器调速

调速时整台电动机降压：低速挡启动性能差。工作绕组降压：低速挡启动性能较好，接线复杂，如图2-27所示。

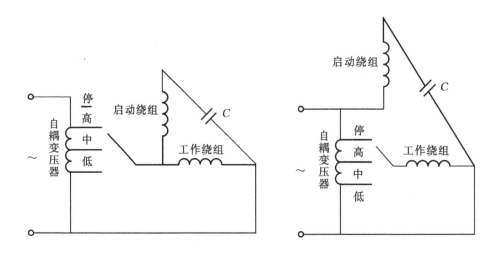

图2-27　自耦变压器调速电路图

4．串电容调速

串电容调速的电容与容抗成反比，电容量大→容抗小→相应的电压降也小，n就高，R为泄防电阻。

特点：电动机起动性能好，正常运行时无功率损耗，效率高，如图2-28所示。

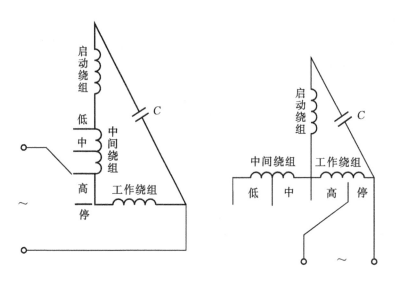

图2-28　串电容调速电路图

5．绕组抽头法调速

绕组抽头法调速的定子绕组上嵌放一个调速绕组，这样可省电抗器铁芯，降低成本，但接线复杂，如图2-29所示。

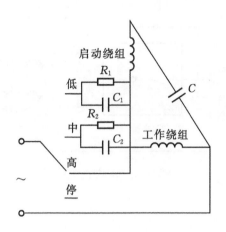

图2-29　绕组抽头法调速电路图

6. PTC元件

微风挡电风扇：500 r/min，电风扇在这样低的速度下往往难以启动。解决方法：PTC元件特性——低温，阻值小，高温呈高阻状态，如图2-30所示。

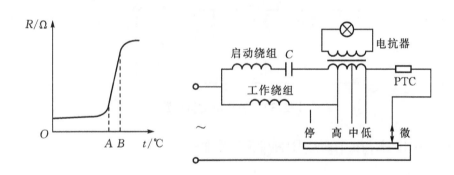

图2-30　PTC元件特性和电路图

八、单相异步电动机的反转

1. 洗衣机电路

洗衣机电路如图2-31所示。

方法：与旋转磁场方向相同。

①工作绕组（或启动绕组）的首端和末端与电源的接线对调；

②电容器从第一组绕组改接到另一节绕组（电容运转电动机）。

强洗：电动机始终朝一个方向旋转。

S_1：通电时间。

S_2：正反转。

标准：正30 s，停止30 s，反转5 s。

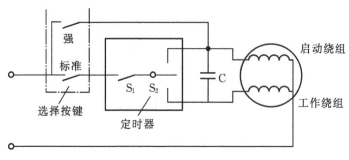

图2-31　洗衣机电路

2．脱水机电路

脱水机电路如图2-32所示。

对主绕组或副绕组中任何一个绕组的2个出线端。

S_1：脱水定时器触点。

S_2：脱水桶门盖连锁触点。

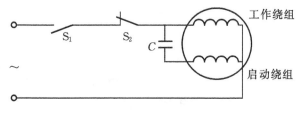

图2-32　脱水电动机电路

九、单相异步电动机的常见故障与检修

单相异步电动机的维护工作和三相异步电动机的维护工作相似。要经常注意转速是否异常，温度是否过高，是否有杂音和振动，有无焦臭味等。下面列举几种及常见的故障产生原因及检修方法，供参考。

故障现象1：电源电压正常，但通电后电机不能启动。

原因可能是：

（1）电源引线开路；

（2）主绕组或副绕组开路；

（3）离心开关触头合不上，没有把起动绕组接通；

（4）电容器开路；

（5）定、转子相碰，进入杂物或润滑脂干固；

（6）轴承已坏；

（7）轴承进入杂物和润滑剂干固；

（8）负载被卡死造成电动机严重过载。

故障现象2：在空载下能起动或在外力帮助下能起动，但起动和转速缓慢。

原因可能是：

（1）离心开关触头合不上或接触不良；

（2）副绕组开路；

（3）电容器干固或开路；

（4）如果电动机转向不固定，则肯定是副绕组开路或电容器开路。

故障现象3：启动后电动机很快发热，甚至冒烟。

原因可能是：

（1）主绕组短路或接地；

（2）副绕组短路；

（3）启动后离心开关的触头分不开，副绕组通电时间过长；

（4）主、副绕组接错；

（5）电压不准确。

工作绕组：R小，线粗，杂数少。

启动绕组：R大，线细，杂数多。

故障现象4：电动机转动时噪声太大。

原因可能是：

（1）绕组短路或接地；

（2）离心开关损坏；

（3）轴承损坏；

（4）轴承的轴向间隙过大；

（5）电机内落入杂物。

故障现象5：电动机运转中有不正常的振动。

原因可能是：

（1）转子不平衡；

（2）皮带盘不平衡；

（3）轴伸出端弯曲。

故障现象6：轴承过热。

原因可能是：

（1）轴承损坏；

（2）轴承内、外圈配合不当；

（3）润滑油过多，过少或油太脏，或混有沙土等杂物；

（4）皮带过紧或联轴节装得不好。

故障现象7：通电后保险丝熔断。

原因可能是：

（1）保险丝很快熔断则是绕组短路或接地；

（2）保险丝经过一小段时间（如一到几分钟）才熔断则可能是绕组之间或绕组与地之间漏电。

【二】学生认识单相电机外形，区分单相电动机和单相流发电机，动手打开外壳，掌握两种单相机的结构。

认识提示：搬动电机时注意安全，避免砸伤。

【三】教师演示单相发电机发电过程或应用视频。

演示提示：学生理解原理。

【四】教师演示单相电动机启动过程或应用视频。

安装提示：学生理解原理。

【五】观察两种电机运行的情况、比较并记录。

温馨提示：分析用途。

【六】学生自己上网查找资料，了解单相电机的拆装与维护。

温馨提示：动笔写步骤。

【七】观看相关视频或因特网资料，掌握单相电机的常见故障。

温馨提示：动笔写步骤、作比较。

【八】观看相关视频或因特网资料，掌握单相电机的运行特性及控制保护装置。

温馨提示：动笔写步骤、画图像。

【九】观看相关视频或因特网资料，掌握单相电机的故障排除方法。

温馨提示：动笔写步骤并操作。

温馨提示：完成【二】【三】【四】【五】【六】【七】【八】【九】后，进入总结评价阶段。分自评、教师评两种，主要是总结评价本次认识、拆装、演示过程中做得好的地方及需要改进的地方等。根据评分的情况和本次任务的结果，填写如表2-6、表2-7所列的表格。

表2-6　学生自评表格

任务完成进度	做得好的方面	不足、需要改进的方面

表2-7 教师评价表格

学生在本次任务中的表现	学生进步的方面	学生不足、需要改进的方面

【十】写总结报告。

温馨提示：报告可涉及内容为本次任务识别、拆装、记录、实物演示、故障检查、故障排除的结果等，并可谈谈本次实训的心得体会。

⚒ 任务小结

本次任务主要是了解单相电机结构、工作原理、运行、安装与维护、拆装、故障分析、故障排除、应用等知识。

任务 3 三相异步电机的安装与运行

学习目标

1. 掌握三相异步电机的结构、原理。
2. 掌握三相异步电机的分类命名。
3. 掌握三相异步电机的选配。
4. 掌握三相异步电机的安装。
5. 掌握三相异步电机的控制保护装置。
6. 掌握三相异步电机的运行与维护。
7. 三相异步电机的拆卸和装配。
8. 三相异步电机的常见故障与检查。
9. 三相异步电机故障的排除。

工作任务

本任务需要学习三相异步电机定义；了解三相异步电机的分类；了解三相异步电机的特点；掌握三相异步电机组成和分类、三相异步电机故障及分析；理解本课程的性质、内容、任务和要求。先回顾生活中涉及三相异步电机的场合，引出本次学习任务；再经过本次任务学习后写出学习报告（重点为你对三相异步电机的认识和理解）。

任务实施

【一】准备。

一、三相异步电动机概述

实现电能与机械能相互转换的电工设备总称为电机。

电机是利用电磁感应原理实现电能与机械能的相互转换。把机械能转换成电能的设备称为发电机，而把电能转换成机械能的设备叫做电动机。在生产上主要用的是交流电动机，特别三相异步电动机，因为它具有结构简单、坚固耐用、运行可靠、价格低廉、维护方便等优点。它被广泛地用来驱动各种金属切削机床、起重机、锻压机、传送带、铸造机械、功率不大的通风机及水泵等。

二、三相异步电动机的结构与工作原理

1．三相异步电动机的构造

三相异步电动机的两个基本组成部分为定子（固定部分）和转子（旋转部分），此外还有端盖、风扇等附属部分，如图2-33所示。

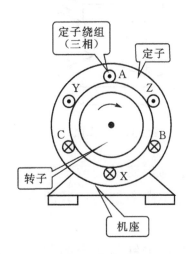

图2-33　三相电动机的结构示意图

1）定子

三相异步电动机的定子由三部分组成：

①定子铁芯。定子铁芯由厚度为0.5 mm相互绝缘的硅钢片叠成，硅钢片内圆上有均匀分布的槽，其作用是嵌放定子三相绕组AX、BY、CZ。

②定子绕组。定子绕组是三组用漆包线绕制好的，对称地嵌入定子铁芯槽内的相同的线圈。这三相绕组可接成星形或三角形。

③机座。机座用铸铁或铸钢制成，其作用是固定铁芯和绕组。

2）转子

三相异步电动机的转子由三部分组成：

①转子铁芯。转子铁芯由厚度为0.5 mm相互绝缘的硅钢片叠成，硅钢片外圆上有均匀分布的槽，其作用是嵌放转子三相绕组。

②转子绕组。转子绕组有两种形式：鼠笼式——鼠笼式异步电动机，绕线式——绕线式异步电动机。

③转轴。转轴上加机械负载。

鼠笼式电动机由于构造简单，价格低廉，工作可靠，使用方便，成为了生产上应用得最广泛的一种电动机。为了保证转子能够自由旋转，在定子与转子之间必须留有一定的空气隙，中小型电动机的空气隙约在0.2～1.0 mm之间。

2．三相异步电动机的转动原理

1）基本原理

为了说明三相异步电动机的工作原理，我们做如下演示实验，如图2-34所示。

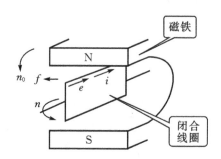

图2-34 工作原理演示

①演示实验：在装有手柄的蹄形磁铁的两极间放置一个闭合导体，当转动手柄带动蹄形磁铁旋转时，将发现导体也跟着旋转；若改变磁铁的转向，则导体的转向也跟着改变。

②现象解释：当磁铁旋转时，磁铁与闭合的导体发生相对运动，鼠笼式导体切割磁力线而在其内部产生感应电动势和感应电流。感应电流又使导体受到一个电磁力的作用，于是导体就沿磁铁的旋转方向转动起来，这就是异步电动机的基本原理。

转子转动的方向和磁极旋转的方向相同。

③结论：欲使异步电动机旋转，必须有旋转的磁场和闭合的转子绕组。

2）旋转磁场

①产生：图2-35表示最简单的三相定子绕组AX、BY、CZ，它们在空间按互差120°的规律对称排列。并接成星形与三相电源U、V、W相联。则三相定子绕组便通过三相对称电流，随着电流在定子绕组中通过，在三相定子绕组中就会产生旋转磁场，如图2-36所示。

$$\begin{cases} i_U = I_m \sin\omega t \\ i_V = I_m \sin(\omega t - 120°) \\ i_W = I_m \sin(\omega t + 120°) \end{cases}$$

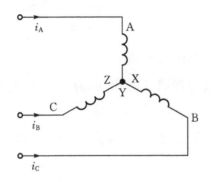

图2-35 三相定子绕组通入三相正弦交流电

当$\omega t=0°$时，$i_A=0$，AX绕组中无电流；i_B为负，BY绕组中的电流从Y流入B流出；i_C为正，CZ绕组中的电流从C流入Z流出；用右手螺旋定则可得合成磁场的方向如图2-36（a）所示。

当$\omega t=120°$时，$i_B=0$，BY绕组中无电流；i_A为正，AX绕组中的电流从A流入X流出；i_C为负，CZ绕组中的电流从Z流入C流出；用右手螺旋定则可得合成磁场的方向如图2-36（b）所示。

当$\omega t=240°$时，$i_C=0$，CZ绕组中无电流；i_A为负，AX绕组中的电流从X流入A流出；i_B为正，BY绕组中的电流从B流入Y流出；用右手螺旋定则可得合成磁场的方向如图2-36（c）所示。

可见，当定子绕组中的电流变化一个周期时，合成磁场也按电流的相序方向在空间旋转一周。随着定子绕组中的三相电流不断地作周期性变化，产生的合成磁场也不断旋转，因此称为旋转磁场。

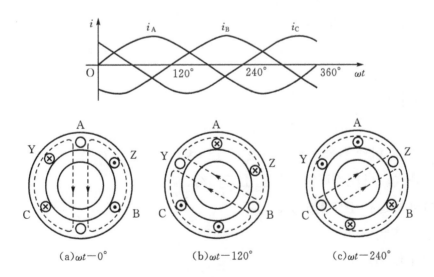

图2-36 旋转磁场的形成

②旋转磁场的方向。旋转磁场的方向是由三相绕组中电流相序决定的，若想改变旋转磁场的方向，只要改变通入定子绕组的电流相序，即将三根电源线中的任意两根对调即可。这时，转子的旋转方向也跟着改变。

③三相异步电动机的极数与转速（磁极对数p）。三相异步电动机的极数就是旋转磁场的极数。旋转磁场的极数和三相绕组的安排有关。

当每相绕组只有一个线圈，绕组的始端之间相差120°空间角时，产生的旋转磁场具有一对极，即$p=1$；当每相绕组为两个线圈串联，绕组的始端之间相差60°空间角时，产生的旋转磁场具有两对极，即$p=2$；同理，如果要产生三对极，即$p=3$的旋转磁场，则每相绕组必须有均匀安排在空间的串联的三个线圈，绕组的始端之间相差40°（$=120°/p$）空间角。极数p与绕组的始端之间的空间角θ的关系为：$\theta=\dfrac{120°}{p}$。

三、三相异步电动机的分类

三相异步电动一般为系列产品，其系列、品种、规格繁多，因而分类也较繁多。

（1）按电动机尺寸大小分类。

大型电动机：定子铁芯外径$D>1000$ mm或机座中心高$H>630$ mm。

中型电动机：$D=（500\sim1000）$mm或$H=（355\sim630）$mm。

小型电动机：$D=（120\sim500）$mm或$H=（80\sim315）$mm。

（2）按电动机外壳防护结构分类。

第一种防护：防止人体触及或接近壳内带电部分和触及壳内转动部件（光滑的旋转轴和类似部件除外），以及防止固体异物进入电机。

第二种防护：防止由于电机进水而引起的有害影响。

（3）按电动机冷却方式分类。

电动机按冷却方式可分为自冷式、自扇冷式、他扇冷式等。可参见国家标准GB/T1993—93《旋转电机冷却方法》。

（4）按电动机的安装形式分类。

IMB3：卧式，机座带底脚，端盖上无凸缘。

IMB5：卧式，机座不带底脚，端盖上有凸缘。

IMB35：卧式，机座带底脚，端盖上有凸缘。

（5）按电动机运行工作制分类。

S1：连续工作制。

S2：短时工作制。

S3～S8：周期性工作制。

（6）按转子结构形式分类：三相笼型异步电动机；三相绕线型异步电动机。

四、三相异步电动机的型号及选用

我国电机产品型号的编制方法是按国家标准GB4831—84《电机产品型号编制方法》实施的，即有汉语拼音字母及国际通用符号和阿拉伯数字组成，按下列顺序排列。

1. 产品代号，见表2-8。

2. 特殊环境代号，见表2-9。

3. 规格代号。

4. 补充代号（在产品标准中作规定）。

表2-8 产品代号

类别	异步电动机	同步电动机	同步发电机	直流发电机	直流电动机	水轮发电机	汽轮发电机	测功机	潜水电泵	纺织用电机	交流换向器电机
产品代号	Y	T	TF	Z	ZF	QF	SF	C	Q	F	H

表2-9 特殊环境代号

适用场合	热带用	湿热带用	干燥带用	高原用	船用	户外用	化工防腐用
汉语拼音字母	T	TH	TA	G	H	W	F

产品规格代号：L——长机座；M——中机座；S——短机座。

下面为两个产品举例：

1. 三相异步电动机Y2-132M-4。

规格代号：中心高132 mm，M中机座，4极；

产品代号：异步电动机，第二次改型设计。

2. 户外防腐型三相异步电动机Y-100L2-4-WF1。

特殊环境代号：W户外用，F化工防腐用，1中等防腐；

规格代号：中心高100 mm，长机座第二铁芯长度，4极；

产品代号：异步电动机。

五、常用三相异步电动机产品型号、结构特点及应用场合

常用三相异步电动机产品型号见电动机专用手册。

Y2系列电动机是我国20世纪90年代中期最新设计的三相异步电动机基本系列产品，为全封闭自扇冷式笼型电动机，包括基本设计系列（Y2系列）和提高效率设计系列

（Y2E系列）两个系列产品，产品的技术性能指标达到国外同类产品20世纪90年代的水平，是用以替代Y系列的更新换代产品，从90年代末期起我国已开始实现由Y系列向Y2系列过渡。

Y2系列电动机采用F级绝缘等级，但温升仍按B级绝缘考核（除机座为315部分及355部分规格外），故电动机的温升裕度较大。防护等级提高到IP54，机座用平行垂直分布的散热筋，接线盒置于电动机机座的上方，以方便接线。Y2系列电动机在Y系列电动机的基础上改进了电磁和结构设计，降低了电机的噪声及振动，节约了材料，并使电动机结构更合理，外形新颖、美观。Y2系列电动机（除个别延伸的机座和规格外）的功率等级与安装尺寸的对应关系与Y系列电动机完全相同，有利于Y2系列电动机逐步取代Y系列电动机。

Y2E系列电机是为了提高电动机效率而设计的系列产品，其满载效率比Y2系列提高1.79%，主要适用于运行时间长、负载率较高的各种机械设备上。

YR系列（IP44）、（IP23）电动机系Y基本系列（IP44）、（IP23）的基础上派生出来的。YR系列电动机采用绕线型转子绕组，一般均为双层短矩叠绕组，接法均为Y连接，通过滑环及电刷装置与外加的启动（调速）电阻相连接，通过调节外加电阻的数值，可获得大的启动转矩，较小的启动电流，并能在一定范围内调节电动机的转速。YR系列电动机的功率等级、安装尺寸与Y基本系列电动机一致，但YR系列电动机的功率等级与机座号的对应关系则同Y基本系列不一致，一般要比Y基本系列低1~2级。YR系列电动机主要用于传输机械、卷扬机械、压缩机、榨糖机、印刷机等。

YR系列中型高压三相异步电动机为20世纪80年代设计生产的产品，用以替代JS、JR系列。Y、YR系列中型高压电动机额定电压有3 kV及6 kV两种，其中Y系列为笼型转子，YR系列为绕线转子，两者的定子通用，其基本防护等级为IP23。

本系列电动机性能符合国际电工委员会标准，具有高效、节能、噪声低、振动小、重量轻等优点。

YD系列电动机系Y基本系列（IP）上派生，除定子绕组设计与接法不同外，电机的主要零部件与Y系列（IP44）通用，是用来取代JDO2系列的产品。它比JDO2同类产品体积缩小15%，重量减轻12%。YD系列电动机转速有双速、三速、四速三种，极比（转速比）有4/2、6/4、8/6、12/6、6/4/2、8/4/2和12/8/6/4等多种。其中双速电动机采用单绕组，有6根引出线；三速、四速电动机采用双绕组，分别有9根及12根引出线。

YD系列电动机的安装尺寸、绝缘等级、防护等级、冷却方式等均与Y系列（IP44）相同。凡需要逐级变速的各种传动机械或需要简化变速系统，可优先选用YD系列电动机。

YZR、YZ系列电动机是JZR2、JZ2系列电动机的更新换代产品。其中YZR为绕线转子，YZ为笼型转子。在一般场合下使用（环境温度不超过40 ℃）的防护等级为IP44，绝缘等级为F级，温升95 ℃。在高温场所使用（环境温度不超过60 ℃）的防护等级为IP54，绝缘等级为H级，温升极限为100 ℃。

YZR、YZ系列电动机的工作方式分为：短时工作制（S2）；断续周期性工作制（S3）；启动的断续周期性工作制和电制动的断续周期性工作制（S3）。电动机的基准工作制为（S3）、40%。

YZR、YZ系列电动机有较大的启动转矩和过载能力，机械强度好，因此尤其适用于短时或断续周期运行、频繁启动和制动、有时过负荷及有显著振动与冲击的设备上。

YLJ系列力矩三相异步电动机的运转原理与一般笼型三相异步电动机完全相同，结构两者也大体相同，主要不同之处是力矩电动机的转子导条及端环采用电阻率较高（如黄铜等）的材料制造，从而使转子电阻比一般笼型异步电动机转子电阻要高的多，因此力矩电动机的机械特性曲线较软，堵转（起动）转矩较大，线性度好和调速范围宽。

由于力矩异步电动机的机械特性较软，并在堵转或反转时出现最大的输出转矩，且当负载转矩增加时，电动机转速能明显降低，并增加输出转矩来保持稳定运行，因此力矩异步电动机主要用于金属材料加工部门，纺织、造纸、印染、橡胶、塑料及电线、电缆等部门作开绕、卷绕、堵转和调速等设备的动力。也可用于频繁正、反转的装置或其他各种挤压、夹紧、滚、拉、螺杆转动等转速及转矩变化较大的场合。

力矩电动机在堵转时，堵转电流比较小，而堵转转矩大，因此可以满足短时或较长时间堵转的要求，力矩电动机即以堵转时输出转矩作为其额定值，用来表示它的容量。由于力矩电动机在堵转时和低速运行时，损耗大，电动机发热相当严重，故电动机一般采用开启式结构（小容量力矩电动机也有采用封闭式结构），转子具有轴向通风孔，并外加鼓风机进行强迫风冷。力矩电动机在工作时，随着拖动负载（例如卷绕机械）的不同（材料的规格不同或成分不同），需要不同的转矩和转速，因此要求力矩电动机能在较宽广的范围内调节其输出转矩及转速，而力矩电动机的输出转矩正比于外加电压的平方，因此力矩电动机的不同输出特性是靠调节加在电动机上的电压来实现的。通常可用三相调压器来控制。目前也有采用晶闸管速度负反馈控制电路进行无级调速，而且可提高力矩电动机机械特性的硬度。

YCT系列电磁调速三相异步电动机是由Y系列三相异步电动机、电磁转差离合器（涡流离合器）、测速发电机和调速控制器组成。该调速控制器是一种具有速度负反馈系统的交流调速控制装置，能在比较宽广的范围内进行无级调速。原动力由三相异步电动机输入，经过电磁转差离合器（及调速控制器）调速后的动力由输出轴输出，去拖动需调速的机械工作。

当三相异步电动机旋转时，与电动机同轴的圆筒形电枢套筒以相同的转速一起旋转。它就是电磁功率的输入元件。当向电磁离合器的磁极绕组中通入直流电进行励磁后，在导磁体、磁轭、齿极、电枢中形成一个闭合的磁路，由于磁极是爪形轮结构，因此在工作气隙中便产生一个交变磁场。旋转的电枢切割该磁场而产生感应电动势，从而形成感应电流（涡流），该电流所产生的作用力矩与三相异步电动机的原动力矩相平衡（为负载转矩），而其反作用力矩则作用在磁极上，使磁极与电枢作同方向的旋转，该磁极即带动输出轴一起转动。因此三相异步电动机输入的能量就这样通过电枢与磁极间的电磁联系传递到被拖动的工作机械上、平滑地调节电磁转差离合器中的励磁电流，就可以调节其输出转速。

YCT系列电磁调速三相异步电动机是电磁调速电动机的基本系列。其功率等级和安装尺寸等均符合国际电工委员会标准。YCT系列与被其取代的JZT系列相比，输出转矩及输出的上限转速均有所提高，且整机效率提高3%～8%，是性能良好的恒转矩负载特性交流无级调速电动机，可用于机械工业、化工、石油、建材、轻工、纺织等部门恒转矩（或递减转矩）无级调速的场合，尤适用于风机、水泵等设备上，节能效果较好。

JZS2系列三相换向器异步电动机。三相换向器异步电动机又称三相整流子电动机，是一种恒转矩输出的交流调速电动机，具有调速范围广（调速范围一般为3：1，亦可制成20：1或更大）、启动性能好、功率因数高、可均匀连续无级调速等优点，因而在纺织、印染、印刷、造纸、橡胶、塑料、水泥等行业及其他需连续调速的场合得到比较广泛的应用。

六、三相异步电动机选择

（1）根据生产机械所需功率选择电动机容量。

（2）根据工作环境选择电动机结构形式。

（3）根据生产机械对调速、启动的要求选择电动机类型。

（4）根据生产机械的转速选择电动机的转速。

七、电动机安装遵循的原则

（1）有大量尘埃、爆炸性或腐蚀性气体、环境温度40 ℃以上以及水中作业等场所，应该选择具有合适防护型式的电动机。

（2）一般场所安装电动机，要注意防止潮气，不得已的情况下要抬高基础，安装换气扇排潮。

（3）通风条件要良好，环境温度过高会降低电动机效率，甚至使电动机过热烧毁。

（4）安装地点要便于对电动机维护、检查。

八、电动机的接地

电动机的绝缘如果损坏，运行中机壳就会带电，一旦机壳带电而电动机又没有良好的接地装置，当操作人员接触到机壳时，就会发生触电事故。因此电动机的安装、使用一定要有接地保护。

九、异步电动机的运行

1. 基本要求

（1）其功率随环境温度有适当变化。制造厂家不同异步电动机铭牌所示其功率随环境温度会有适当变化。规定的额定数据按35 ℃标示。当实际温度t低于35 ℃时，异步电动机的功率可以按额定功率提高（$t\sim35$）%，但最多不应超过8%～10%。当实际温度t高于35 ℃时，异步电动机的功率可以按额定功率降低，电动机的功率可以按额定功率降低（$35\sim t$）%。

（2）各部位温度及温升任何运行方式下不得超过规定值。

温升＝实际温度－冷却介质温度。

（3）电动机电压的相间不平衡不得超过5%；运行电压不得超过－5%～10%额定值。

（4）轴承的振动值符合规定。

（5）轴伸的径向偏摆及滑动轴承的轴向移动不得超过规定值。

（6）直流电动机额定状态运行时，电刷火花不应大于1.5级。

2. 异步电动机起动前的要求

1）对新投入或大修后投入运行前电动机的要求

（1）三相交流异步电动机定子绕组、绕线式异步电动机转子绕组直流电阻偏差小于2%。

（2）定子与转子间气隙不均匀度不超过允许值。

（3）绕组的绝缘电阻大于规定数值。

2）长时间停用的电动机投入运行前的要求

（1）检查内部是否清洁。

（2）检查线路电压和电动机接法是否符合铭牌规定。

（3）电源线连接是否牢固；机壳接地是否可靠。

（4）检查电动机润滑系统。

（5）检查电动机控制保护系统。

（6）检查电动机各固定螺丝。

（7）测量电动机绝缘电阻。

（8）检查电动机传动装置。

（9）检查电动机通风系统。

十、异步电动机运行监视与常用电气保护

1．异步电动机运行监视

三相电流是否超过允许值；三相电压是否符合要求；轴承温度和润滑是否正常；有无异常声响；电动机温度、通风冷却及周围环境清洁情况；电动机事故紧急停机。

1）交接班

（1）检查电动机各部件的发热情况；

（2）检查电动机和轴承运转的声音；

（3）检查各主要连接处的情况，如变阻器、控制设备等的工作情况；

（4）检查润滑油的油面高度；

（5）检查直流电动机和交流滑环式电动机的换向器、滑环和电刷的工作情况。

2）每月的工作

（1）擦拭外部的油污和灰尘，吹扫内部灰尘及电刷粉末；

（2）测定运行转速及振动情况；

（3）拧紧各紧固螺钉；

（4）检查接地装置。

3）每半年的工作

（1）吹扫外部内部的油污、灰尘及电刷粉末；

（2）检查并擦拭刷架、刷握、滑环和换向器，调整电刷压力，更换或研磨已损坏的电刷；

（3）全面检查润滑系统，补充润滑脂或更换润滑油；

（4）检查调整通风、冷却和传动系统；

（5）拧紧各紧固螺钉。

4）每年的工作

（1）解体清扫；

（2）测量绕组绝缘电阻和对地电阻；

（3）检查滑环和换向器的不平衡度、偏摆度，超差时修复。调整刷握与滑环、换向器之间的距离；

（4）检查清洗轴承及润滑系统，测定轴承间隙。更换磨损超规的滚动轴承，对磨损较重的滑动轴承重新挂锡；

（5）测量并调整气隙；

（6）更换已损坏的转子绑箍钢丝；

（7）清扫变阻器、启动器与控制设备、附属设备及其他机构，更换已损坏的电阻、触头、元件、冷却油及其他已损坏的零部件；

（8）调整传动装置；

（9）检查、修理接地装置；

（10）检查、校核、测试和记录仪表；

（11）检查开关及熔断器的完好情况。

2．常用电气保护环节

常用电气保护环节见表2-10。

表2-10　常用电气保护环节

保护环节名称	故障原因	采用的保护元件
短路保护	电源负载短路	熔断器、低压断路器
过流保护	错误启动、过大的负载转矩频繁正反向启动	过电流继电器
过载保护	长期过载运行	热继电器、热敏电阻、低压断路器、热脱扣装置
电压异常保护	电源电压突然消失、降低或升高	零电压、欠电压、过电压继电器或接触器、中间继电器
弱磁保护	直流励磁电流突然消失或减小	欠电流继电器
超速保护	电压过高、弱磁场	过电压继电器、离心开关、测速发电机

十一、电动机的常见故障及处理

1．电源接通后电动机不能启动

（1）控制设备接线或二次回路接线错误；电源断电或电源开关接触不良；电压过低。

（2）熔丝烧断。

（3）定子绕组接线错误。

（4）定子绕组断路、短路或接地，绕线电机转子绕组断路。

（5）负载过重或传动机械有故障或被卡住。

（6）绕线电动机转子回路断开（电刷与滑环接触不良，变阻器断路，引线接触不良等）。

2．电动机温升过高或冒烟

（1）负载过重或启动过于频繁。

（2）三相异步电动机断相运行。

（3）定子绕组接线错误。

（4）定子绕组接地或匝间、相间短路。

（5）鼠笼电动机转子断条。

（6）绕线电动机转子绕组断相运行。

（7）定子、转子产生摩擦。

（8）通风不良。

（9）电源电压过高或过低。

3．电机振动

（1）风扇叶片损坏和转子不平衡。

（2）带轮不平衡或轴伸弯曲。

（3）电机与负载轴线不对。

（4）电机安装不良，基础不牢、钢度不够或固定不紧。

（5）负载突然过重。

4．电动机带负载时转速过低

（1）电源电压过低。

（2）负载过大。

（3）鼠笼电动机转子断条。

（4）绕线电动机转子绕组接触不良或断开。

（5）支路压降过大，电动机出线端电压过低。

（6）接线错误，如将定子绕组的△接线误接成Y形。

【二】学生认识三相异步电机外形，动手打开外壳，掌握三相异步电机的结构。

认识提示：搬动电机时注意安全，避免砸伤。

【三】教师演示三相异步电机启动过程或应用视频。

演示提示：学生理解原理。

【四】教师演示三相异步电机运行过程或应用视频。

安装提示：学生理解原理。

【五】观察三相异步电机运行的情况、比较并记录。

温馨提示：分析用途。

【六】学生自己上网查找资料，了解三相异步电机的拆装与维护。

温馨提示：动笔写步骤。

【七】观看相关视频或因特网资料，掌握三相异步电机的故障。

温馨提示：动笔写步骤、作比较。

【八】观看相关视频或因特网资料，掌握三相异步电机的运行特性及控制保护装置。

温馨提示：动笔写步骤、画图像。

【九】观看相关视频或因特网资料，掌握三相异步电机的故障排除方法。

温馨提示：动笔写步骤并操作。

温馨提示：完成【二】【三】【四】【五】【六】【七】【八】【九】后，进入总结评价阶段。分自评、教师评两种，主要是总结评价本次认识、拆装、演示过程中做得好的地方及需要改进的地方等。根据评分的情况和本次任务的结果，填写如表2-11、表2-12所列的表格。

表2-11 学生自评表格

任务完成进度	做得好的方面	不足、需要改进的方面

表2-12 教师评价表格

学生在本次任务中的表现	学生进步的方面	学生不足、需要改进的方面

【十】写总结报告。

温馨提示：报告可涉及内容为本次任务识别、拆装、记录、实物演示、故障检查、故障排除的结果等，并可谈谈本次实训的心得体会。

任务小结

本次任务主要是了解三相异步电机结构、工作原理、运行、安装与维护、拆装、故障分析、故障排除、应用等知识。

任务 4　步进电机的安装与运行

✖ 学习目标

1. 掌握步进电机的结构、原理。
2. 掌握步进电机的分类命名。
3. 掌握步进电机的选配。
4. 掌握步进电机的安装。
5. 掌握步进电机的控制保护装置。
6. 掌握步进电机的运行与维护。
7. 步进电机的拆卸和装配。
8. 步进电机的常见故障与检查。
9. 步进电机故障的排除。

✖ 工作任务

　　本任务需要学习步进电机定义；了解步进电机的分类；了解步进电机的特点；掌握步进电机组成和分类、步进电机故障及分析；理解本课程的性质、内容、任务和要求。先回顾生活中涉及步进电机的场合，引出本次学习任务；再经过本次任务学习后写出学习报告（重点为你对步进电机的认识和理解，最终我们要达到的目标）。

✖ 任务实施

【一】准备。

一、步进电机概述

步进电机的外形见图2-37。

图2-37 步进电机外形图

步进电动机（脉冲电动机）是将脉冲电信号变换为相应的角位移或直线位移的电机，其工作原理如图2-38所示。即给一个脉冲电信号，电动机就转动一个角度或前进一步，角位移与脉冲数成正比，转速与脉冲频率成正比，转向与各相绕组的通电方式有关，如图2-39所示。

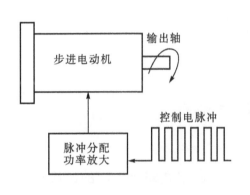

图2-38 步进电机原理框图

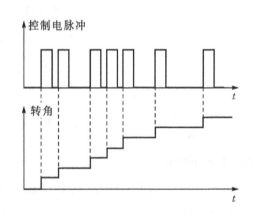

图2-39 步进电机电脉冲与转角变化

特点：在负载能力范围内不因电源电压、负载大小、环境条件的波动而变化；适用开环系统中作执行元件，使控制系统大为简化；步进电动机可在很宽的范围内通过改变脉冲频率调速；能够快速启动、反转和制动。很适合微型机控制，是数字控制系统中的一种执行元件。

应用：数控机床、绘图机、轧钢机、记录仪等方面。

基本要求：

（1）能迅速启动、正反转、停转，在很宽的范围内调速；

（2）要求一个脉冲对应的位移量小，步距小精度高，不得丢步或越步；

（3）输出转矩大，直接带负载。

分类：按励磁方式分为反应式、永磁式和感应子式。反应式步进电动机用得多，结构简单，故文中重点讲述。

二、步进电机结构和工作原理

1. 结构

定子铁芯由硅钢片叠成，定子有8个磁极（大齿），磁极上有小齿。有4套定子控制绕组，绕在径向相对的磁极上的绕组为一相。转子由叠片铁芯构成，沿圆周有很多小齿。定子磁极和转子上小齿的齿距必须相等。图2-40为四相反应式步进电机的结构图。

图2-40　四相反应式步进电动机

2. 工作原理

反应式步进电机是利用凸极转子横轴磁阻与直轴磁阻之差所引起的反应转矩而转动的。以三相反应式步进电机为例，定子6极不带小齿，每两个相对的极上绕有一相控制绕组，转子4个齿，齿宽等于定子的极靴宽。

1）三相单三拍运行

三相：指步进电机具有三相定子绕组。单：指每次只有一相绕组通电。三拍：指三次换接为一个循环，即按A→B→C→A→…方式运行的称为三相单三拍运行。

当A相通电B、C相不通电时，由于磁通具有力图走磁阻最小路径的特点，转子齿1和3的轴线与定子A极轴线对齐。同理断开A接通B时、断开B接通C转子转过30°。按A→B→C→A→…接通和断开控制绕组转子就连续转动。转速取决于控制绕组通、断电的频率，转向取决于通电的顺序，如图2-41所示。

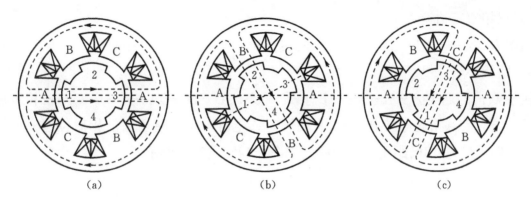

图2-41　三相单三拍运行

2）三相六拍运行

供电方式是A→AB→B→BC→C→CA→A→…，共有6种通电状态，每一循环换接6次，这6种通电状态中有时只有一相绕组通电（如A相）即单拍，有时有两相绕组同时通电（如A相和B相）即双拍，故称三相单、双六拍。　图2-42和图2-43表示按这种方式对控制绕组供电时转子位置和磁通分布的图形。

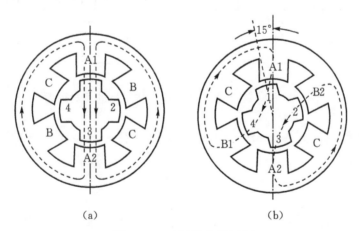

图2-42　三相单六拍运行

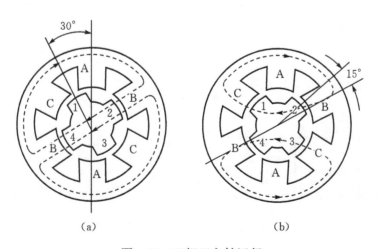

图2-43　三相双六拍运行

3）三相双三拍运行

通电方式AB→BC→CA→AB→…，转过30°。

4）四相步进电机

四相八拍的通电方式A→AB→B→BC→C→CD→D→DA→A→…。与三相步进电动机道理一样，当A相通电转到A、B两相同时通电时，定、转子齿的相对位置变为转子按顺时针方向只转过1/8齿距角，即0.9°，如图2-44和图2-45所示。

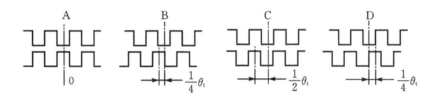

图2-44　A相通电时定、转子齿的相对位置

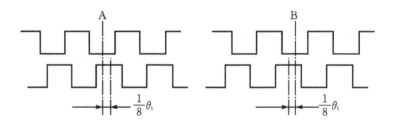

图2-45　A、B两相通电时定、转子齿的相对位置

四相双四拍的通电方式AB→BC→CD→DA→AB→…步距角与四相单四拍运行时一样为1/4齿距角，即1.8°。

3．基本特点

（1）步进电动机工作时，每相绕组由专门驱动电源通过"环形分配器"按一定规律轮流通电。如三相双三拍运行的环形分配器输入是一路，输出有A、B、C三路。若开始是A、B这两路有电压，输入一个控制脉冲后就变成B、C这两路有电压，再输入一个脉冲变成C、A这两路有电压，再输入一个电脉冲变成A、B这两路有电压了。环形分配器输出的各路脉冲电压信号，经过各自的放大器放大后送入步进电动机的各相绕组，使步进电动机一步步转动，电路框如图2-46所示。

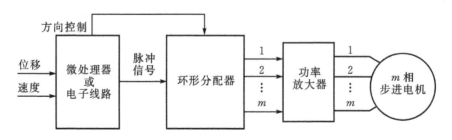

图2-46　步进电动机电路框图

（2）步距角为每输入一个脉冲电信号转子转过的角度，用θ_b表示。当电机按四相单四拍运行即A→B→C→D→A→…顺序通电时，换接一次绕组，转子转过的角度为1/4齿距角；转子需要走4步，才转过一个齿距角。当四相八拍运行即A→AB→B→BC→C→CD→D→DA→…顺序通电时，换接一次绕组，转子转过的角度为1/8齿距角；转子需要走8步才转过一个齿距角。齿距角为转子相邻两齿间的夹角，用θ_t表示。

$$\theta_t = \frac{360°}{Z_R} \qquad \theta_b = \frac{\theta_t}{N} = \frac{360°}{Z_R N}$$

其中，Z_R为转子齿数，N为运行拍数。

提高工作精度就要求步距角很小。要减小步距角可以增加拍数N；增加相数电源及电机的结构也越复杂。反应式步进电动机一般做到六相，个别也有八相或更多；一台步进电动机有两个步距角，如1.5°/0.75°、1.2°/0.6°、3°/1.5°等。增加转子齿数Z_R，步距角也可减小，所以反应式步进电动机的转子齿数一般是很多；通常反应式步进电动机的步距角为零点几度到几度。

（3）步进电动机可按指令进行角度控制和速度控制。角度控制是指每输入一个脉冲，定子绕组就换接一次，输出轴就转过一个角度，输出轴转动的角位移量与输入脉冲数成正比。速度控制是指送入步进电动机的是连续脉冲，各相绕组不断地轮流通电，步进电机连续运转，它的转速与脉冲频率成正比。每输入一个脉冲，转子转过的角度是整个圆周角的$1/(Z_R N)$，因此每分钟转子所转过的圆周数，即转速为

$$n = \frac{60f}{Z_R N} \quad (\text{r/min})$$

其中，f为控制脉冲的频率，转速取决于脉冲频率、转子齿数和拍数，而与电压、负载、温度等因素无关。

（4）步进电机具有自锁能力。当控制电脉冲停止输入，让最后一个脉冲控制的绕组继续通直流电时，电机保持在最后一个脉冲控制的角位移的终点位置上。步进电动机可以实现停车时转子定位。

综上所述，步进电动机工作时的步数或转速不受电压波动和负载变化的影响（允许负载范围内），也不受环境条件（温度、压力、冲击、振动等）变化的影响，只与控制脉冲同步，同时它又能按照控制的要求，实现启动、停止、反转或改变转速。因此步进电动机广泛应用于各种数字控制系统中。

三、步进电机的运行特性

1. 矩角特性和静态转矩

当控制脉冲不断送入各相绕组按一定程序轮流通电，步进电动机转子就一步步地转

动。当控制脉冲停止时，如某些相绕组仍通入恒定不变的电流，转子将固定于某位置保持不动，称为静止状态。此时即使有一个小的扰动使转子偏离此位置，磁拉力也能把转子拉回来。对于多相步进电动机，定子控制绕组可以是一相通电，也可以是几相同时通电，下面分别进行讨论。

1）单相通电时

单相通电时，通电相极下的齿产生转矩，这些齿与转子齿的相对位置及所产生的转矩都是相同的，故可以用一对定、转子齿的相对位置来表示转子位置，电机总的转矩等于通电相极下各个定子齿所产生的转矩之和。

失调角θ_e——定子齿轴线与转子齿轴线之间的夹角θ_e表示为电角度，如图2-47所示。

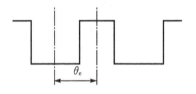

图2-47　失调角示意图

齿距角θ_t——一个齿距对应的电角度，$\theta_{te}=2\pi$，如图2-48所示。

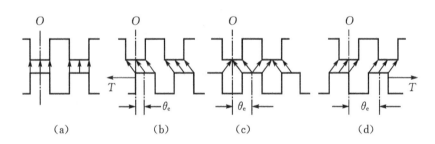

图2-48　齿距角示意图

稳定平衡——当$\theta_e=0$转子齿轴线和定子齿轴线重合，$T=0$。

位置静态转矩——转子偏离转过某一角度时，定、转子齿之间的吸力有了切向分量，而形成转矩T，如图2-49所示。

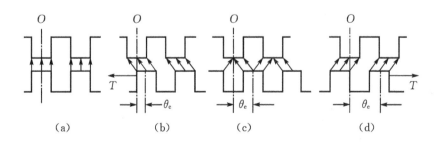

图2-49　转矩T和偏转角关系

定、转子间的作用力：

$$T=-（IW）^2Z_sZ_RlG_1\sin\theta_e（N\cdot m）$$

矩角特性——步进机产生的静态转矩T随失调角θ_e的变化规律，即$T=f（\theta_e）$曲线。其形态近似正弦曲线，如图2-50所示。

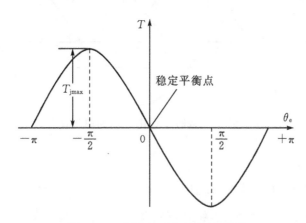

图2-50　步进电动机的矩角特性

2）多相通电时

多相通电时的矩角特性近似地由每相各自通电时的矩角特性叠加起来求出。以三相步进电机为例。当A、B两相同时通电时合成矩角特性应为两者相加，即$T_{AB}=T_A+T_B=-T_{jmax}\sin\theta_e-T_{jmax}\sin（\theta_e-120°）=-T_{jmax}\sin（\theta_e-60°）$是条与A相矩角特性相距120°（即$\theta_{te}/3$）的正弦曲线，如图2-51所示。

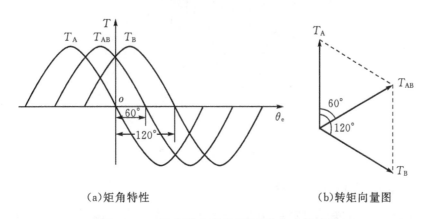

（a)矩角特性　　　　　　　　　（b)转矩向量图

图2-51　三相步进电动机两相通电时的转矩

2．单步运行状态

单步运行状态指步进电动机仅改变一次通电状态时的运行方式，或输入脉冲频率非常之低，加第二脉冲之前前一步已经走完的运行状态。

1）空载运行

通电顺序为A→B→C→A，转子停在$\theta_e=0$的位置上，如果此时送入一个控制脉冲，切换为B相绕组通电，矩角特性就移动一个步距角θ_{eb}（等于120°），跃变为曲线B，$\theta_e=120°$就成为新的平衡位置，如图2-52所示。

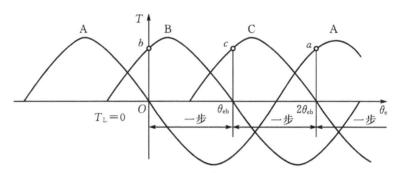

图2-52　空载时步进电动机的单步运行

2）负载运行

当电机带恒定负载T_L时，若A相通电，转子将停留在失调角为θ_{ea}的位置上，当$\theta_e=\theta_{ea}$时，电磁转矩T_A（对应a点的转矩）与负载转矩T_L相等，转子处于平衡。送入控制脉冲转换到B相通电，则转子所受的有效转矩为电磁转矩T_B与负载转矩T_L之差，即图上的阴影部分。转子在此转矩的作用下转过一个步距角120°，由$\theta_e=\theta_{ea}$转到新的平衡位置$\theta_e=\theta_{eb}$。这样当绕组不断地换接时，电机也不断地作步进运动，步距角仍为120°电角度，如图2-53所示。

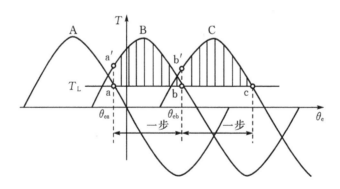

图2-53　负载时步进电动机的单步运行

3）单步运行时带动的最大负载

电机作单步运行时的矩角特性如图2-54所示，图中相邻两状态矩角特性的交点对应的电磁转矩用T_q表示。相邻矩角特性的交点所对应的转矩T_q是电机作单步运动所能带动的极限负载，也称为极限启动转矩。实际电机所带的负载转矩T_L必须小于极限启动转矩才能运行，即电机所带负载的阻转矩$T_L<T_q$。

步距角减少可使相邻矩角特性位移减少，就可提高极限启动转矩T_q，增大电机的负载能力，见图2-54，三相六拍时，矩角特性幅值不变，而步距角小了一半，故极限启动转矩提高。

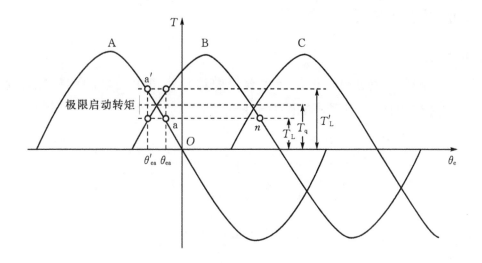

图2-54 最大负载能力的确定

3. 连续脉冲运行

外加脉冲频率的提高使步进电动机进入连续转动状态。在运行过程中具有良好的动态性能是保证控制系统可靠工作的前提。如步进电动机经常启动、制动、正转、反转等，并在各种频率下（各种转速）运行，要求电机的步数与脉冲数严格相等，即不丢步也不越步，且转子运动平稳，保证系统精度。此外，当提高使用频率时，步进电机的快速性也是动态性能的重要内容之一。所以有必要对步进电动机的动态特性作一定的分析。

矩频特性是指电机连续转动时所产生的最大输出转矩T与f两者间的关系，如图2-55所示。

当控制脉冲频率增加，电机转速升高时，步进电动机所能带动的最大负载转矩值将逐步下降。主要原因是定子绕组电感的影响。因步进电机每相绕组是线圈，而电感有延缓电流变化的特性。

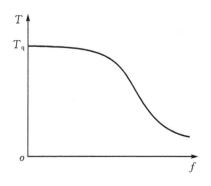

图2-55 最大输出转矩T与f两者间的关系

四、步进电机的驱动

1. 驱动电源

专门的驱动电源和步进电动机是一个有机整体，步进电动机的运行性能是电动机及其驱动电源二者配合的综合表现，如图2-56所示。

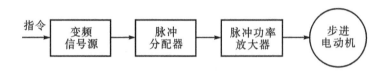

图2-56 驱动电源方框图

变频信号源是一个频率从数十赫兹到几万赫兹左右的连续可变的脉冲信号发生器。

脉冲分配器是由门电路和双稳态触发器组成的逻辑电路，它根据指令把脉冲信号按一定的逻辑关系加到放大器上，使步进电动机按一定的运行方式运转。

功率放大电路用放大后的信号去驱动步进电动机。环形分配器输出的电流只有几毫安，一般步进电动机需要几个到几十个安培的电流。功放电路种类很多，它们对电机性能的影响也各不相同。通常驱动电源就以功率放大器的型式进行分类。

2. 驱动电路

单极性驱动：功率晶体管的导通与关断使各相绕组的电流导通和截止。

双极性驱动：驱动电路采用H桥结构，效率高，特别适合大功率步进电机（1 kW）。

高低压驱动：开通和关断时用高电压，缩短电流上升和下降的时间；导通器件采用低电压维持绕组电流。

斩波恒流驱动：采用比较器，使相绕组上的电流基本为一恒定值。

细分控制：步距角再细分至几十甚至百倍，提高进度和运行平稳性。

方法是增加多相绕组同时导电的时间，同时控制各项绕组中电流的大小（一般为阶梯波），不同空间位置的不同合成磁势，转的步距变小。可采用微处理器斩波恒流细分驱动电路，如图2-57所示。

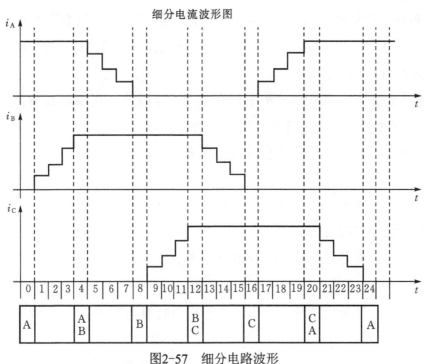

图2-57 细分电路波形

五、步进电机的主要性能指标

（1）最大静转矩T_{jmax}是指步进电动机在规定的通电相数下矩角特性上的转矩最大值。绕组电流越大，最大静转矩也越大，通常取负载转矩为：$T_L=$（$0.3\sim0.5$）T_{jmax}。

（2）步距角θ_b是指每输入一个电脉冲信号时转子转过的角度。步距角大小会直接影响步进电动机的启动和运行频率。步距角小的往往启动及运行频率高，但转速和输出功率不一定高。

（3）静态步距角误差$\Delta\theta_b$是指实际的步距角与理论的步距角之间的差值，通常用理论步距角的百分数或绝对值来衡量。静态步距角误差小，表示电机精度高。

（4）启动频率f_q和启动矩频特性

启动频率是指步进电动机能够不失步启动的最高脉冲频率，产品目录一般都有空载启动频率数据。但实际大都要带负载启动。负载启动频率与负载转矩及惯量的大小有关。启动矩频特性是指在一定的负载惯量下，启动频率随负载转矩变化的特性，通常以表格或曲线形式给出。

（5）运行频率和运行矩频特性

运行频率是指步进电动机启动后，控制脉冲频率连续上升而维持不失步的最高频率。运行矩频特性是指电机带负载运行时，频率连续上升而维持不失步的频率与负载转矩两者的关系，技术数据通常是以表格或曲线形式表示。

（6）额定电流是指电机不动时每相绕组容许通过的电流。当电机运转时，每相绕组通的是脉冲电流，电流表指示的读数为脉冲电流平均值。

（7）额定电压是指加在驱动电源各相主回路的直流电压，一般不等于加在绕组两端的电压。国标规定步进电动机的额定电压为：单一电压型电源6、12、27、48、60、80（V），高低压切换型电源60/12、80/12（V）。

【二】学生认识步进电机外形，动手打开外壳，掌握步进电机的结构。

认识提示：搬动电机时注意安全，避免砸伤。

【三】教师演示步进电机启动过程或应用视频。

演示提示：学生理解原理。

【四】教师演示步进电机运行过程或应用视频。

安装提示：学生理解原理。

【五】观察步进电机运行的情况，比较并记录。

温馨提示：分析用途。

【六】学生自己上网查找资料，了解步进电机的拆装与维护。

温馨提示：动笔写步骤。

【七】观看相关视频或因特网资料，掌握步进电机的故障。

温馨提示：动笔写步骤、作比较。

【八】观看相关视频或因特网资料，掌握步进电机的运行特性及控制保护装置。

温馨提示：动笔写步骤、画图像。

【九】观看相关视频或因特网资料，掌握步进电机的故障排除方法。

温馨提示：动笔写步骤并操作。

温馨提示：完成【二】【三】【四】【五】【六】【七】【八】【九】后，进入总结评价阶段。分自评、教师评两种，主要是总结评价本次认识、拆装、演示过程中做得好的地方及需要改进的地方等。根据评分的情况和本次任务的结果，填写如表2-13、表2-14所列的表格。

表2-13　学生自评表格

任务完成进度	做得好的方面	不足、需要改进的方面

表2-14 教师评价表格

学生在本次任务中的表现	学生进步的方面	学生不足、需要改进的方面

【十】写总结报告。

温馨提示：报告可涉及内容为本次任务识别、拆装、记录、实物演示、故障检查、故障排除的结果等，并可谈谈本次实训的心得体会。

✖ 任务小结

本次任务主要是了解步进电机结构、工作原理、运行、安装与维护、拆装、故障分析、故障排除、应用等知识。

任务5 伺服电机的安装与运行

学习目标

1. 掌握伺服电机的结构、原理。
2. 掌握伺服电机的分类命名。
3. 掌握伺服电机的选配。
4. 掌握伺服电机的安装。
5. 掌握伺服电机的控制保护装置。
6. 掌握伺服电机的运行与维护。
7. 伺服电机的拆卸和装配。
8. 伺服电机的常见故障与检查。
9. 伺服电机故障的排除。

工作任务

本任务需要学习伺服电机定义；了解伺服电机的分类；了解伺服电机的特点；掌握伺服电机组成和分类、伺服电机故障及分析；理解本课程的性质、内容、任务和要求。先回顾生活中涉及伺服电机的场合，引出本次学习任务；再经过本次任务学习后写出学习报告（重点为你对伺服电机的认识和理解；最终我们要达到的目标）。

任务实施

【一】 准备。

一、伺服电机概述

伺服电动机的作用是将输入的电压信号（即控制电压）转换成轴上的角位移或角

速度输出，在自动控制系统中常作为执行元件，所以伺服电动机又称为执行电动机，其最大特点是：有控制电压时转子立即旋转，无控制电压时转子立即停转。转轴转向和转速是由控制电压的方向和大小决定的。伺服电动机分为交流和直流两大类，伺服电机的外形如图2-58所示。

图2-58 伺服电机外形图

二、交流伺服电动机的结构、原理和控制方法

1. 基本结构

交流伺服电动机主要由定子和转子构成。

定子铁芯通常用硅钢片叠压而成。定子铁芯表面的槽内嵌有两相绕组，其中一相绕组是励磁绕组，另一相绕组是控制绕组，两相绕组在空间位置上互差90°电角度。工作时励磁绕组f与交流励磁电源相连，控制绕组k加控制信号电压，如图2-59所示。

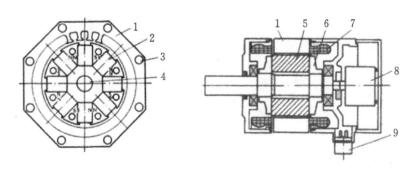

图2-59 交流伺服电动机的结构图

1—定子；2—永磁体；3—转轴；4—转子铁芯；5—转子；6—定子绕组；
7—定子铁芯；8—检测元件；9—冷却液出口

2. 工作原理

交流伺服电动机在没有控制电压时，气隙中只有励磁绕组产生的脉动磁场，转子上没有启动转矩而静止不动。当有控制电压且控制绕组电流和励磁绕组电流不同相时，则在气隙中产生一个旋转磁场并产生电磁转矩，使转子沿旋转磁场的方向旋转。但是对伺服电动机要求不仅是在控制电压作用下就能启动，且电压消失后电动机应能立即停转。

如果伺服电动机控制电压消失后像一般单相异步电动机那样继续转动，则出现失控现象，我们把这种因失控而自行旋转的现象称为自转。

为消除交流伺服电动机的自转现象，必须加大转子电阻R_2，这是因为当控制电压消失后，伺服电动机处于单相运行状态，若转子电阻很大，使临界转差率$S_m>1$，这时正负序旋转磁场与转子作用所产生的两个转矩特性曲线（T_1-S_1、T_2-S_2）以及合成转矩特性曲线（$T_{em}-S$），如图2-60所示。由图中可看出，合成转矩的方向与电机旋转方向相反，是一个制动转矩，这就保证了当控制电压消失后转子仍转动时，电动机将被迅速制动而停下。转子电阻加大后，不仅可以消除自转，还具有扩大调速范围、改善调节特性、提高反应速度等优点。

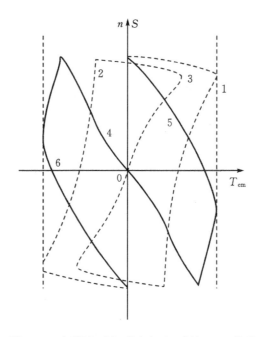

图2-60　伺服电动机单相运行时的T_{em}-S曲线

3．控制方法

可采用下列三种方法来控制伺服电动机的转速高低及旋转方向。

（1）幅值控制：保持控制电压与励磁电压间的相位差不变，仅改变控制电压的幅值。

（2）相位控制：保持控制电压的幅值不变，仅改变控制电压与励磁电压间的相位差。

（3）幅-相控制：同时改变控制电压的幅值和相位。

三、直流伺服电动机的结构、原理

1．基本结构

传统的直流伺服电动机实质是容量较小的普通直流电动机，有他励式和永磁式两种，其结构与普通直流电动机的结构基本相同。

杯形电枢直流伺服电动机的转子由非磁性材料制成空心杯形圆筒，转子较轻而使转动惯量小，响应快速。转子在由软磁材料制成的内、外定子之间旋转，气隙较大。

无刷直流伺服电动机用电子换向装置代替了传统的电刷和换向器，使之工作更可靠。它的定子铁芯结构与普通直流电动机基本相同，其上嵌有多相绕组，转子用永磁材料制成。

2．基本工作原理

传统直流伺服电动机的基本工作原理与普通直流电动机完全相同，依靠电枢电流与气隙磁通的作用产生电磁转矩，使伺服电动机转动。通常采用电枢控制方式，即在保持励磁电压不变的条件下，通过改变电枢电压来调节转速。电枢电压越小，则转速越低；电枢电压为零时，电动机停转。由于电枢电压为零时电枢电流也为零，电动机不产生电磁转矩，不会出现"自转"。

四、交直流伺服电动机的区别

直流伺服电动机的特点：电刷和换向器易磨损，换向时产生火花，限制转速，结构复杂，制造困难，成本高。

交流伺服电动机的特点：结构简单，成本低廉，转子惯量较直流电机小，交流电动机的容量大于直流电动机。

五、伺服系统的性能要求

1．基本要求

（1）位移精度高。位移精度是指指令脉冲要求机床工作台的位移量和该指令脉冲经伺服系统转化为工作台的实际位移量之间的符合程度。

（2）稳定性好。稳定性是指伺服系统在给定输入或外界干扰作用下，能在短暂的调节过程后，达到新的或者恢复到原来的平衡状态。

（3）定位精度高。定位精度是指输出量能复现输入量的精确程度。

（4）快速响应性好。

（5）调速范围宽。调速范围是指机械装置要求电动机能提供的最高转速和最低转速的比值。

（6）系统可靠性好。

（7）低速大转矩。

2．伺服系统的分类

按伺服系统调节理论将伺服系统分为以下几类。

（1）开环伺服系统如图2-61所示。

图2-61 开环伺服系统

（2）闭环伺服系统如图2-62所示。

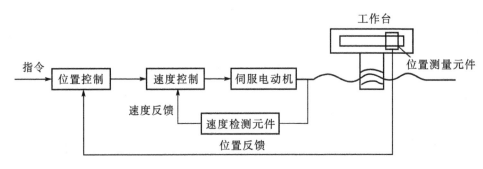

图2-62 闭环伺服系统

（3）半闭环伺服系统如图2-63所示。

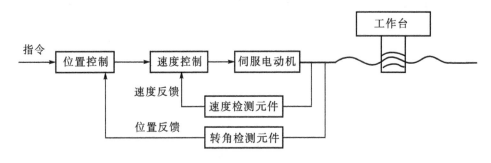

图2-63 半闭环伺服系统

【二】学生认识伺服电机外形，动手打开外壳，掌握伺服电机的结构。

认识提示：搬动电机时注意安全，避免砸伤。

【三】教师演示伺服电机启动过程或应用视频。

演示提示：学生理解原理。

【四】教师演示伺服电机运行过程或应用视频。

安装提示：学生理解原理。

【五】观察伺服电机运行的情况、比较并记录。

温馨提示：分析用途。

【六】学生自己上网查找资料，了解伺服电机的拆装与维护。

演示提示：动笔写步骤。

【七】观看相关视频或因特网资料，掌握伺服电机的故障。

温馨提示：动笔写步骤、作比较。

【八】观看相关视频或因特网资料，掌握伺服电机的运行特性及控制保护装置。

温馨提示：动笔写步骤、画图像。

【九】观看相关视频或因特网资料，掌握伺服电机的故障排除方法。

温馨提示：动笔写步骤并操作。

温馨提示：完成【二】【三】【四】【五】【六】【七】【八】【九】后，进入总结评价阶段。分自评、教师评两种，主要是总结评价本次认识、拆装、演示过程中做得好的地方及需要改进的地方等。根据评分的情况和本次任务的结果，填写如表2-15、表2-16所列的表格。

表2-15 学生自评表格

任务完成进度	做得好的方面	不足、需要改进的方面

表2-16 教师评价表格

学生在本次任务中的表现	学生进步的方面	学生不足、需要改进的方面

【十】写总结报告。

温馨提示：报告可涉及内容为本次任务识别、拆装、记录、实物演示、故障检查、故障排除的结果等，并可谈谈本次实训的心得体会。

任务小结

本次任务主要是了解伺服电机结构、工作原理、运行、安装与维护、拆装、故障分析、故障排除、应用等知识。

项目知识链接

一、正弦交流电的基本物理量

1. 交流电的基本概念

大小和方向随时间作周期性变化，并且在一个周期内的平均值为零的电压、电流和电动势统称为交流电。图2-64画出了直流电和几种交流电的波形。

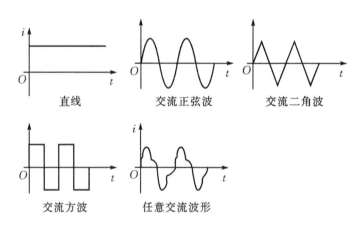

图2-64　常见交直流电波形

为了区别交流电和直流电，直流电的物理量用大写英语字母表示，如U_s、I、U等。交流电的物理量用小写英语字母表示，如e_s、i、u等。交流电动势的图形符号也与直流电动势的不同，如图2-65所示，图中标出的电动势e_s、电流i和电压u的方向为参考方向，它们的实际方向是在不断反复变化的，与参考方向相同的半个周期为正值，与参考方向相反的半个周期为负值。

多数情况下，在生产和生活中使用的都是交流电，即使是需要直流电的场合，也往往是将交流电转换成直流电使用。

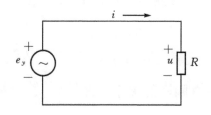

图2-65　交流电电路

2．正弦交流电的相关量

1）周期（T）

交流电变化一个完整的循环所需要的时间称为周期，单位是秒（s），如图2-66所示。

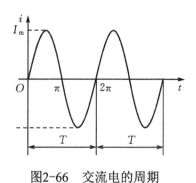

图2-66　交流电的周期

2）频率（f）

单位时间内（每秒）交流电完成的周期数称为频率，单位是赫[兹]（Hz）。频率和周期互为倒数，即$f=\dfrac{1}{T}$。

3）角频率（ω）

单位时间内交流电变化的角度（以弧度为单位）叫作角频率，单位是弧度每秒（rad/s）或1/秒（1/s）。角频率与周期T、频率f之间的关系为$\omega=\dfrac{2\pi}{T}=2\pi f$。

4）瞬时值

交流电每一瞬时所对应的值称为瞬时值。瞬时值用小写字母表示，如u_s、i、u等。由于交流电是随时间变化的，所以一般各不同瞬时的瞬时值大小和方向都不相同。

5）最大值

交流电在一个周期内数值最大的瞬时值称为最大值或幅值。最大值用大写字母加下标m表示，如U_{sm}、I_m、U_m等。

6）有效值

规定用来计量交流电大小的物理量，称为交流电的有效值。它是这样定义的：如果交流电通过一个电阻时，在一个周期内产生的热量与某直流电通过同一电阻在同样长的时间内产生的热量相等，就将这一直流电的数值定义为交流电的有效值。有效值用大写字母表示。根据定义，可求得正弦交流电流的有效值和最大值之间的关系为 $I=\dfrac{I_m}{\sqrt{2}}=0.707I_m$。

同理可知电动势和电压也有同样的关系，即 $U=\dfrac{U_m}{\sqrt{2}}=0.707U_m$。

一般情况下，人们所说的交流电流和交流电压的大小，以及测量仪表所指示的电流和电压值都是指有效值。

7）相位

图2-67所示正弦交流电流在每一时刻都是变化的，$(\omega t+\varphi_0)$ 是该正弦交流电流在 t 时刻所对应的角度，称为相位角，简称相位，单位是弧度（rad）。

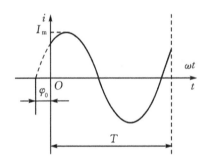

图2-67　正弦交流电流

8）初相位

从相位角 $(\omega t+\varphi_0)$ 中可以知道，当 $t=0$ 时相位角为 φ_0。我们称 φ_0 为初相位，简称初相，单位是弧度（rad）。

9）相位差

相位差是指两个同频正弦交流电的相位之差，用 φ 表示，如图2-68所示。

由图2-68可见，由于 i_1 和 i_2 的角频率相同，所以相位差就等于初相之差。初相位不同，即相位不同，说明它们随时间变化的步调不一致。

$0<\varphi<\pi$ 时，波形如图2-68（a）所示，i_1 总比 i_2 先经过对应的最大值和零值，这时就称 i_1 超前 $i_2\varphi$ 角（或称 i_2 滞后 $i_1\varphi$ 角）。

$-\pi<\varphi<0$ 时，波形如图2-68（b）所示，称为 i_1 滞后 $i_2\varphi$ 角（或称 i_2 超前 $i_1\varphi$ 角）。

$\varphi=0$ 时，波形如图2-68（c）所示，称为 i_1 与 i_2 相位相同，简称同相。

$\varphi=\pi$ 时，波形如图2-68（d）所示，称为 i_1 与 i_2 相位相反，简称反相。

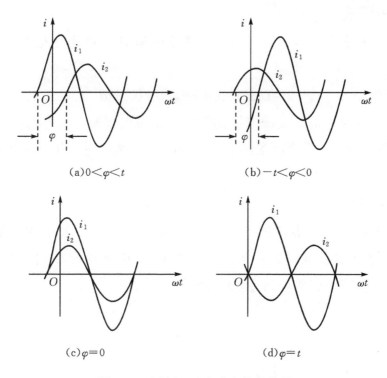

图2-68　同频正弦交流电的相位差

二、正弦交流电的表示法

对于某一确定的正弦交流电，可以用多种形式表示，但就其特性而言，只要具有最大值、角频率和初相这三个要素，就可以准确描述该正弦交流电，它们也称为正弦交流电的三要素。

1. 波形图表示法

用波形图表示正弦交流电如图2-69所示，图中可以直观地表达出被表示的正弦交流电压的最大值U_m、初相角φ_0和角频率ω（$\omega = 2\pi f$），若利用波形显示类仪器（如示波器）测试正弦交流电压，所观测到的就是其波形图。

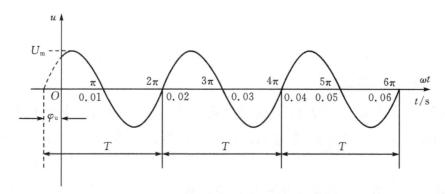

图2-69　正确交流电的波形图表示法

2．解析式表示法

用解析式表示正弦交流电，应写出该正弦交流电对应的函数表达式，正弦交流电压波形的解析式为：

$$u = U_m \sin(\omega t + \varphi_0) = U_m \sin\alpha$$

式中，$\alpha = \omega t + \varphi_0$，$\alpha$为该正弦交流电压的相位（$\omega$为角频率，$\varphi_0$为初相角）；$U_m$为最大值。若使用电压表（交流电压挡）测量$u = U_m \sin(\omega t + \varphi_0)$时，指针所指示的数值为该正弦交流电压的有效值。

3．旋转矢量表示法

用旋转矢量表示正弦交流电的方法如图2-70所示。图中矢量的长度表示正弦交流电的最大值（也可表示有效值）；矢量与横轴的夹角表示初相角，$\varphi_0 > 0$在横轴的上方，$\varphi_0 < 0$在横轴的下方；矢量以角速度ω逆时针旋转。

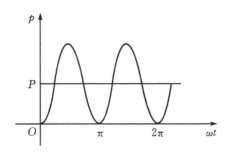

图2-70

4．正弦交流电的加减运算

两个同频正弦交流电的加减一般采用矢量法。用解析式加减运算，化简比较麻烦；用波形图的方法逐点加减描绘，也很麻烦而且不易准确。

三、纯电阻电路

只有电阻元件的交流电路称为纯电阻电路，简称为电阻电路。

1．电流与电压的关系

像白炽灯、电阻炉等电路元件接在交流电源上，都可以看成是纯电阻电路，如图2-71（a）所示，设图示方向为参考方向，电压的初相角为零，即$u = U_m \sin\omega t$根据欧姆定律有$i = I_m \sin\omega t$。

可见，纯电阻电路在正弦电流电压作用下，电阻中的电流也是正弦形式。比较可知电流与电压的关系如下：

①电压u和电流i的频率相同；

②电压u和电流i的相位相同，其波形如图2-71（b）所示；

③电压和电流的最大值之间、有效值之间的关系仍然满足欧姆定律，分别为$I_m=\dfrac{U_m}{R}$、$I=\dfrac{U}{R}$，其矢量关系如图2-71（c）所示。

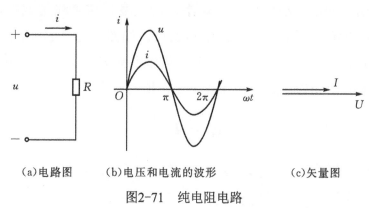

（a）电路图　　　　（b）电压和电流的波形　　　　（c）矢量图

图2-71　纯电阻电路

2．功率

1）瞬时功率

电阻的瞬时功率是指电路中每个瞬间电压与电流的乘积，可用电压和电流瞬时值的乘积表示。

$$P=ui=U_m\sin\omega t\cdot I_m\sin\omega t=U_m I_m\sin^2\omega t=2UI\sin^2\omega t$$

纯电阻电路瞬时功率的变化曲线如图2-72所示。瞬时功率虽然随时间变化，但它始终在横轴上方，总为正值，说明它总是在从电源吸收能量，是耗能元件。

2）有功功率（平均功率）

工程上常取瞬时功率在一个周期内的平均值来表示电路消耗的功率，称为有功功率，也称平均功率。其数学表达式为

$$P=UI=I^2R=\dfrac{U^2}{R}$$

有功功率是电流和电压有效值的乘积，也是电流和电压最大值乘积的一半，是定值，如图2-72所示。

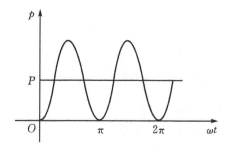

图2-72　纯电阻电路瞬时功率变化曲线

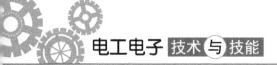

四、纯电感电路

通常当一个线圈的电阻小到可以忽略不计，这个线圈就可以看作是纯电感线圈。当把它接在交流电源上就组成一个纯电感电路。

1．电流与电压的关系

通常当一个线圈的电阻小到可以忽略不计的程度，这个线圈就可以看成是一个纯电感线圈，将它接在交流电源上就构成纯电感电路，如图2-73（a）所示。当电流流过电感线圈时，会在线圈中产生自感电动势e_L，根据基尔霍夫第二定律，应满足$u=-e_L$。

电感元件自感电动势与电流变化率成正比，即

$$e_L = -L\,\frac{\Delta i}{\Delta t}$$

式中，负号表示电流增大时（$\frac{\Delta i}{\Delta t}>0$），感应电动势$e_L$为负值，反之同样成立；$L$为线圈的电感（也称自感系数），单位是亨[利]（H）。

$$u = -e_L = -\left(-L\frac{\Delta i}{\Delta t}\right) = L\frac{\Delta i}{\Delta t}$$

设图2-73（a）所示方向为参考方向，电流的初相角为零，即

$$i = I_m \sin\omega t$$

代入上式，经整理可得

$$u = \omega L I_m \sin\left(\omega t + \frac{\pi}{2}\right)$$

可见，纯电感电路在正弦电压作用下，电感中的电流也是正弦形式。比较知电流与电压的关系如下：

①电压和电流的频率相同，即同频。

②电压和电流的相位差，电压在相位上超前电流，或者说电流在相位上滞后电压，其波形如图2-73（b）所示。

③电压和电流的最大值之间和有效值之间的关系分别为

$$U_m = \omega L I_m$$
$$U_m = X_L I_m$$
$$U = X_L I$$
$$u = U_m \sin\left(\omega t + \frac{\pi}{2}\right)$$

式中，$X_L = \omega L = 2\pi f L$称为电感的电抗，简称感抗，其大小除与自感系数有关外，还与频率成正比，感抗的单位是欧[姆]（Ω）。

电压与电流的矢量关系如图2-73（c）所示。

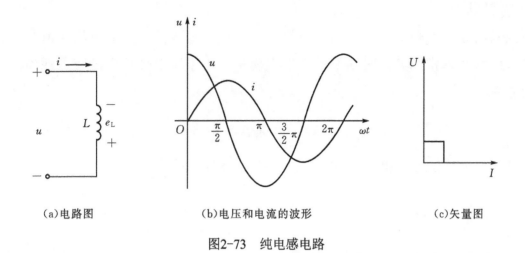

（a）电路图　　　　　　　（b）电压和电流的波形　　　　　　（c）矢量图

图2-73　纯电感电路

2．功率

1）瞬时功率

电感的瞬时功率为

$$p=ui=U_{\mathrm{m}}\sin\left(\omega t+\frac{\pi}{2}\right)\cdot I_{\mathrm{m}}\sin\omega t$$
$$=U_{\mathrm{m}}I_{\mathrm{m}}\cos\omega t\cdot\sin\omega t$$

瞬时功率的变化曲线如图2-74所示。瞬时功率以电流或电压2倍频率变化，其物理过程是：当$p>0$时，电感从电源吸收电能转换成磁场能储存在电感中；当$p<0$时，电感中储存的磁场能转换成电能送回电源。因为瞬时功率p的波形在横轴上、下的面积是相等的，所以电感不消耗能量，是储能元件。

2）有功功率

根据理论计算可得电感的有功功率

$$p=0$$

这一结论也可以从纯电感瞬时功率波形中得出同样的结论，由图2-74可见，瞬时功率在横轴上、下面积相等，其平均值（有功功率）必然为零。

电感有功功率为零，说明它并不耗能，只是将能量不停地吸收和放回。

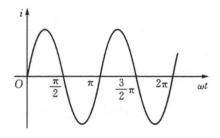

图2-74　纯电感电路的功率

3）无功功率

电感瞬时功率波形的正、负面积相等，说明电感与电源之间能量的往返互换相等。互换功率的大小通常用其瞬时功率最大值来衡量。由于这部分功率没有消耗掉，所以称为无功功率。

$$Q = UI = X_L I^2 = \frac{U^2}{X_L}$$

无功功率的单位为了和有功功率区别，用乏（var）表示。

五、纯电容电路

1. 电流与电压的关系

因为电容器的耗损很小，所以一般情况下可将电容器看成是一个纯电容，将它接在交流电源上就构成纯电容电路，如图2-75（a）所示。在交流电压作用下，电容极板上的电荷量随之变化，从而在电路中形成电流，电流的瞬时值为该时刻电容极板上电荷量的变化率，即

$$i = \frac{\Delta q}{\Delta t}$$

根据物理学知识可知，电容极板上电荷量与极板产生的电压关系为

$$q = CU$$

将上式代入并整理可得

$$i = C\frac{\Delta u}{\Delta t}$$

式中，C为电容器的电容量，单位是法[拉]（F）。

设图2-75（a）所示方向为参考方向，电压初相角为零，即

$$u = U_m \sin\omega t$$

代入上式并整理可得

$$i = \omega C U_m \cos\omega t$$

$$i = I_m \sin\left(\omega t + \frac{\pi}{2}\right)$$

可见，纯电容电路在正弦电压作用下，电容中的电流也是正弦形式的。比较可知电流与电压的关系如下：

①电流和电压的频率相同，即同频。

②电流和电压的相位互差$\frac{\pi}{2}$，电流在相位上超前电压$\frac{\pi}{2}$，或者说电压在相位上滞后电流$\frac{\pi}{2}$，其波形如图2-75（b）所示。

③电流和电压的最大值之间、有效值之间的关系为

$$I_m = \omega C U_m = \frac{U_m}{1/\omega C}$$

$$I_m = \frac{U_m}{X_C}$$

$$I = \frac{U}{X_C}$$

式中$X_C = \frac{1}{\omega C} = \frac{1}{2\pi f C}$称为电容的电抗，单位是欧[姆]（Ω）。

容抗的大小除与电容大小有关外，还与频率成反比。

电压和电流矢量关系如图2-75（c）所示。

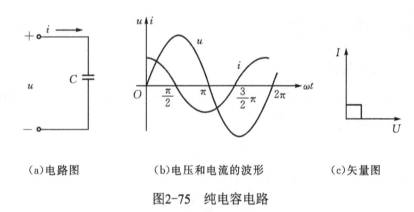

　（a）电路图　　　　　（b）电压和电流的波形　　　　（c）矢量图

图2-75　纯电容电路

2．功率

1）瞬时功率

电容的瞬时功率为

$$p = ui = U_m\sin\omega t \cdot I_m\sin\left(\omega t + \frac{\pi}{2}\right)$$

$$= U_m I_m\sin\omega t \cdot \cos\omega t$$

$$p = UI\sin 2\omega t$$

瞬时功率的变化曲线如图2-76所示，和纯电感电路一样，瞬时功率以2倍频变化，当$p > 0$时，电容从电源吸收电能转换成电能送回电源。可见电容不消耗电能，是储能元件。

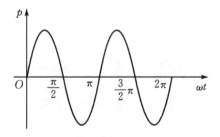

图2-76　纯电容电路的瞬时功率

2）有功功率

电容的有功功率与电感的有功功率一样都为零。

$$P=0$$

电容的有功功率为零，说明它并不耗能，只是将能量不停地吸收和送回。

3．无功功率

电容的无功功率为

$$Q=UI=X_C I^2=\frac{U^2}{X_C}$$

其单位是乏（var）。

六、电阻与电感串联电路

1．电压与电流的关系

一个实际线圈在它的电阻不能忽略不计时，可以等效成电阻与电感的串联电路，如2-77（a）图所示，设电路中电流为

$$i=I_m\sin\omega t$$

那么，对于电阻与电感来说，其两端的电压为

$$u_R=U_{Rm}\sin\omega t$$

$$u_L=U_{Lm}\sin\left(\omega t+\frac{\pi}{2}\right)$$

并且 $$u=u_R+u_L=U_{Rm}\sin\omega t+U_{Lm}\sin\left(\omega t+\frac{\pi}{2}\right)$$

$$u=U_m\sin\left(\omega t+\varphi\right)$$

根据上式作矢量图，如图2-77（b）所示。

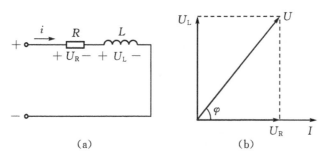

图2-77 电阻与电感串联电路

（1）电源电压矢量为电阻电压和电感电压矢量之和。

$$U=U_R+U_L$$

根据矢量图可得

$$U=\sqrt{U_{\mathrm{R}}^2+U_{\mathrm{L}}^2}$$

$$\varphi=\arctan\frac{U_{\mathrm{R}}}{U_{\mathrm{L}}}$$

由此可得电压三角形，如图2-78（a）所示。

（2）根据式得

$$U=\sqrt{U_{\mathrm{R}}^2+U_{\mathrm{L}}^2}=\sqrt{R^2+X_{\mathrm{L}}^2}\cdot I，即U=ZI。$$

由式可见，Z、R和X_{L}可构成阻抗三角形，如图2-78（b）所示。

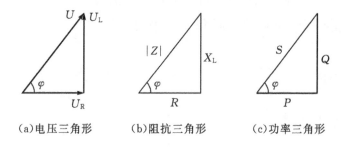

(a)电压三角形　　　(b)阻抗三角形　　　(c)功率三角形

图2-78　常用矢量三角形

2．功率

1）有功功率

在电阻和电感串联电路中，只有电阻是耗能元件，即电阻消耗的功率就是该电路的有功功率。

$$P=U_{\mathrm{R}}I=UI\cos\varphi$$

式中，$U_{\mathrm{R}}=U\cos\varphi$可看成是总电压$U$的有功分量。

$\cos\varphi$称为功率因数，用字母$\lambda=\cos\varphi$表示。φ称为功率因数角，可用公式求得，另外根据$P=U_{\mathrm{R}}I$可得

$$P=（RI）I=RI^2$$

2）无功功率

在电阻和电感串联电路中，电感L只与电源交换能量，故该电路的无功功率为

$$Q=U_{\mathrm{L}}I=UI\sin\varphi$$

式中，$U_{\mathrm{L}}=U\sin\varphi$可看成是总电压$U$的无功分量。

3）视在功率

电路中电流和总电压的乘积定义为视在功率，即

$$S=UI$$

视在功率的单位是伏安（**V·A**）。

由上式可得

$$S=\sqrt{P^2+Q^2}$$

由上式可见，S、P 和 Q 可构成功率三角形，如图2-78（c）所示。

由图2-78可见，功率三角形也不是矢量三角形，但与电压、阻抗三角形相似，由图可得

$$\varphi=\arctan\frac{Q}{P}$$

视在功率表征的是电源设备的容量，电路实际消耗的功率（有功功率）一般小于视在功率，并且由实际运行中负载的性质和大小来决定。

七、三相交流电

1. 三相正弦交流电源

将三个幅值相等、频率相同、相位互差 $\frac{2}{3}\pi$（120°）的单相交流电源按规定方式组合而成的电源，称为三相交流电源。由三相交流电源与三相负载共同组成的电路称为三相交流电路，简称三相电路。

在实际应用中，三相交流电源是由三相交流发电机或三相变压器中的绕组提供的。这三个绕组常见的连接方式如图2-79所示，称为星形连接（也称Y形连接）。电源对外有四根引出线，这种供电方式称为三相四线制。

在图示的三相四线制供电电源中，将三个绕组的末端 U_2、V_2、W_2 连接在一起称为中性点，实际应用中常将该点接地，所以也称为零点。从中性点（或零点）引出的导线称为中性线（或称零线、地线），用字线 N 表示。三个绕组始端引出的导线称为端线或相线、也称火线，分别用字母 U_1、V_1、W_1 表示。如果只将三相绕组按星形连接而并不引出中性线的供电方式称为三相三线制。

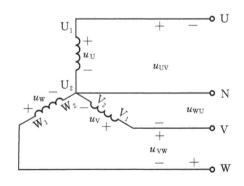

图2-79 三相绕组的差形连接

电源采用三相四线制供电可以提供给负载两种电压，若将负载连接到每相绕组两端（即连接在端线和中性线之间），负载可得到的电压称为相电压，用U_P表示，其正方向规定为由绕组始端指向末端，其瞬时值表达式为

$$u_{UP}=u_{U_1U}=\sqrt{2}\,U_P\sin\omega t$$

$$u_{VP}=u_{V_1V_2}=\sqrt{2}\,U_P\sin\left(\omega t-\frac{2}{3}\pi\right)$$

$$u_{WP}=u_{W_1W_2}=\sqrt{2}\,U_P\sin\left(\omega t+\frac{2}{3}\pi\right)$$

其波形图和矢量图如图2-80所示。

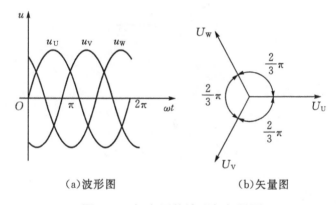

(a)波形图　　　　　　(b)矢量图

图2-80　相电压的波形与矢量图

若将负载连接到两相绕组端线之间（任意两根端线之间），负载可得到的电压称为线电压，用U_L表示，其瞬时值表达式为

$$u_{UL}=u_{UV}=u_U-u_V$$

$$u_{VL}=u_{VW}=u_V-u_W$$

$$u_{WL}=u_{WU}=u_W-u_U$$

用矢量法进行计算，得

$$U_{UL}=U_{UV}=U_U-U_V$$

$$U_{VL}=U_{VW}=U_V-U_W$$

$$U_{WL}=U_{WU}=U_W-U_U$$

作矢量图，如图2-81所示。

根据矢量图中相电压和线电压的几何关系不难得到

$$U_{UV}=\sqrt{3}\,U_U$$

$$U_{VW}=\sqrt{3}\,U_V$$

$$U_{WU}=\sqrt{3}\,U_W$$

或

$$U_{\text{L}} = \sqrt{3}\, U_{\text{P}}$$

三个线电压有效值相等，都等于电压的 $\sqrt{3}$ 倍，在相位上分别超前对应的相电压 $\frac{1}{6}\pi$。

各线电压的相位差亦是 $\frac{2}{3}\pi$。可见，三相四线制供电方式，不但相电压对称，而且线电压也是对称的。

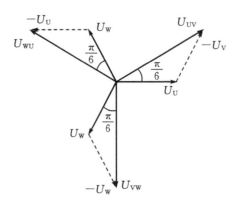

图2-81　线电压的矢量图

2．三相负载的连接

1）三相负载星形连接及中性线作用

由三相电源供电的负载称为三相负载。实际生产和生活中用电负载按连接到三相电源上的情况不同，又分成两类：一类是必须接入三相交流电源才能正常工作的负载，如三相交流电动机，它们的每一相阻抗都是完全相同的，称为三相对称负载；另一类是由单相电源供电就能正常工作的负载，如家用电器和电灯，这类负载通常是按照尽量平均分配的方式接入三相交流电源，使三相电源能够均衡供电，它们在电源上的每一相阻抗可能不相等，称为三相不对称负载。两类三相负载星形连接接线图如图2-82所示。

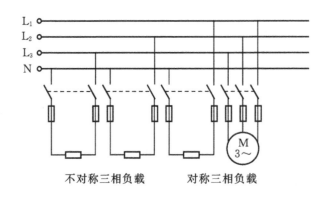

不对称三相负载　　　对称三相负载

图2-82　两类三相负载星形连接的接线

图中三个单相负载分别连接在对应相电压上，采用的是三相四线制供电方式；三相电动机每相负载连接在对应的线电压上，采用的是三相三线制供电方式。

在分析计算三相电路时，一般在电路原理图（简称电路图）上进行。图2-83（a）为三相四线制星形连接电路图。三相负载首端分别接到电源的三根端线上，其末端连接在一起，接到电源的中性线上。

在图2-83（a）中，三根端线上的电流i_U、i_V、i_W称为该负载的线电流，而流经负载的电流i_{UN}、i_{VN}、i_{WN}称为该负载的相电流。显然，当负载作星形连接时，线电流等于相电流，即

$$i_U = i_{UN}$$

$$i_V = i_{VN}$$

$$i_W = i_{WN}$$

或

$$i_L = i_P$$

相电流与对应相电压之间的夹角φ由负载的性质决定，当负载为纯电阻负载时$\varphi = 0$。根据图2-83（a）所示参考方向，假设各相负载阻抗相等，性质相同（称为对称负载），可得矢量图，如图2-83（b）所示。

在图2-83（b）所示矢量图中，相电压与相电流的有效值关系为

$$u_{UP} = u_{U1U2} = \sqrt{2}\, U_P \sin\omega t$$

$$u_{VP} = u_{V1V2} = \sqrt{2}\, U_P \sin\left(\omega t - \frac{2}{3}\pi\right)$$

$$u_{WP} = u_{W1W2} = \sqrt{2}\, U_P \sin\left(\omega t + \frac{2}{3}\pi\right)$$

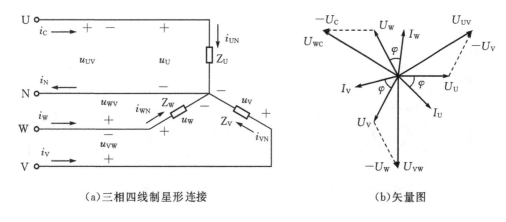

（a）三相四线制星形连接　　　　　　　　（b）矢量图

图2-83　三相四线制星形连接

其波形图如图2-84所示。

$$I_{UN} = \frac{U_U}{|Z_U|}$$

$$I_{VN} = \frac{U_V}{|Z_V|}$$

$$I_{WN} = \frac{U_W}{|Z_W|}$$

$$\varphi_{UN} = \arccos\frac{R_U}{|Z_U|}$$

$$\varphi_{VN} = \arccos\frac{R_V}{|Z_V|}$$

$$\varphi_{WN} = \arccos\frac{R_W}{|Z_W|}$$

中性线电流为线电流（或相电流）的矢量和，即

$$I_N = I_U + I_V + I_C$$
$$= I_{UN} + I_{VN} + I_{WN}$$

对于三相对称负载，根据矢量图可知，在对称三相电源作用下，三相对称负载的中性线电流等于零。三相电流瞬时值的代数和也为零，即

$$i_N = i_U + i_V + i_W = 0$$

此结论从图2-84所示对称三相电流波形图中也可看出，在图中任一瞬间，i_U、i_V、I_W总是有正也有负，其瞬时值代数和始终为零。例如，在t时刻i_U和i_V之和的绝对值正好等于i_W的绝对值。

由此可见，中性线电流在对称负载下为零，中性线便可以省去不用。电路变成图2-85所示的三相三线制星形连接，并且，在三相四线制情况下得到的电流、电压关系仍然成立。

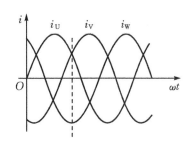

图2-84 三相电流波形图

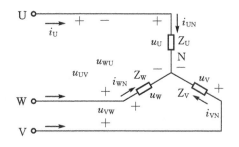

图2-85 三相三线制星形连接

实际应用中，三相负载不对称的情况还是比较常见的，图2-86所示的一般的生活照

明线路就是典型例子，尽管在设计时，是将各相负载尽可能均匀分配在各相上，但各相负载仍可能不完全对称，此时的负载为三相不对称负载的星形连接，所以其中性线电流不为零，那么中性线也就不能省去，否则会造成负载无法正常工作。

在图2-86中，若线电压为380 V，并且V相连接一个白炽灯并已闭灯（即开关S断开），若中性线连接正常，此时虽然各相负载不对称，但U相和W相白炽灯的相电压仍然为电源的相电压220 V，等于白炽灯的额定电压，它们仍然能够正常工作。

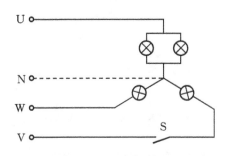

图2-86　生活照明电路

但是，如果没有中性线，就变成U相和W相白炽灯串联后连接在线电压U_{UW}上，由于U相连接白炽灯数量比W相多，其等效电阻较小，根据串联电路分压原理，W相白炽灯所分得的电压超过其额定值220 V而特别亮，而U相白炽灯所分得的电压会低于额定值而发暗。若长时间使用，会使W相白炽灯烧毁，进而导致U相白炽灯也因电路不通而熄灭。

上述情况若中性线存在，就能保证负载中性点和电源中性点电位一致，从而使三相负载不对称情况下，各相负载的相电压仍然是对称的，其值仍为220 V。可见在三相四线制供电线路中，中性线是不允许断开的，所以中性线上不允许安装熔断器等短路保护或过流保护装置，以防止断路时引起负载不能正常工作。

2）对称负载的三角形连接

图2-87所示为对称负载三角形连接图和电路图，每相负载首尾相连，形成闭合回路，并将三个连接点分别接到三相电源的端线上。

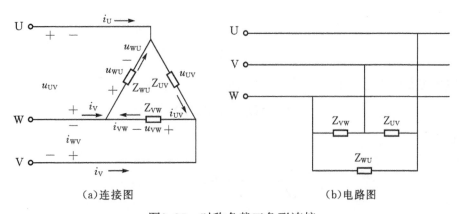

（a）连接图　　　　　　　　　（b）电路图

图2-87　对称负载三角形连接

由图2-87可见，每相负载两端得到的都是电源线电压，而各相负载中流经的相电流 i_{UV}、i_{VW}、i_{WU} 与对应的线电流 i_U、i_V、i_W 是不相等的。在图2-87（a）所示参考方向的情况下，假设负载对称且都为感性，可得矢量图如图2-88所示。

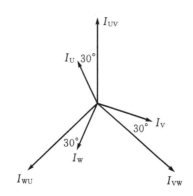

图2-88　对称负线三角形连接的矢量图

在图2-88中，三相负载的相电流互差120°，所得到的三个线电流也是对称的，并且在数值上线电流是相电流的 $\sqrt{3}$ 倍，即

$$I_L = \sqrt{3}\,I_P$$

【例2-1】三相交流异步电动机的定子绕组可看成是三相对称负载，在三角形连接方式下正常运行的电动机常采用星形连接方式起动，以达到降低起动电流的目的。若三相电动机每相绕组的电阻为6 Ω，感抗为8 Ω，电源线电压为380 V，试比较两种接法下的相电流和线电流。

【解】电动机每相绕组的阻抗为

$$|Z| = \sqrt{R^2 + X_L^2} = \sqrt{6^2 + 8^2}\,(\Omega) = 10\,(\Omega)$$

（1）当绕组采用星形连接时，由式得相电压

$$U_P = \frac{U_L}{\sqrt{3}} = \frac{380}{\sqrt{3}}\,(V) = 220\,(V)$$

得相电流和线电流关系

$$I_L = I_P = \frac{U_P}{|Z|} = \frac{220}{10}\,(A) = 22\,(A)$$

（2）当绕组按三角形连接时，每相绕组得到的是电源线电压，即

$$U_P = U_L = 380\,(V)$$

相电流为

$$I_P = \frac{U_P}{|Z|} = \frac{380}{10}\,(A) = 38\,(A)$$

得线电流

$$I_L=\sqrt{3}\ I_P=\sqrt{3}\times 38\,(A)\,=65.8\,(A)\,\approx 66\,(A)$$

可见：

①星形连接时相电流为22 A，三角形连接时相电流为38 A，其比值为$\dfrac{22}{38}=\dfrac{1}{\sqrt{3}}$，即三角形连接的相电流是星形连接相电流的$\sqrt{3}$倍。

②星形连接时线电流为22 A，三角形连接时线电流为66 A，其比值为$\dfrac{22}{66}=\dfrac{1}{3}$，即三角形连接的线电流是星形连接线电流的3倍。

所以三相交流电动机采用星形起动、三角形运行的工作方式，可以有效减少起动电流。

3）三相电功率

三相电路的有功功率是三相负载每相有功功率和无功功率之和，当三相负载对称时，有

$$P_U=P_V=P_W=U_PI_P\cos\varphi$$
$$Q_U=Q_V=Q_W=U_PI_P\sin\varphi$$

总视在功率为

$$S=\sqrt{P^2+Q^2}$$

三相功率与相电压、相电流的关系为

$$P=3U_PI_P\cos\varphi$$

$$Q=3U_PI_P\sin\varphi$$

$$S=3U_PI_P$$

三相负载作星形连接时，$U_L=\sqrt{3}U_P$，$I_L=I_P$；作三角形连接时，$U_L=U_P$，$I_L=\sqrt{3}I_P$，得三相功率与线电压、线电流的关系：

$$P=3U_LI_L\cos\varphi$$

$$Q=3U_LI_L\sin\varphi$$

$$S=3U_LI_L$$

式中，φ为相负载的功率因数角。

【例2-2】三相对称负载，每相的电阻为6 Ω，感抗为8 Ω，接线电压为380 V的三相交流电源，试比较星形连接和三角形连接两种接法下消耗的三相电功率。

【解】每相绕组的阻抗为

$$|Z|=\sqrt{R^2+X_L^2}=\sqrt{6^2+8^2}\,(\Omega)\,=10\,(\Omega)$$

（1）星形连接时，由式得负载的相电压

$$U_P = \frac{U_L}{\sqrt{3}} = \frac{380}{\sqrt{3}}（V）= 22（V）$$

由式得相电流和线电流关系

$$I_L = I_P = \frac{U_P}{|Z|} = \frac{220}{10}（A）= 22（A）$$

负载功率因数为

$$\cos\varphi = \frac{R}{|Z|} = \frac{6}{10} = 0.6$$

得星形连接时三相总有功功率为

$$P = \sqrt{3}U_L I_L \cos\varphi$$
$$= \sqrt{3} \times 380 \times 22 \times 0.6（W）= 8.7（kW）$$

（2）若改为三角形连接，负载的相电压等于电源的线电压，即

$$U_P = U_L = 380\ V$$

负载的相电流为

$$I_P = \frac{U_P}{|Z|} = \frac{380}{10}（A）= 38（A）$$

得负载的线电流为

$$I_L = \sqrt{3}\,I_P = \sqrt{3} \times 38（A）= 65.8（A）\approx 66（A）$$

负载功率因数不变，仍为$\cos\varphi = 0.6$。

由式得三相总有功功率为

$$P = 3U_P I_P \cos\varphi$$
$$= 3 \times 380 \times 38 \times 0.6（W）= 26（kW）$$

可见，同样的负载，三角形连接消耗的有功功率是星形连接时有功功率的3倍，无功功率和视在功率也都有这样的关系。

既然负载消耗的功率与连接方式有关，要使负载正常运行，必须正确地连接电路。显然在同样电源电压下，错将星形连接接成三角形连接，负载会因3倍的过载而烧毁；反之，错将三角形连接接成星形连接，负载也无法正常工作。

4. 功率因数

在正弦交流电路中，有功功率与视在功率的比值称为功率因数，用λ表示即

$$\lambda = \cos\varphi = \frac{P}{S}$$

式中，φ为总电流和总电压的相位差，称为功率因数角，该值的大小与电路参数有关。

很明显，φ角越小，功率因数$\cos\varphi$越高，并且由式$S = \sqrt{P^2 + Q^2}$可见：

$\cos\varphi=1$，$P=S$，这种情况发生在纯电阻电路中，其无功功率$Q=0$。

$\cos\varphi=0$，$P=0$，这种情况发生在纯电感电路或纯电容电路中，其无功功率$Q=S$。

显然，功率因数一般情况是在1和0之间，当$\cos\varphi=1$时，功率因数最高，这是人们希望看到的理想情况；当$\cos\varphi=0$时，功率因数最低，这是人们最不希望看到的情况。在实际电路系统中，人们总是力图使功率因数尽可能高一些，但不需达到$\cos\varphi=1$，因为此时可能会发生谐振，从而给电路带来其他问题。

提高功率因数的意义表现在以下两方面：

（1）提高供电设备的利用率。在供电设备容量（即视在功率）S一定的情况下，由式可知

$$P=S\cos\varphi$$

显然，$\cos\varphi$越低，有功功率P越小，设备的容量越得不到充分利用。例如，某大型电网所带负载的功率因数过低，若不设法提高负载的功率因数，解决的方法只有增加发电设备容量，建造更大的发电厂解决问题，这不是有效的方法。

（2）增加了供电设备和输电线路的功率损耗。将电源设备的视在功率$S=UI$代入式可得

$$P=UI\cos\varphi$$

$$I=\frac{P}{U\cdot\cos\varphi}$$

有负载消耗有功功率P和电压U一定的情况下，功率因数$\cos\varphi$越低，供电线路电流I越大，增大部分是由于无功功率增大了与电源交换能量的电流分量，使供电设备和输电线路的功率损耗增大，这部分功率将以热能形式散发掉，得不到利用。

由于日常生活和生产用电设备中，感性负载占很大比例，所以提高它的功率因数就显得十分必要。提高功率因数常用的方法是给感性负载并联上合适的电容器，利用电容器的无功功率和电感所需无功功率相互补偿，达到提高功率因数的目的。

对功率因数较低的感性负载并联电容器提高其功率因数，可用图2-89所示矢量图说明。

在图2-89（a）中，没有并联电容器，电路总电流就是感性负载电流I_{RL}，电路的功率因数即为感性负载的功率因数$\cos\varphi_{RL}$，由φ_{RL}较大，所以$\cos\varphi_{RL}$较小。

在图2-89（b）中，并联电容器，电路总电流变成电容电流I_C与感性负载电流I_{RL}的矢量和，即

$$I=I_C+I_{RL}$$

此时电路的功率因数为$\cos\varphi$，由于φ较小，并且

$$\varphi<\varphi_{RL}$$

$$\cos\varphi>\cos\varphi_{RL}$$

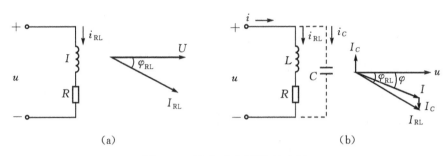

图2-89 提高功率因数的方法

要想将功率因数提高到希望的数值，只要选择恰当的电容量即可。并联电容器提高功率因数应注意以下几个问题：

①并联电容后，负载的工作仍然保持原状态，其自身的功率因数（$\cos\varphi_{RL}$）并没有提高，只是整个电路的功率因数（$\cos\varphi$）得到提高。

②并联电容器后，电路总电流由I_{RL}减少为I，是由于功率因数提高，减少了线路电流。

③功率因数的提高不要求达到$\cos\varphi=1$，因为此时电路处于并联谐振状态，会给电路带来其他不利情况。当然将功率因数提高到$\varphi>0$，即电路呈容性也是没有必要的。

谐振频率公式为

$$I=I_R$$

尽管谐振时I_L和I_C相互抵消，但它们本身的数值可能远大于I和I_R。因此并联谐振也称为电流谐振。

项目三
变压器检修

任务 1　电力变压器

学习目标

1. 掌握电力变压器结构。
2. 掌握电力变压器原理。
3. 掌握电力变压器分类。
4. 掌握电力变压器型号。
5. 掌握电力变压器用途。
6. 掌握常见故障及维修方法。

工作任务

本任务需要学习电力变压器结构；掌握电力变压器原理；掌握电力变压器分类；单握电力变压器型号；掌握电力变压器用途；掌握常见故障及维修方法。先回顾生活中涉及电力变压器的场合，引出本次学习任务；再经过本次任务学习后写出学习报告（重点为电力变压器结构；电力变压器原理；电力变压器分类；电力变压器型号；电力变压器用途；常见故障及维修方法；最终我们要达到的目标——学会电力变压器的简单维修）。

任务实施

【一】准备。

一、电力变压器结构

1. 油冷式电力变压器

1）电力变压器的外部结构简介

如图3-1所示，电力变压器从外观看主要由变压器的箱体、高压绝缘套管、低压绝缘套管、油枕、散热管组成。

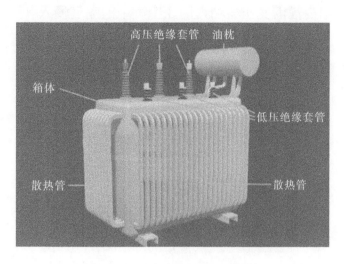

图3-1 电力变压器外部结构

2）电力变压器的内部结构简介

如图3-2所示，电力变压器把铁芯与绕组放入箱体，绕组引出线通过绝缘套管内的导电杆连到箱体外，导电杆外面是瓷套管，通过它固定在箱体上，保证导电杆与箱体绝缘。为减小因灰尘与雨水引起的漏电，瓷套管外型为多级伞形。右边是低压绝缘套管，左边是高压绝缘套管，由于高压端电压很高，高压绝缘套管比较长（如图3-3所示）。

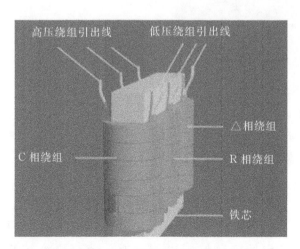

图3-2 电力变压器的铁芯和绕组结构

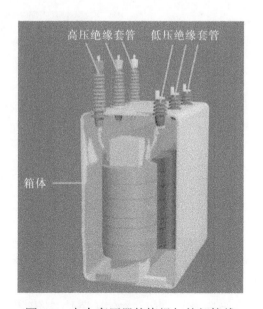

图3-3 电力变压器的绕组与外部接线

3）电力变压器油箱

如图3-4所示，变压器箱体（即油箱）里灌满变压器油，铁芯与绕组浸在油里。变压器油比空气绝缘强度大，可加强各绕组间、绕组与铁芯间的绝缘，同时流动的变压器油也帮助绕组与铁芯散热。在油箱上部有油枕,有油管与油箱连通,变压器油一直灌到油枕内,可充分保证油箱内灌满变压器油,防止空气中的潮气侵入。

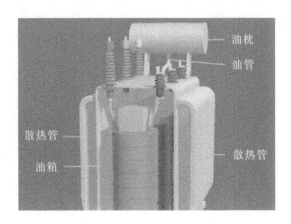

图3-4 电力变压器油箱

4)电力变压器对流散热系统

油箱外排列着许多散热管,运行中的铁芯与绕组产生的热能使油温升高,温度高的油密度较小上升进入散热管,油在散热管内温度降低密度增加,在管内下降重新进入油箱,铁芯与绕组的热量通过油的自然循环散发出去(如图3-5所示)。

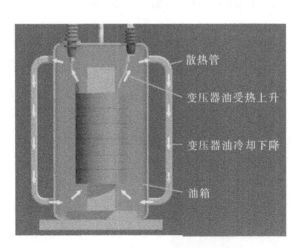

图3-5 电力变压器对流散热系统

一些大型变压器为保证散热,装有专门的变压器油冷却器。冷却器通过上下油管与油箱连接,油通过冷却器内密集的铜管簇,由风扇的冷风使其迅速降温。油泵将冷却的油再打入油箱内,图3-6是一台容量为400000 kV·A的特大型电力变压器,其低压端电压为20 kV,高压端电压为220 kV。

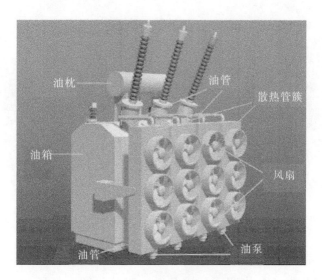

图3-6 大型变压器散热系统

采用油冷却的变压器结构较复杂，由于油是可燃物，也就存在安全性问题。目前，在城市内、大型建筑内使用的电力变压器已逐渐采用干式电力变压器，变压器没有油箱，铁芯与绕组安装在普通箱体内。干式变压器绕组用环氧树脂浇注等方法保证密封与绝缘，容量较大的绕组内还有散热通道，大容量变压器并配有风机强制通风散热。由于材料与工艺的限制，目前多数干式电力变压器的电压不超过35 kV，容量不大于20000 kV·A，大型高压的电力变压器仍采用油冷方式。

2. 干式电力变压器

1）干式电力变压器铁芯

干式电力变压器由芯柱，上、下铁轭，上、下夹件，穿心螺杆，拉板组成，如图3-7所示。

 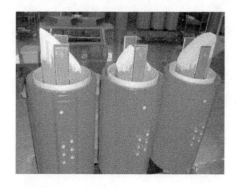

图3-7 干式电力变压器铁芯

2）绕组

干式电力变压器绕组由高压线圈、低压线圈，上、下垫块，高、低压绝缘子组成，如图3-8所示。

图3-8　干式电力变压器绕组

3）干式电力变压器部件

干式电力变压器部件包括有载调压分接开关、高压引线、低压出线铜排，如图3-9所示。

图3-9　干式电力变压器部件

4）干式电力变压器附件

（1）温度控制器（如图3-10所示）。

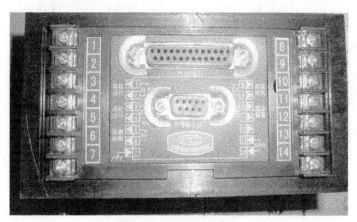

图3-10 温度控制器

（2）温度显示器、传感器（如图3-11所示）。

图3-11 温度显示器、传感器

（3）箱式外壳温控器（如图3-12所示）。

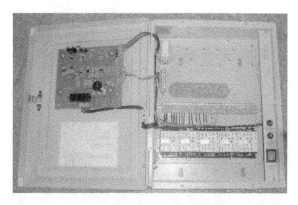

图3-12 箱式外壳温控器

（4）温度传感器的插头、风机及电源线到温度显示器的接线端出厂状态（如图3-13所示）。

图3-13　温度传感器的插头、风机及电源线到温度显示器的接线端出厂状态

（5）高压带电传感器没有二次连接的状态（如图3-14所示）。

图3-14　高压带电传感器没有二次连接的状态

5）干式电力变压器外形

（1）干式电力变压器外壳低压侧（如图3-15所示）。

图3-15　干式电力变压器外壳低压侧

（2）干式电力变压器外壳高压侧（如图3-16所示）。

图3-16　干式电力变压器外壳高压侧

（3）干式电力变压器外壳内部（如图3-17所示）。

图3-17　干式电力变压器外壳内部

6）带电显示器

如图3-18所示为干式电力变压器的带电显示器。

（1）A、B、C指示灯任何一只亮，且开关处于OFF位置，门关闭；

（2）三只指示灯均不亮，开关处于ON位置，门可以打开；

（3）使用钥匙，不论何种状态，均可以把门打开。

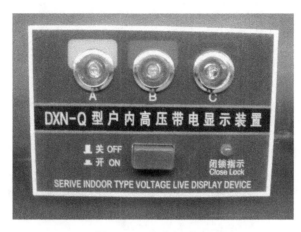

图3-18　带电显示器

7）开关的闭锁设置

干式电力变压器的开关闭锁设置如图3-19所示。

（1）干式变压器的外壳由4个（或两个）行程开关输出的常开接点全部串联到高压的合闸回路里，即任何一个门没有关闭到位，变压器无法合闸送电。行程开关的常闭接点并联，任何一个动作可发出信号。

（2）高压开关（或GIS）的接地刀闸（接地状态时）的常闭接点，串联到变压器外壳上的带电指示器的电源里，接地刀闸接地后常闭带电后门打开。

图3-19　开关的闭锁设置

8）外壳的接线端子盒

干式电力变压器，外壳的接线端子盒如图3-20所示。

图3-20 外壳的接线端子盒

二、电力变压器原理

电力变压器是利用电磁感应原理把发电机发出的电压升高后进行远距离输电，到达目的地后再用变压器把电压降低以便用户使用，以此减少传输过程中电能的损耗。

1．空载运行和电压变换

如图3-21所示，将变压器的原边接在交流电压u_1上，副边开路，这种运行状态称为空载运行。此时副绕组中的电流$i_2=0$，电压为开路电压u_{20}，原绕组通过的电流为空载电流i_{10}，电压和电流的参考方向如图3-21所示。图中N_1为原绕组的匝数，N_2为副绕组的匝数。

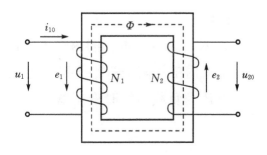

图3-21 电力变压器的空载运行

副边开路时，通过原边的空载电流i_{10}就是励磁电流。磁动势$i_{10}N_1$在铁芯中产生的主磁通Φ既穿过原绕组，也穿过副绕组，于是在原、副绕组中分别感应出电动势e_1和e_2。且e_1和e_2与Φ的参考方向之间符合右手螺旋定则，由法拉第电磁感应定律可得

$$e_1 = -N_1\frac{\mathrm{d}\Phi}{\mathrm{d}t}$$

$$e_2 = -N_2\frac{\mathrm{d}\Phi}{\mathrm{d}t}$$

e_1和e_2的有效值分别为

$$E_1 = 4.44fN_1\Phi_\mathrm{m}$$
$$E_2 = 4.44fN_2\Phi_\mathrm{m}$$

式中，f为交流电源的频率，Φ_m为主磁通的最大值。

如果忽略漏磁通的影响并且不考虑绕组上电阻的压降时，可认为原、副绕组上电动

势的有效值近似等于原、副绕组上电压的有效值，即

$$U_1 \approx E_1$$

$$U_{20} \approx E_2$$

因此

$$\frac{U_1}{U_{20}} \approx \frac{E_1}{E_2} = \frac{4.44fN_1\Phi_m}{4.44fN_2\Phi_m} = \frac{N_1}{N_2} = K$$

所以，变压器空载运行时，原、副绕组上电压的比值等于两者的匝数之比，K称为变压器的变比。若改变变压器原、副绕组的匝数，就能够把某一数值的交流电压变为同频率的另一数值的交流电压：

$$U_{20} = \frac{N_2}{N_1}U_1 = \frac{1}{K}U_1$$

当原绕组的匝数N_1比副绕组的匝数N_2多时，$K>1$，这种变压器为降压变压器；反之，当N_1的匝数少于N_2的匝数时，$K<1$，为升压变压器。

2．负载运行和电流变换

变压器的原绕组接交流电压u_1，副绕组接上负载Z_L，这种运行状态称为负载运行（如图3-22所示）。这时副边的电流为i_2，原边电流由i_{10}增大为i_1，且u_2略有下降，这是因为有了负载后，i_1、i_2会增大，原、副绕组本身的内部压降也要比空载时增大，使副绕组电压U_2比E_2低一些。因为变压器内部压降一般小于额定电压的10％，因此变压器有无负载对电压比的影响不大，可以认为负载运行时变压器原、副绕组的电压比仍然基本上等于原、副绕组匝数之比。

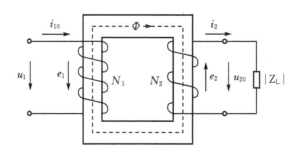

图3-22　电力变压器负载运行

变压器负载运行时，由i_2形成的磁动势i_2N_2对磁路也会产生影响，即铁芯中的主磁通Φ是由i_1N_1和i_2N_2共同产生的。由式$U \approx E \approx 4.44fN\Phi_m$可知，当电源电压和频率不变时，铁芯中的磁通最大值应保持基本不变，那么磁动势也应保持不变，即

$$I_1N_1 + I_{10}N_1$$

由于变压器空载电流很小，一般只有额定电流的百分之几，因此当变压器额定运行时，可忽略不计，则有

$$I_1 N_1 \approx -I_2 N_2$$

可见变压器负载运行时，原、副绕组产生的磁动势方向相反，即副边电流I_2对原边电流I_1产生的磁通有去磁作用。因此，当负载阻抗减小，副边电流I_2增大时，铁芯中的磁通Φ_m将减小，原边电流I_1必然增加，以保持磁通Φ_m基本不变，所以副边电流变化时，原边电流也会相应地变化。原、副边电流有效值的关系为

$$\frac{I_1}{I_2} = \frac{N_2}{N_1} = \frac{1}{K}$$

因此，当变压器额定运行时，原、副边的电流之比近似等于其匝数之比的倒数。若改变原、副绕组的匝数，就能够改变原、副绕组电流的比值，这就是变压器的电流变换作用。

不难看出，变压器的电压比与电流比互为倒数，因此匝数多的绕组电压高，电流小；匝数少的绕组电压低，电流大。

当变压器的功率损耗忽略不计时，它的输入功率与输出功率相等，符合能量守恒定律。在远距离输电线路中，线路损耗P_1与电流I_1的平方乘以线路电阻R_1的积成正比，因此在输送同样功率的情况下，如果所用电压越高，电流就会越小，输电线上的损耗越小，可以减小输电导线的截面积，从而大大降低了成本。所以电厂在输送电能之前，必须先用升压变压器将电压升高，传输到用户后，电压不能太高，通常为380 V或220 V，因此要用降压变压器再进行降压。

三、电力变压器的分类及额定参数

1. 电力变压器的分类

1）按用途分类

电力变压器按用途分类可分为升压变压器、降压变压器、配电变压器、联络变压器、厂用变压器。

2）按结构分类

电力变压器按结构分类可分为双绕组变压器、三绕组变压器、多绕组变压器、自耦变压器。

3）按冷却方式分类

电力变压器按冷却方式分类可分为油浸式变压器、干式变压器。

4）按容量大小分类

电力变压器按容量大小分类可分为小型变压器（630 kV·A及以下）、中型变压器（800～6300 kV·A及以下）、大型变压器（8000～63000 kV·A及以下）和特大型变压器（90000 kV·A及以上）。

2．电力变压器的额定参数

1）额定容量

额定容量表示在额定使用条件下变压器的输出能力，以视在功率的千伏·安表示。对三相变压器，额定容量表示三相容量之和。

变压器的标准容量等级（千伏·安）：5、10、20、30、50、75、100、135、180、240、320、420、560、750、1000、…而按GB1094—71规定，我国现采用的额定容量等级基本上是按$\sqrt[10]{10}$倍数增加的，即所谓R10容量系列，具体容量等级（千伏·安）：10、20、30、40、50、63、80、100、125、160、200、250、315、400、500、630、800、1000、1250、1600、…

2）额定电压

额定电压表示变压器各绕组在空载时额定分接头下的电压值，以伏或千伏表示。在三相变压器中，如无特别说明，额定电压都是指线电压。

变压器的标准电压等级（伏）：230、400、3000、3150、3300、6000、6300、6600、10000、13200、35000、60000、110000、220000、…如低压侧为400/230伏，即线电压为400伏、相电压为230伏。

3）额定电流

额定电流表示变压器各绕组在额定负载下的电流值，以安表示。在三相变压器中，如无特别说明，都是指线电流。

4）连接组标号

连接组标号表示变压器各个相绕组的连接法和向量关系的符号。如Y/Y_0-12、$Y/\triangle$-11标号中Y表示星型连接，$\triangle$表示三角形连接，Y_0表示星型连接并有中点引出线。各标号中由左至右代表一、二次侧绕组连接方式，数字代表二次侧与一次侧电压的相角关系。连接组标号与电压组合关系见表3-1。

表3-1　油浸式电力变压器的电压组合和连接组标号

容量 /kV·A	电压组合/kV			连接组标号
	高压	中压	低压	
10～1600	6，10		0.4	Y/Y_0-12
630～6300	6，10		3.15，6.3	$Y/\triangle$-11
50～1600	35		0.4	Y/Y_0-12
800～31500	35（38.5）		3.15-10.5（3.3-11）	$Y/\triangle$-11（$Y_0/\triangle$-11）
6300～120000	110（121）		6.3，11（10.5，13.8）	$Y_0/\triangle$-11

续表

容量 /kV·A	电压组合/kV			连接组标号
	高压	中压	低压	
6300～120000	110（121）	35.8	6.3，11	$Y_0/Y_0/\triangle$-12-11
31500～120000	220（242）		6.3-13.8（38.5）	$Y_0/\triangle$-11（Y_0/Y_0-12）
31500～120000	220（242）	121	6.3，11（38.5）	$Y_0/Y_0/\triangle$-12-11 （$Y_0/Y_0/Y_0$-12-12）
63000～120000	220（242）	121	10.5，13.8（38.5）	$Y_0/Y_0/\triangle$-12-11 （$Y_0/Y_0/Y_0$-12-12）
120000以上	110以上		按需要	

5）阻抗压降百分比

阻抗压降百分比表示变压器通入额定电流时的阻抗压降对额定电压的百分比。

6）温升

温升是指变压器指定部位（一般指上层油温）的温度和变压器周围空气温度之差。对变压器上层油温升的限值，仅是为保证变压器油的长期使用而不致迅速老化变质所规定的值，不可直接作为运行中变压器负载能力的依据。

四、电力变压器的型号

如图3-23所示为电力变压器的型号。

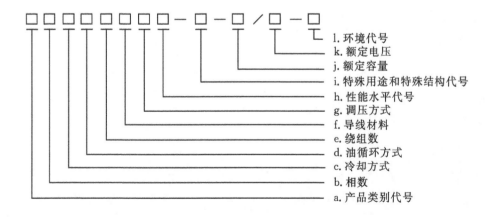

图3-23 电力变压器的型号

a.产品类别代号：

O——自耦变压器，通用电力变压器不标；

H——电弧炉变压器；

C——感应电炉变压器;

Z——整流变压器;

K——矿用变压器;

Y——试验变压器。

b. 相数:

D——单相变压器;

S——三相变压器。

c. 冷却方式(外部):

F——风冷式;

S——水冷式。

注:油浸自冷式和空气自冷式不标注。

d. 油循环方式(内部):

N——自然油循环;

P——强迫油循环;

D——强迫导向油循环。

附:冷却方式代号。

ONAN、ONAF、OFAF、OFWF、ODAF、ODWF

前两个字母代表内部冷却方式:O为油,N为自然油循环,F为强迫油循环,D为强迫导向油循环。后两个字母代表外部冷却方式:A为空气,W为水冷,N为自冷,F为风冷。

e. 绕组数:

S——三绕组。

注:双绕组不标注。

f. 导线材料:

L——铝绕组。

注:铜绕组不标注。

g. 调压方式:

Z——有载调压。

注:无励磁调压不标注。

h. 性能水平代号(设计序号)如表3-2所示。

表3-2　性能水平代号（设计序号）

性能水平代号	电压等级/kV	性能参数	
		空载损耗	负载损耗
9	6～500	复合GB/T6415—2008	复合GB/T6415—2008
10	6～500	比GB/T6415—2008下降10%	比GB/T6415—2008下降5%
11	6～500	比GB/T6415—2008下降20%	

i. 特殊用途或特殊结构代号：

Z——低噪声用；

L——电缆引出；

X——现场组装式；

J——中性点为全绝缘；

CY——发电厂自用变压器。

j. 变压器的额定容量：

变压器的额定容量，单位为kV·A。

k. 变压器的额定电压：

变压器的额定电压，单位为kV。

l. 环境代号：

TH——湿热带；TA——干热。

【例3-1】一台三相、油浸、风冷、双绕组、无励磁调压、铜导线、20000 kV·A、110 kV级电力变压器产品，其性能水平为11，该产品的型号为：SF11-20000/110。

【例3-2】一台三相自耦、油浸、水冷、强迫油循环、三绕组、有载调压、铜导线、360000 kV·A、330 kV级电力变压器的产品，其性能水平为10，该产品的型号为：OSFPSZ10-360000/330。

注意选用变压器必须考虑：

（1）额定容量：尤其是三绕组，需给出容量比。

（2）额定电压：高压、中压、低压。

（3）调压方式和调压范围：开关有要求的需特别给出。

（4）联接组别：Y、D。

（5）相数：单相、三相。

（6）额定频率：50 Hz、60 Hz。

（7）冷却方式：风冷、自冷、水冷，强迫油循环。

（8）空载损耗：必须指定，或按国标。

（9）负载损耗：必须指定，或按国标。

（10）空载电流：必须指定，或按国标。

（11）阻抗电压：必须指定，或按国标。

（12）绝缘水平：必须指定，或按国标。

（13）使用条件：使用地区、海拔、最低和最高气温。

1. 油浸式电力变压器

1）10 kV级D9油浸式配电变压器

如图3-24所示为10 kV级D9油浸式配电变压器。

图3-24　10 kV级D9油浸式配电变压器

（1）特点。器身采用了新型绝缘结构，提高了抗短路能力；铁芯由高质量冷轧硅钢片制成；高压绕组均选用优质无氧铜线为材料，并采用多层圆筒式结构；所有坚固件均采用特殊防松处理。

产品具有高效率、低损耗的特点，可节省大量的电耗和运行费用，社会效益显著，是国家推广的高新技术产品。

（2）可靠的结构。带纵向油道的螺旋式线圈，内部散热更好；改进了线圈端面的有效支撑，抗短路电流能力更强；采用了新的吊装结构和器身定位结构，保证在长途运输和运行中更为可靠；更高性能水平的变压器，具有更高水平的技术含量。

（3）优质的材料。选用电阻率更低的无氧铜线，并经过系列附加的表面处理，更光滑，无毛刺尖角，使变压器的负载损耗更低，电气性能更为可靠；选用优质的硅钢片，随着性能水平的提升，采用单位损耗更低的硅钢片，使变压器空载损耗更低；选用优质层压木绝缘件，绝不开裂，即使在短路电流作用下，纹丝不动；选用经过深层过滤的变压器油，更低的含水、含气、含杂质水平，变压器工作更加可靠；选用优质橡胶密封材料，有效防老化，杜绝渗漏；所有原材料经过质检，有效防老化，杜绝渗漏。

（4）变压器产品标准：GB1094.1—2013，GB1094.2—2013，JB/T10088—2004，GB1094.3—2003，GB1094.5—2008，GB/T6451—2015，GB/T7595—2008，JB/T3837—2010。

（5）变压器正常使用条件。海拔高度不超过1000 m；环境温度：最高气温+40 ℃，最热月平均气温+30 ℃，最高年平均气温+20 ℃，户外最低气温−25 ℃。

（6）变压器特殊使用条件。海拔高度超过1000 m；环境温度：最高气温+40 ℃，最低气温−25 ℃。

（7）型号含义如图3-25所示。

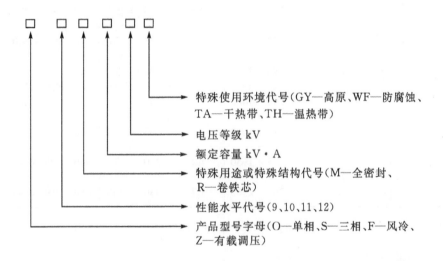

图3-25　型号含义

（8）技术参数如表3-3所示。

表3-3　10 kV级D9油浸式配电变压器技术参数

额定容量 rated capacity /(kV·A)	电压组合/kV voltage group		连接方式 connection method	阻抗电压/(%) Impedance voltage	损耗/kW Loss		空载电流/(%) On-load current	重量/kg weight			外形尺寸/mm（长L×宽B×高H）outine dimension	轨距 纵向/横向 gauge vertical/ horizontal
	高压 High-voltage	低压 Low-voltage			空载 on-load	负载 load		器身重 machine weight	油重 Oil weight	总重 gross weight		
5					35	145	4	50	40	130	530×450×850	400/250
10					55	260	3.5	65	40	150	560×450×870	400/300
16					65	365	3.2	80	40	180	600×450×920	400/300
20	11				80	430	3.0	100	50	205	620×450×940	400/300
30	10.5				100	625	2.5	115	50	225	700×450×980	400/300
40		0.22	li0		125	775	2.5	150	55	270	900×480×1040	400/300
50	10	0.24	li6	3.5	150	950	2.3	175	70	310	650×520×1100	400/300
63	6.3				180	1135	2.1	190	80	340	660×520×1100	400/300
80	6				200	1400	2.0	240	100	420	770×630×1120	450/300
100					240	1650	1.9	295	100	490	840×600×1150	450/300
125					285	1950	1.8	370	110	560	890×740×1160	500/400
160					365	2365	1.7	430	130	650	950×790×1170	500/400

注（note）：高压分接范围（tanpping range of high-voltage）：±5%或±2×2.5%；频率（frequency）：50 Hz。

2）10 kV级S9油浸式配电变压器

如图3-26所示为10 kV级S9油浸式配电变压器。

图3-26　10 kV级S9油浸式配电变压器

（1）特点。器身采用了新型绝缘结构，提高了抗短路能力；铁芯由高质量冷轧硅钢片制成；高压绕组均选用优质无氧铜线为材料，并采用多层圆筒式结构；所有坚固件均采用特殊防松处理。

产品具有高效率、低损耗的特点，可节省大量的电耗和运行费用，社会效益显著，是国家推广的高新技术产品。

（2）可靠的结构。带纵向油道的螺旋式线圈，内部散热更好；改进了线圈端面的有效支撑，抗短路电流能力更强；采用了新的吊装结构和器身定位结构，保证在长途运输和运行中更为可靠；更高性能水平的变压器，具有更高水平的技术含量。

（3）优质的材料。选用电阻率更低的无氧铜线，并经过系列附加的表面处理，更光滑，无毛刺尖角，使变压器的负载损耗更低，电气性能更为可靠；选用优质的硅钢片，随着性能水平的提升，采用单位损耗更低的硅钢片，使变压器空载损耗更低；选用优质层压木绝缘件，绝不开裂，即使在短路电流作用下，也纹丝不动；选用经过深层过滤的变压器油，更低的含水、含气、含杂质水平，变压器工作更加可靠；选用优质橡胶密封材料，有效防老化，杜绝渗漏；所有原材料经过质检，有效防老化，杜绝渗漏。

（4）变压器产品标准：GB1094.1—2013，GB1094.2—2013，JB/T10088—2004，GB1094.3—2003，GB1094.5—2008，GB/T6451—2015，GB/T7595—2008，JB/T3837—2010。

（5）变压器正常使用条件。海拔高度不超过1000 m；环境温度：最高气温＋40 ℃，最热月平均气温＋30 ℃，最高年平均气温＋20 ℃，户外最低气温−25 ℃。

（6）变压器特殊使用条件。海拔高度超过1000 m；环境温度：最高气温＋40 ℃，最低气温−25 ℃。

（7）型号含义如图3-27所示。

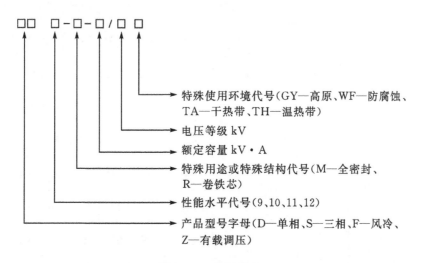

图3-27 型号含义

（8）技术参数如表3-4、表3-5和图3-28所示。

表3-4　10 kV级S9、S9-M系列油浸式配电变压器技术参数

额定容量 rated capacity /（kV·A）	电压组合/kV voltage group 高压 High-voltage	低压 Low-voltage	连接方式 connection method	阻抗电压/（%）Impedance voltage	损耗/kW Loss 空载 on-load	负载 load	空载电流/（%）On-load current	重量/kg weight 器身重 machine weight	油重 Oil weight	总重 gross weight	外形尺寸/mm（长L×宽B×高H）outine dimension	轨距 纵向/横向 gauge vertical/horizontal
5					0.07	0.35	4	50	45	145	550×450×800	400/350
10					0.09	0.4	3.5	70	55	185	550×450×800	400/350
20					0.11	0.52	3.0	110	60	235	660×505×850	400/350
30					0.13	0.63/0.6	2.3	130	65	265	660×530×870	450/340
50					0.17	0.91/0.87	2.0	195	80	365	740×600×930	450/380
63					0.2	1.09/1.04	1.9	230	80	400	720×620×1000	450/380
80					0.25	1.31/1.25	1.9	260	95	460	770×640×1030	450/430
100				4	0.29	1.58/1.5	1.8	300	95	510	820×710×970	550/450
125	11 10.5 10 6.3 6	0.4 0.69	Yyn0 Dyn11		0.34	1.89/1.8	1.7	335	115	585	1040×680×1080	550/470
160					0.4	2.31/2.2	1.6	405	130	685	1090×670×1130	550/520
200					0.48	2.73/2.6	1.5	490	150	810	1160×760×1090	550/520
250					0.56	3.2/3.05	1.4	565	170	935	1215×775×1180	650/550
315					0.67	3.83/3.65	1.4	655	200	1095	1345×890×1205	650/550
400					0.8	4.52/4.3	1.6	840	250	1385	1450×935×1240	650/550
500					0.96	5.41/5.15	1.2	935	235	1505	1410×970×1290	750/600
630					1.2	6.2	1.1	1100	330	1830	1595×1040×1315	850/660
800					1.4	7.5	1.0	1360	370	2225	1765×1170×1350	850/660
1000					1.7	10.3	1.0	1455	475	2555	1855×1255×1490	850/660
1250				4.5	1.95	12.0	0.9	1715	545	3140	1885×1270×1590	850/660
1600					2.4	14.5	0.8	2095	630	3680	1950×1620×2020	850/700
2000					2.8	19.8	0.8	2340	715	4190	2060×1740×2050	820/820
2500					3.3	23.0	0.7	2920	830	5100	2250×1800×2100	1070/1070

注：高压分接范围（tanpping range of high-voltage）：±5%或±2×2.5%；频率（frequency）：50 Hz。

表3-5 10 kV级S9系列油浸式配电变压器技术参数

额定容量 rated capacity / (kV·A)	电压组合/kV voltage group		连接方式 connection method	阻抗电压/（%） lmpedance voltage	损耗/kW Loss		空载电流/（%） On-load current	重量/kg weight			外形尺寸/mm （长L×宽B×高H） outine dimension	轨距纵向/横向 gauge vertical/horizontal
	高压 High-voltage	低压 Low-voltage			空载 on-load	负载 load		器身重 machine weight	油重 Oil weight	总重 gross weight		
200					0.42	3.15	1.5	530	180	940	1240×820×1130	
250					0.51	3.6	1.4	580	200	1000	1320×840×1150	
315				4.5	0.61	4.3	1.4	720	230	1210	1380×880×1200	660×660
400					0.73	5.2	1.3	810	260	1420	1530×1020×1240	
500					0.88	6.2	1.2	910	280	1550	1610×1100×1290	
630		10.5			1.03	7.29	1.1	1160	420	2040	1620×1120×1340	
800	11				1.26	8.91	1.0	1350	470	2380	1810×1260×1390	
1000	10.5	10			1.48	10.44	1.0	1495	510	2605	1900×1300×1440	820×820
1250	10	6.3	Yd11		1.75	12.42	0.9	1750	615	3090	1910×1260×1620	
1600	6.3	6			2.11	14.85	0.8	1980	630	3500	1950×1610×1810	
2000	6	3.15			2.52	17.82	0.8	2410	800	4360	2050×1800×2000	
2500		3		5.5	2.97	20.7	0.8	2850	850	5330	2150×1960×2160	
3150					3.51	24.3	0.7	3190	1270	6360	2285×2260×2290	
4000					4.32	28.8	0.7	3750	1580	7120	2400×2420×2390	1070×1070
5000					5.13	33.03	0.7	4650	1830	8760	2480×2580×2510	
6300					6.12	36.9	0.6	6020	2310	11460	2530×2760×2725	
8000					8.4	40.5	0.6	7310	2520	13680	2600×2800×2980	1475×1475
10000					10.15	47.7	0.6	8670	2860	16150	2720×2820×3180	

注：高压分接范围（tanpping range of high-voltage）：±5%或±2×2.5%；频率（freduency）：50 Hz。

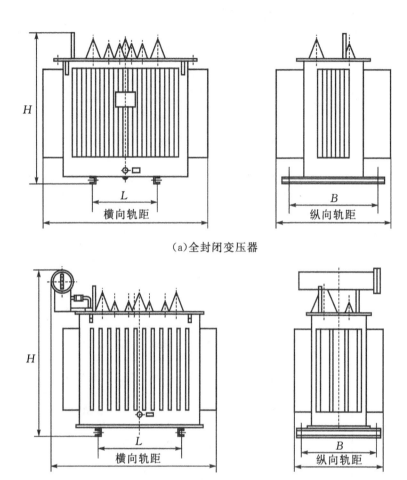

（a）全封闭变压器

（b）非全封闭变压器

图3-28 10 kV级S9、S9-M系列油浸式配电变压器外形尺寸标注

（9）技术经济性能好。S9系列产品降低了空载损耗、负载损耗、空载电流，与S7系列相比分别下降了10%、24%、46%，因而使运行成本降低了19%。

3）10 kV级S11油浸式配电变压器

如图3-29所示为10 kV级S11油浸式配电变压器。

图3-29　10 kV级S11油浸式配电变压器

（1）特点。器身采用了新型绝缘结构，提高了抗短路能力；铁芯由高质量冷轧硅钢片制成；高压绕组均选用优质无氧铜线为材料，并采用多层圆筒式结构；所有坚固件均采用特殊防松处理。

产品具有高效率、低损耗的特点，可节省大量的电耗和运行费用，社会效益显著，是国家推广的高新技术产品。

（2）可靠的结构。带纵向油道的螺旋式线圈，内部散热更好；改进了线圈端面的有效支撑，抗短路电流能力更强；采用了新的吊装结构和器身定位结构，保证在长途运输和运行中更为可靠；更高性能水平的变压器，具有更高水平的技术含量。

（3）优质的材料。选用电阻率更低的无氧铜线，并经过系列附加的表面处理，更光滑，无毛刺尖角，使变压器的负载损耗更低，电气性能更为可靠；选用优质的硅钢片，随着性能水平的提升，采用单位损耗更低的硅钢片，使变压器空载损耗更低；选用优质层压木绝缘件，绝不开裂，即使在短路电流作用下，也纹丝不动；选用经过深层过滤的变压器油，更低的含水、含气、含杂质水平，变压器工作更加可靠；选用优质橡胶密封材料，有效防老化，杜绝渗漏。

（4）技术经济性能好。S11系列产品在S9系列的基础上，空载损耗平均降低了30%；空载电流比S9下降70%～85%；平均温升降低10K，产品使用寿命增加一倍多，即使在超负载20%的条件下仍可长期运行；产品运行噪音平均降低2～4 dB。

（5）全密封。选S11（M）R中的M表示油箱采用全密封结构，全密封式配电变压器与普通油浸式变压器相比，取消了储油柜，油箱的波翅代替油管作为冷却散热元件，波纹油箱由优质冷轧薄板在专用生产线上制造，波翅可以随变压器油体积的涨缩而涨缩，从而使变压器与大气隔绝，防止和减缓油劣化和绝缘受潮，增强运行可靠性，正常运行免维护。

波纹油箱表面经去油、去锈、磷化处理后用三防漆涂装，适合在冶金、石化、矿山等环境下使用。

（6）变压器产品标准：GB1094.1—2013，GB1094.2—2013，JB/T10088—2004，GB1094.3—2003，GB1094.5—2008，GB/T6451—2015，GB/T7595—2008，JB/T3837—2010。

（7）变压器正常使用条件。海拔高度不超过1000 m；环境温度：最高气温＋40 ℃，最热月平均气温＋30 ℃，最高年平均气温＋20 ℃，户外最低气温－25 ℃。

（8）变压器特殊使用条件。海拔高度超过1000 m；环境温度：最高气温＋40 ℃，最低气温－25 ℃。

（9）型号含义如图3-30所示。

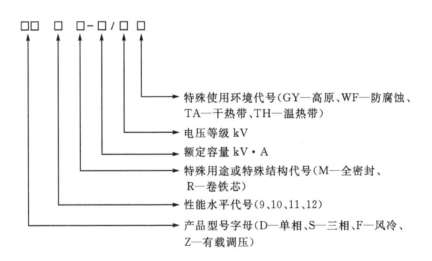

图3-30　型号含义

（10）技术参数如表3-6和图3-31所示。

表3-6 10 kV级S11、S11-M系列油浸式配电变压器技术参数

额定容量 rated capacity / (kV·A)	电压组合/kV voltage group		连接方式 connection method	阻抗电压/ (%) Impedance voltage	损耗/kW Loss		空载电流/ (%) On-load current	重量/kg weight			外形尺寸/mm (长L×宽B×高H) outine dimension	轨距纵向/横向 gauge vertical/ horizontal
	高压 High-voltage	低压 Low-voltage			空载 on-load	负载 load		器身重 machine weight	油重 Oil weight	总重 gross weight		
10					0.065	0.4	3.5	90	55	220	650×450×880	400/350
20					0.08	0.52	3.0	140	60	270	720×490×950	400/350
30					0.1	0.63/0.6	2.3	185	70	330	750×490×970	450/340
50					0.13	0.91/0.87	2.0	260	80	430	770×550×1030	450/380
63					0.15	1.09/1.04	1.9	260	85	440	800×600×1040	450/380
80					0.18	1.31/1.25	1.9	320	95	520	790×600×1070	450/430
100				4	0.2	1.58/1.5	1.8	355	100	570	830×640×1050	550/450
125					0.24	1.89/1.8	1.7	425	115	675	1070×700×1150	550/470
160	11				0.28	2.31/2.2	1.6	510	130	790	1120×700×1220	550/520
200	10.5				0.34	2.73/2.6	1.5	550	145	850	1080×690×1160	550/520
250	10	0.4	Yyn0		0.4	3.2/3.05	1.4	630	165	985	1160×740×1190	650/550
315	6.3	0.69	Dyn11		0.48	3.83/3.65	1.4	755	190	1155	1230×800×1240	650/550
400	6				0.57	4.52/4.3	1.3	910	225	1405	1310×860×1250	650/550
500					0.68	5.41/5.15	1.2	1050	240	1600	1370×890×1350	750/600
630					0.81	6.2	1.1	1250	310	1945	1580×1060×1310	850/660
800					0.96	7.5	1.0	1540	365	2350	1640×1060×1500	850/660
1000				4.5	1.15	10.3	1.0	1690	405	2645	1720×1160×1540	850/660
1250					1.36	12.0	0.9	1965	560	3230	1790×1190×1740	850/660
1600					1.64	14.5	0.8	2355	650	3805	1830×1210×1850	850/700
2000					1.96	19.8	0.8	2570	615	4245	2190×1900×1950	820/820
2500					2.31	23.0	0.7	3130	810	5280	2180×1940×2250	1070/1070

注：高压分接范围（tanpping range of high-voltage）：±5%或±2×2.5%；频率（freduency）：50 Hz。

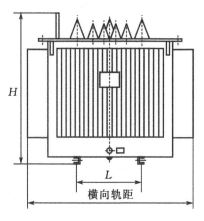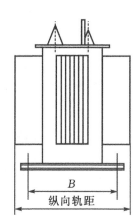

（a）全封闭变压器

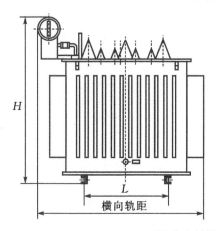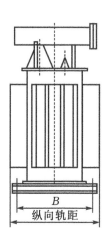

（b）非全封闭变压器

图3-31　10kV级S11、S11-M系列油浸式配电变压器外形尺寸标注

4）10kV级SZ9有载调压油浸式配电变压器

如图3-32所示为10kV级SZ9有载调压油浸式配电变压器。

图3-32　10kV级SZ9有载调压油浸式配电变压器

（1）特点。器身采用了新型绝缘结构，提高了抗短路能力；铁芯由高质量冷轧硅钢片制成；高压绕组均选用优质无氧铜线为材料，并采用多层圆筒式结构；所有坚固件均采用特殊防松处理。

产品具有高效率、低损耗的特点，可节省大量的电耗和运行费用，社会效益显著，是国家推广的高新技术产品。

（2）可靠的结构。带纵向油道的螺旋式线圈，内部散热更好；改进了线圈端面的有效支撑，抗短路电流能力更强；采用了新的吊装结构和器身定位结构，保证在长途运输和运行中更为可靠；更高性能水平的变压器，具有更高水平的技术含量。

（3）优质的材料。选用电阻率更低的无氧铜线，并经过系列附加的表面处理，更光滑，无毛刺尖角，使变压器的负载损耗更低，电气性能更为可靠；选用优质的硅钢片，随着性能水平的提升，采用单位损耗更低的硅钢片，使变压器空载损耗更低；选用优质层压木绝缘件，绝不开裂，即使在短路电流作用下，也纹丝不动；选用经过深层过滤的变压器油，更低的含水、含气、含杂质水平，变压器工作更加可靠；选用优质橡胶密封材料，有效防老化，杜绝渗漏。

（4）变压器产品标准：GB1094.1—2013，GB1094.2—2013，JB/T10088—2004，GB1094.3—2003，GB1094.5—2008，GB/T6451—2015，GB/T7595—2008，JB/T3837—2010。

（5）变压器正常使用条件。海拔高度不超过1000 m；环境温度：最高气温+40 ℃，最热月平均气温+30 ℃，最高年平均气温+20 ℃，户外最低气温−25 ℃。

（6）变压器特殊使用条件。海拔高度超过1000 m；环境温度：最高气温+40 ℃，最低气温−25 ℃。

（7）型号含义如图3-33所示。

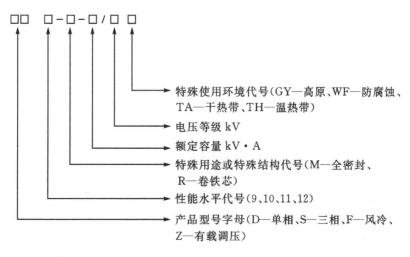

图3-33 型号含义

（8）技术参数如表3-7和图3-34所示。

表3-7　10 kV级SZ9有载调压油浸式配电变压器技术参数

额定容量 rated capacity /（kV·A）	电压组合/kV voltage group		连接方式 connection method	阻抗电压/（%） Impedance voltage	损耗/kW Loss		空载电流/（%） On-load current	重量/kg weight			外形尺寸/mm （长L×宽B×高H） outine dimension	轨距纵向/横向 gauge vertical/ horizontal
	高压 High-voltage	低压 Low-voltage			空载 on-load	负载 load		器身重 machine weight	油重 Oil weight	总重 gross weight		
200					0.48	3.06	1.5	510	210	960	1440×780×1140	550/520
250					0.56	3.6	1.4	600	230	1105	1480×800×1200	650/550
315				4	0.67	4.32	1.4	690	260	1315	1600×860×1210	650/550
400	11				0.8	5.22	1.3	890	310	1570	1680×940×1300	650/550
500	10.5				0.96	6.21	1.2	990	310	1710	1660×1040×1310	750/600
630	10	0.4	Yyn0		1.2	7.65	1.1	1160	400	2050	1810×1140×1350	850/660
800		0.69	Dyn11		1.4	9.36	1.0	1430	430	2480	1890×1210×1380	850/660
1000	6.3				1.7	10.98	1.0	1530	540	2830	1950×1260×1510	850/660
1250	6			4.5	1.95	13.05	0.9	1800	610	3460	1960×1280×1660	850/660
1600					2.4	15.57	0.8	2200	700	4060	2350×1620×2020	850/700
2000					2.8	21.26	0.8	2460	800	4620	2460×1740×2050	820/820
2500					3.3	24.69	0.7	3070	910	5630	2650×1800×2100	1070/1070

注：高压分接范围（tanpping range of high-voltage）：±5%或±2×2.5%；频率（freduency）：50 Hz。

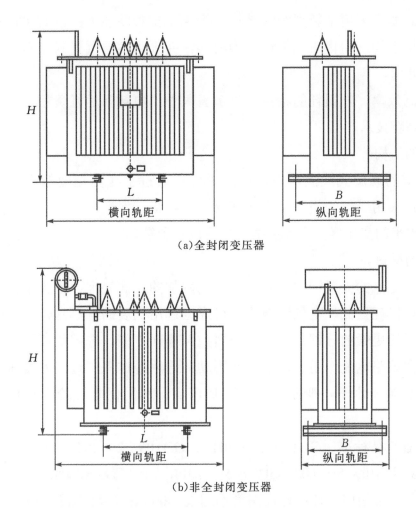

（a）全封闭变压器

（b）非全封闭变压器

图3-34　10 kV级SZ9有载调压油浸式配电变压器外形尺寸标注

5）10 kV级SZ11有载调压油浸式配电变压器

如图3-35所示为10 kV级SZ11有载调压油浸式配电变压器。

图3-35　10 kV级SZ11有载调压油浸式配电变压器

（1）特点。器身采用了新型绝缘结构，提高了抗短路能力；铁芯由高质量冷轧硅钢片制成；高压绕组均选用优质无氧铜线为材料，并采用多层圆筒式结构；所有坚固件均采用特殊防松处理。

产品具有高效率、低损耗的特点，可节省大量的电耗和运行费用，社会效益显著，是国家推广的高新技术产品。

（2）可靠的结构。

带纵向油道的螺旋式线圈，内部散热更好；改进了线圈端面的有效支撑，抗短路电流能力更强；采用了新的吊装结构和器身定位结构，保证在长途运输和运行中更为可靠；更高性能水平的变压器，具有更高水平的技术含量。

（3）优质的材料。

选用电阻率更低的无氧铜线，并经过系列附加的表面处理，更光滑，无毛刺尖角，使变压器的负载损耗更低，电气性能更为可靠；选用优质的硅钢片，随着性能水平的提升，采用单位损耗更低的硅钢片，使变压器空载损耗更低；选用优质层压木绝缘件，绝不开裂，即使在短路电流作用下，也纹丝不动；选用经过深层过滤的变压器油，更低的含水、含气、含杂质水平，变压器工作更加可靠；选用优质橡胶密封材料，有效防老化，杜绝渗漏。

（4）变压器产品标准：GB1094.1—2013，GB1094.2—2013，JB/T10088—2004，GB1094.3—2003，GB1094.5—2008，GB/T6451—2015，GB/T7595—2008，JB/T3837—2010。

（5）变压器正常使用条件。海拔高度不超过1000 m；环境温度：最高气温＋40 ℃，最热月平均气温＋30 ℃，最高年平均气温＋20 ℃，户外最低气温－25 ℃。

（6）变压器特殊使用条件。海拔高度超过1000 m；环境温度：最高气温＋40 ℃，最低气温－25 ℃。

（7）型号含义如图3-36所示。

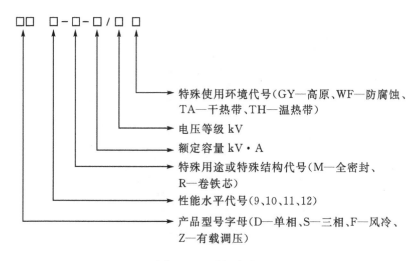

图3-36 型号含义

（8）技术参数如表3-8和图3-37所示。

表3-8 10 kV级SZ11有载调压油浸式配电变压器技术参数

额定容量 rated capacity / (kV·A)	电压组合/kV voltage group		连接方式 connection method	阻抗电压/ (%) Impedance voltage	损耗/kW Loss		空载电流/ (%) On-load current	重量/kg weight			外形尺寸/mm （长L×宽B×高H) outine dimension	轨距 纵向/横向 gauge vertical/ horizontal
	高压 High-voltage	低压 Low-voltage			空载 on-load	负载 load		器身重 machine weight	油重 Oil weight	总重 gross weight		
200					0.34	3.06	1.5	540	270	1110	1400×740×1190	550/520
250					0.4	3.6	1.4	640	290	1270	1420×790×1210	650/550
315				4	0.48	4.32	1.4	730	320	1500	1540×850×1240	650/550
400	11 10.5 10 6.3 6	0.4 0.69	Yyn0 Dyn11		0.57	5.22	1.3	940	370	1780	1590×940×1250	650/550
500					0.68	6.21	1.2	1040	370	1920	1650×1000×1350	750/600
630				4.5	0.81	7.65	1.1	1220	460	2280	1810×1200×1310	850/660
800					0.96	9.36	1.0	1500	500	2740	1860×1090×1500	850/660
1000					1.15	10.98	1.0	1610	520	3060	1910×1260×1570	850/660
1250					1.36	13.05	0.9	1880	700	3710	1960×1280×1740	850/660
1600					1.64	15.57	0.8	2290	780	4350	2330×1800×1910	850/700
2000					1.96	21.26	0.8	2560	900	4950	2580×1900×1950	820/820
2500					2.31	24.69	0.7	3170	1010	6020	2580×1940×2250	1070/1070

注：有载调压变压器高压可提供±4×2.5%调压范围。

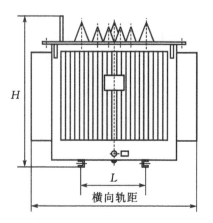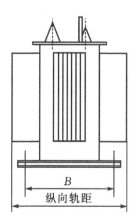

（a）全封闭变压器

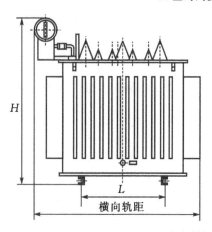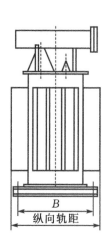

（b）非全封闭变压器

图3-37　10 kV级SZ11有载调压油浸式配电变压器外形尺寸标注

6）20 kV级S11油浸式配电变压器

如图3-38所示为20 kV级S11油浸式配电变压器。

图3-38　20 kV级S11油浸式配电变压器

（1）特点。器身采用了新型绝缘结构，提高了抗短路能力；铁芯由高质量冷轧硅钢片制成；高压绕组均选用优质无氧铜线为材料，并采用多层圆筒式结构；所有坚固件均采用特殊防松处理。

产品具有高效率、低损耗的特点，可节省大量的电耗和运行费用，社会效益显著，是国家推广的高新技术产品。

（2）可靠的结构。带纵向油道的螺旋式线圈，内部散热更好；改进了线圈端面的有效支撑，抗短路电流能力更强；采用了新的吊装结构和器身定位结构，保证在长途运输和运行中更为可靠；更高性能水平的变压器，具有更高水平的技术含量。

（3）优质的材料。选用电阻率更低的无氧铜线，并经过系列附加的表面处理，更光滑，无毛刺尖角，使变压器的负载损耗更低，电气性能更为可靠；选用优质的硅钢片，随着性能水平的提升，采用单位损耗更低的硅钢片，使变压器空载损耗更低；选用优质层压木绝缘件，绝不开裂，即使在短路电流作用下，也纹丝不动；选用经过深层过滤的变压器油，更低的含水、含气、含杂质水平，变压器工作更加可靠；选用优质橡胶密封材料，有效防老化，杜绝渗漏。

（4）技术经济性能好。S11系列产品在S9系列的基础上，空载损耗平均降低了30%；空载电流比S9下降70%~85%；平均温升降低10 K，产品使用寿命增加一倍多，即使在超负载20%的条件下仍可长期运行；产品运行噪音平均降低2~4 dB。

（5）全密封。选S11（M）R中的M表示油箱采用全密封结构，全密封式配电变压器与普通油浸式变压器相比，取消了储油柜，油箱的波翅代替油管作为冷却散热元件，波纹油箱由优质冷轧薄板在专用生产线上制造，波翅可以随变压器油体积的涨缩而涨缩，从而使变压器与大气隔绝，防止和减缓油劣化和绝缘受潮，增强运行可靠性，正常运行免维护。

波纹油箱表面经去油、去锈、磷化处理后用三防漆涂装，适合在冶金、石化、矿山等环境下使用。

（6）变压器产品标准：GB1094.1—2013，GB1094.2—2013，JB/T10088—2004，GB1094.3—2003，GB1094.5—2008，GB/T6451—2015，GB/T7595—2008，JB/T3837—2010。

（7）变压器正常使用条件。海拔高度不超过1000 m；环境温度：最高气温+40 ℃，最热月平均气温+30 ℃，最高年平均气温+20 ℃，户外最低气温-25 ℃。

（8）变压器特殊使用条件。海拔高度超过1000 m；环境温度：最高气温+40 ℃，最低气温-25 ℃。

（9）型号含义如图3-39所示。

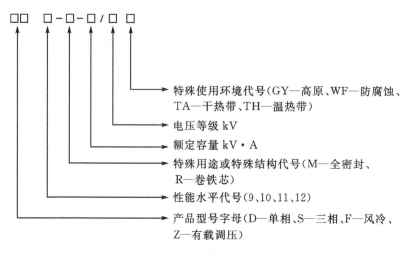

特殊使用环境代号(GY—高原、WF—防腐蚀、TA—干热带、TH—温热带)

电压等级 kV

额定容量 kV·A

特殊用途或特殊结构代号(M—全密封、R—卷铁芯)

性能水平代号(9、10、11、12)

产品型号字母(D—单相、S—三相、F—风冷、Z—有载调压)

图3-39 型号含义

7) 20 kV/10 kV级双电压转换S11油浸式配电变压器

如图3-40所示为20 kV/10 kV级双电压转换S11油浸式配电变压器。

图3-40 20 kV/10 kV级双电压转换S11油浸式配电变压器

（1）特点。器身采用了新型绝缘结构，提高了抗短路能力；铁芯由高质量冷轧硅钢片制成；高压绕组均选用优质无氧铜线为材料，并采用多层圆筒式结构；所有坚固件均采用特殊防松处理。

产品具有高效率、低损耗的特点，可节省大量的电耗和运行费用，社会效益显著，是国家推广的高新技术产品。

（2）可靠的结构。带纵向油道的螺旋式线圈，内部散热更好；改进了线圈端面的有效支撑，抗短路电流能力更强；采用了新的吊装结构和器身定位结构，保证在长途运输和运行中更为可靠；更高性能水平的变压器，具有更高水平的技术含量。

（3）优质的材料。选用电阻率更低的无氧铜线，并经过系列附加的表面处理，更光滑，无毛刺尖角，使变压器的负载损耗更低，电气性能更为可靠；选用优质的硅钢片，随着性能水平的提升，采用单位损耗更低的硅钢片，使变压器空载损耗更低；选用优质层压木绝缘件，绝不开裂，即使在短路电流作用下，也纹丝不动；选用经过深层过滤的变压器油，更低的含水、含气、含杂质水平，变压器工作更加可靠；选用优质橡胶密封材料，有效防老化，杜绝渗漏。

（4）变压器产品标准：GB1094.1—2013，GB1094.2—2013，JB/T10088—2004，GB1094.3—2003，GB1094.5—2008，GB/T6451—2015，GB/T7595—2008，JB/T3837—2010。

（5）变压器正常使用条件。海拔高度不超过1000 m；环境温度：最高气温＋40 ℃，最热月平均气温＋30 ℃，最高年平均气温＋20 ℃，户外最低气温－25 ℃。

（6）变压器特殊使用条件。海拔高度超过1000 m；环境温度：最高气温＋40 ℃，最低气温－25 ℃。

（7）型号含义如图3-41所示。

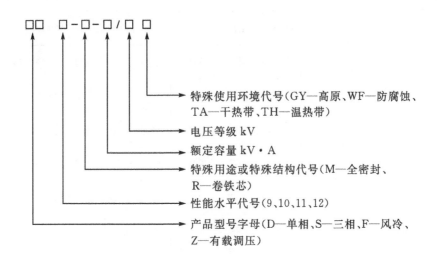

图3-41　型号含义

（8）技术参数如表3-9和图3-42所示。

表3-9　20 kV/10 kV级双电压转换S11油浸式配电变压器技术参数

额定容量 rated capacity /（kV·A）	电压组合/kV voltage group		连接方式 connection method	阻抗电压/（%） Impedance voltage	损耗/kW Loss		空载电流/（%） On-load current	重量/kg weight			外形尺寸/mm （长L×宽B×高H） outine dimension	轨距纵向/横向 gauge vertical/ horizontal
	高压 High- voltage	低压 Low- voltage			空载 on- load	负载 load		器身重 machine weight	油重 Oil weight	总重 gross weight		
50					0.17	1.15	2.0	200	185	515	920×610×1150	450/380
100					0.23	1.92	1.8	330	210	695	920×680×1250	550/450
125					0.27	2.26	1.7	395	235	810	960×780×1270	550/470
160					0.29	2.69	1.6	505	255	950	1160×710×1330	550/520
200					0.34	3.16	1.5	580	280	1065	1190×730×1340	550/520
250					0.41	3.76	1.4	695	300	1200	1280×820×1360	650/550
315					0.49	4.53	1.4	745	320	1360	1380×910×1390	650/550
400	20/10	0.4	Yyn0 Dyn11	5.5	0.58	5.47	1.3	865	370	1580	1430×950×1470	650/550
500					0.69	6.58	1.2	985	400	1790	1520×1020×1510	750/600
630					0.83	7.87	1.1	1165	460	2100	1680×1150×1530	850/660
800					0.98	9.41	1.0	1335	495	2420	1810×1280×1580	850/660
1000					1.15	11.54	1.0	1655	590	3080	1840×1290×1690	850/660
1250					1.4	13.94	0.9	1890	630	3460	1850×1300×1730	850/660
1600					1.7	16.67	0.8	2220	710	4015	1920×1350×1790	850/700
2000					2.18	20.43	0.8	2530	830	4555	2020×1770×2290	820/820
2500					2.56	21.85	0.8	3165	905	5400	2080×1800×2280	1070/1070

注：高压分接范围（tanpping range of high-voltage）：±5%或±2×2.5%；频率（frequency）：50 Hz。

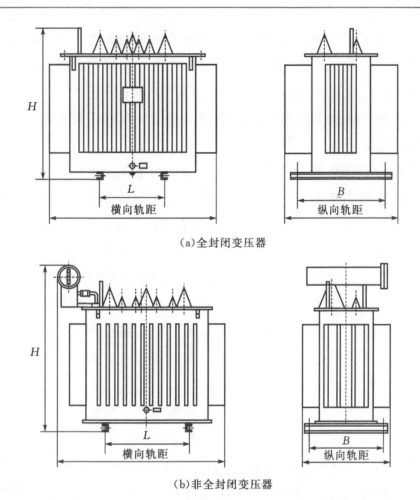

（a）全封闭变压器

（b）非全封闭变压器

图3-42　20 kV/10 kV级双电压转换S11油浸式配电变压器外形尺寸标注

8）35 kV级S9油浸式电力变压器

如图3-43所示为35 kV级S9油浸式电力变压器。

图3-43　35 kV级S9油浸式电力变压器

（1）特点。器身采用了新型绝缘结构，提高了抗短路能力；铁芯由高质量冷轧硅钢片制成；高压绕组均选用优质无氧铜线为材料，并采用多层圆筒式结构；所有坚固件均采用特殊防松处理。

产品具有高效率、低损耗的特点，可节省大量的电耗和运行费用，社会效益显著，是国家推广的高新技术产品。

（2）可靠的结构。带纵向油道的螺旋式线圈，内部散热更好；改进了线圈端面的有效支撑，抗短路电流能力更强；采用了新的吊装结构和器身定位结构，保证在长途运输和运行中更为可靠；更高性能水平的变压器，具有更高水平的技术含量。

（3）优质的材料。选用电阻率更低的无氧铜线，并经过系列附加的表面处理，更光滑，无毛刺尖角，使变压器的负载损耗更低，电气性能更为可靠；选用优质的硅钢片，随着性能水平的提升，采用单位损耗更低的硅钢片，使变压器空载损耗更低；选用优质层压木绝缘件，绝不开裂，即使在短路电流作用下，也纹丝不动；选用经过深层过滤的变压器油，更低的含水、含气、含杂质水平，变压器工作更加可靠；选用优质橡胶密封材料，有效防老化，杜绝渗漏。

（4）技术经济性能好。S9系列产品降低了空载损耗、负载损耗、空载电流，与S7系列相比分别下降了10%、24%、46%，因而使运行成本降低了19%。

（5）变压器产品标准：GB1094.1—2013，GB1094.2—2013，JB/T10088—2004，GB1094.3—2003，GB1094.5—2008，GB/T6451—2015，GB/T7595—2008，JB/T3837—2010。

（6）变压器正常使用条件。海拔高度不超过1000 m；环境温度：最高气温＋40 ℃，最热月平均气温＋30 ℃，最高年平均气温＋20 ℃，户外最低气温－25 ℃。

（7）变压器特殊使用条件。海拔高度超过1000 m；环境温度：最高气温＋40 ℃，最低气温－25 ℃。

（8）型号含义如图3-44所示。

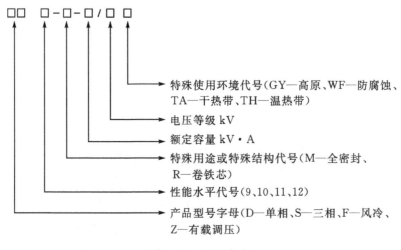

图3-44 型号含义

（10）技术参数如表3-10、表3-11和图3-45所示。

表3-10　35 kV级S9油浸式电力变压器技术参数

额定容量 / (kV·A) rated capacity /(kV·A)	电压组合/kV voltage group		连接方式 connection method	阻抗电压/（%） Impedance voltage	损耗/kW Loss		空载电流/（%） On-load current	重量/kg weight			外形尺寸/mm （长L×宽B×高H） outine dimension	轨距纵向/横向 gauge vertical/ horizontal
	高压 High-voltage	低压 Low-voltage			空载 on-load	负载 load		器身重 machine weight	油重 Oil weight	总重 gross weight		
50					0.21	1.21	2.0	195	205	590	1000×950×1450	550/520
100					0.29	2.02	1.8	320	240	790	1080×1000×1600	
125					0.34	2.38	1.7	395	270	950	1100×1030×1630	660.660
160					0.36	2.83	1.6	460	285	1020	1130×1060×1630	
200					0.43	3.33	1.5	555	325	1170	1190×1060×1670	
250					0.51	3.96	1.4	630	340	1340	1260×1160×1700	
315	38.5				0.61	4.77	1.4	720	400	1530	1280×1240×1790	
400	36.5				0.73	5.76	1.3	830	490	1780	1960×880×1900	
500	35	0.4	Yyn0	6.5	0.86	6.93	1.2	930	510	1960	2020×940×1920	
630	33				1.04	8.28	1.1	1085	600	2290	2070×1010×2010	820/820
800					1.23	9.9	1.0	1270	660	2640	2240×1040×2150	
1000					1.44	12.15	1.0	1495	735	3100	2300×1200×2150	
1250					1.76	14.67	0.9	1775	830	3630	2450×1280×2250	
1600					2.12	17.55	0.8	2140	935	4235	2220×1510×2350	1070/1070
2000					2.61	21.5	0.8	2535	1035	4910	2310×1740×2440	
2500					3.15	23.0	0.8	3140	1190	5840	2370×1840×2490	

注：高压可提供±5%或±2×2.5%调压范围。

表3-11　35 kV级S9油浸式电力变压器技术参数

额定容量/（kV·A）rated capacity	电压组合/kV voltage group		连接方式 connection method	阻抗电压/（%）Impedance voltage	损耗/kW Loss		空载电流/（%）On-load current	重量/kg weight			外形尺寸/mm（长L×宽B×高H）outine dimension	轨距 纵向/横向 gauge vertical/horizontal
	高压 High-voltage	低压 Low-voltage			空载 on-load	负载 load		器身重 machine weight	油重 Oil weight	总重 gross weight		
200					0.43	3.33	1.5	580	350	1250	1230×1200×1830	
250					0.52	3.96	1.4	665	380	1475	1280×1250×1830	660.660
315					0.61	4.77	1.4	785	440	1640	1310×1270×1920	
400					0.75	5.76	1.3	905	525	1870	1960×830×2010	
500					0.87	6.93	1.2	1060	590	2225	2050×880×2080	
630				6.5	1.04	8.28	1.1	1220	630	2420	2120×1000×2130	
800					1.23	9.9	1.0	1350	700	2780	2290×1120×2150	820/820
1000			Yd11		1.44	12.15	1.0	1575	775	3290	2380×1140×2250	
1250					1.76	14.67	0.9	1810	880	3845	2420×1220×2370	
1600	38.5	10.5			2.12	17.55	0.8	2190	960	4295	2300×1510×2420	
2000	36.5	10			2.72	19.35	0.7	2460	1090	4890	2320×1750×2450	
2500					3.2	20.7	0.6	3010	1205	5660	2380×1840×2530	
3150	35	6.3			3.8	24.3	0.56	3785	1500	7600	2550×2220×2620	
4000	33	6		7.0	4.52	28.8	0.56	4690	1790	8500	2670×2390×2670	1070/1070
5000					5.4	33.03	0.48	5570	2015	9790	2870×2450×2750	
6300					6.56	36.9	0.48	7380	2460	12620	3100×2580×2950	
8000				7.5	9.0	40.5	0.42	8870	2650	14100	3250×2680×3150	
10000					10.88	47.7	0.42	10020	2930	16500	3320×2720×3230	
12500					12.6	56.7	0.4	12880	3710	19780	3410×2950×3410	1475.1475
16000			Ynd11		15.2	69.3	0.4	16120	4280	23950	3520×3180×3570	
20000				8.0	18.0	83.7	0.4	18580	5230	29600	3730×3560×3990	
25000					21.28	99.0	0.32	22970	6370	35350	4110×4120×4220	2040/2040
31500					25.28	118.8	0.32	27600	7740	41900	4760×4570×4390	

注：高压可提供±5%或±2×2.5%调压范围。

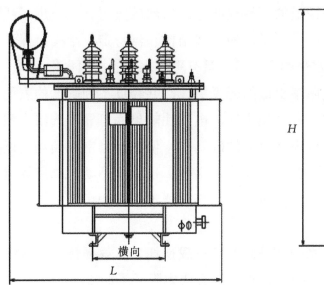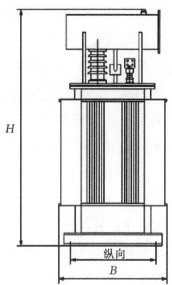

图3-45　35 kV级S9油浸式电力变压器外形尺寸标注

9）35 kV级SZ9有载调压变压器

如图3-46所示为35 kV级SZ9有载调压变压器。

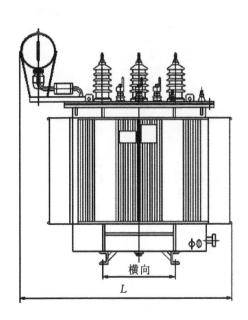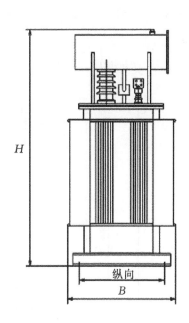

图3-46　35 kV级SZ9有载调压变压器

（1）特点。器身采用了新型绝缘结构，提高了抗短路能力；铁芯由高质量冷轧硅钢片制成；高压绕组均选用优质无氧铜线为材料，并采用多层圆筒式结构；所有坚固件均采用特殊防松处理。

产品具有高效率、低损耗的特点，可节省大量的电耗和运行费用，社会效益显著，是国家推广的高新技术产品。

（2）可靠的结构。带纵向油道的螺旋式线圈，内部散热更好；改进了线圈端面的有效支撑，抗短路电流能力更强；采用了新的吊装结构和器身定位结构，保证在长途运输和运行中更为可靠；更高性能水平的变压器，具有更高水平的技术含量。

（3）优质的材料。选用电阻率更低的无氧铜线，并经过系列附加的表面处理，更光滑，无毛刺尖角，使变压器的负载损耗更低，电气性能更为可靠；选用优质的硅钢片，随着性能水平的提升，采用单位损耗更低的硅钢片，使变压器空载损耗更低；选用优质层压木绝缘件，绝不开裂，即使在短路电流作用下，也纹丝不动；选用经过深层过滤的变压器油，更低的含水、含气、含杂质水平，变压器工作更加可靠；选用优质橡胶密封材料，有效防老化，杜绝渗漏。

（4）技术经济性能好。S9系列产品降低了空载损耗、负载损耗、空载电流，与S7系列相比分别下降了10%、24%、46%，因而使运行成本降低了19%。

（5）变压器产品标准：GB1094.1—2013，GB1094.2—2013，JB/T10088—2004，GB1094.3—2003，GB1094.5—2008，GB/T6451—2015，GB/T7595—2008，JB/T3837—2010。

（6）变压器正常使用条件。海拔高度不超过1000 m；环境温度：最高气温＋40 ℃，最热月平均气温＋30 ℃，最高年平均气温＋20 ℃，户外最低气温－25 ℃。

（7）变压器特殊使用条件。海拔高度超过1000 m；环境温度：最高气温＋40 ℃，最低气温－25 ℃。

（8）型号含义如图3-47所示。

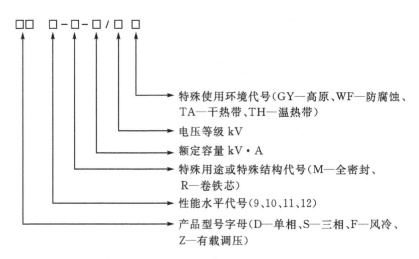

图3-47　型号含义

（9）技术参数如表3-12和图3-48所示。

表3-12　35 kV级SZ9有载调压变压器技术参数

额定容量 rated capacity / (kV·A)	电压组合/kV voltage group		连接方式 connection method	阻抗电压/（%） Impedance voltage	损耗/kW Loss		空载电流/ (%) On-load current	重量/kg weight			外形尺寸/mm （长L×宽B×高H） outine dimension	轨距 纵向/横向 gauge vertical/ horizontal
	高压 High-voltage	低压 Low-voltage			空载 on-load	负载 load		器身重 machine weight	油重 Oil weight	总重 gross weight		
800					1.3	10.4	1.0	1350	700	2780	2790×1220×2150	
1000					1.52	12.8	1.0	1575	775	3290	2830×1240×2250	
1250				6.5	1.86	15.4	0.9	1810	880	3845	2870×1310×2370	820/820
1600					2.24	18.43	0.8	2190	960	4295	2900×1510×2420	
2000			Yd11		2.88	20.25	0.7	2460	1090	4890	2920×1750×2450	
2500	38.5 36.5 35 33	10.5 10 6.3 6			3.4	21.73	0.6	3010	1205	5660	2980×1840×2530	
3150					4.04	26.01	0.56	3785	1500	7600	3150×2220×2620	1070/1070
4000				7.0	4.84	30.69	0.56	4690	1790	8500	3270×2390×2670	
5000					5.8	36.00	0.48	5570	2015	9790	3470×2450×2750	
6300					7.04	38.7	0.48	7380	2460	12620	3700×2580×2950	
8000				7.5	9.84	42.75	0.42	8870	2650	14100	3850×2680×3150	
10000					11.6	50.58	0.42	10020	2930	16500	3920×2720×3230	1475/1475
12500			Ynd11		13.68	59.85	0.4	12880	3710	19780	4010×2950×3410	
16000				8.0	16.46	74.02	0.4	16120	4280	23950	4120×3180×3570	
20000					19.46	87.14	0.4	18580	5230	29600	4330×3560×3990	

注：有载调压变压器高压可提供±3×2.5%或±4×2.5%调压范围。

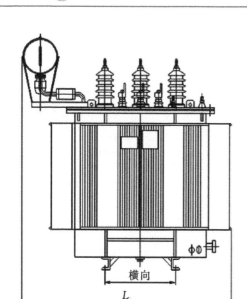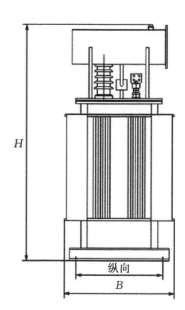

图3-48　35 kV级SZ9有载调压变压器外形尺寸标注

10）S11-M-ZT有载调压变压器

如图3-49所示为S11-M-ZT有载调压变压器。

图3-49　S11-M-ZT有载调压变压器

（1）特点。器身采用了新型绝缘结构，提高了抗短路能力；铁芯由高质量冷轧硅钢片制成；高压绕组均选用优质无氧铜线为材料，并采用多层圆筒式结构；所有坚固件均采用特殊防松处理。

产品具有高效率、低损耗的特点，可节省大量的电耗和运行费用，社会效益显著，是国家推广的高新技术产品。

（2）可靠的结构。带纵向油道的螺旋式线圈，内部散热更好；改进了线圈端面的有效支撑，抗短路电流能力更强；采用了新的吊装结构和器身定位结构，保证在长途运输和运行中更为可靠；更高性能水平的变压器，具有更高水平的技术含量。

（3）优质的材料。选用电阻率更低的无氧铜线，并经过系列附加的表面处理，更光滑，无毛刺尖角，使变压器的负载损耗更低，电气性能更为可靠；选用优质的硅钢片，随着性能水平的提升，采用单位损耗更低的硅钢片，使变压器空载损耗更低；选用优质层压木绝缘件，绝不开裂，即使在短路电流作用下，也纹丝不动；选用经过深层过滤的变压器油，更低的含水、含气、含杂质水平，变压器工作更加可靠；选用优质橡胶密封材料，有效防老化，杜绝渗漏。

（4）技术经济性能好。可以大幅度降低变压器空载损耗50%～60%；减小电网无功损耗20%～30%；是国家电力科学研究院承接的国家十一五节电计划，编入新农村建设中的电力建设规范。

（5）全密封。选S11（M）R中的M表示油箱采用全密封结构，全密封式配电变压器与普通油浸式变压器相比，取消了储油柜，油箱的波翅代替油管作为冷却散热元件，波纹油箱由优质冷轧薄板在专用生产线上制造，波翅可以变压器油体积的涨缩而涨缩，从而使变压器与大气隔绝，防止和减缓油劣化和绝缘受潮，增强运行可靠性，正常运行免维护。

波纹油箱表面经去油、去锈、磷化处理后用三防漆涂装，适合在冶金、石化、矿山等环境下使用。

（6）变压器产品标准：GB1094.1—2013，GB1094.2—2013，GB1094.3—2003，GB1094.5—2008，JB/T10088—2004，GB/T6451—2015，GB/T7595—2008，JB/T3837—2010，JB/T10778—2007。

（7）变压器正常使用条件。海拔高度不超过1000 m；环境温度：最高气温＋40 ℃，最热月平均气温＋30 ℃，最高年平均气温＋20 ℃，户外最低气温－25 ℃。

（8）变压器特殊使用条件。海拔高度超过1000 m；环境温度：最高气温＋40 ℃，最低气温－25 ℃。

（9）型号含义如图3-50所示。

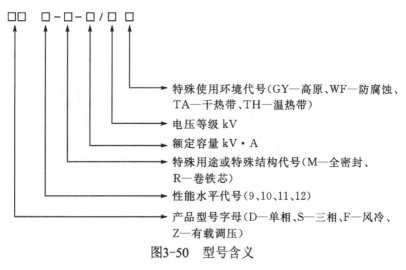

图3-50 型号含义

（10）技术参数如表3-13和图3-51所示。

表3-13　S11-M-ZT有载调压变压器技术参数

额定容量 rated capacity /(kV·A)	电压组合/kV voltage group 高压 High-voltage	低压 Low-voltage	连接方式 connection method	阻抗电压/(%) Impedance voltage	损耗/kW Loss 空载 on-load	负载(75℃) load	空载电流/(%) On-load current	重量/kg weight 器身重 machine weight	油重 Oil weight	总重 gross weight	外形尺寸/mm（长L×宽B×高H）outine dimension	轨距 纵向/横向 gauge vertical/horizontal
630·200					810 (340)	8030 (3060)	1.3 (1.8)	1455	600	2600	2040×1150×1470	820×820
500/160				4.5	680 (280)	6520 (2600)	1.4 (1.9)	1150	495	2130	1925×1090×1455	820×820
400/125	10				570 (240)	5480 (213)	1.5 (2)	970	415	1860	1855×1055×1395	820×820
315/100		0.4	Yyn0		480 (200)	4540 (1770)	1.6 (2.1)	860	385	1540	1780×1005×1315	820×820
250/80	10.5		Dyn11	4	400 (180)	3780 (1480)	1.7 (2.2)	680	340	1390	1705×980×1270	820×750
200/63	11				340 (150)	3215 (1230)	1.8 (2.4)	585	310	1235	1685×960×1240	820×750
160/50					280 (130)	2590 (1030)	1.9 (2.5)	505	290	1090	1650×940×1200	820×750
100/30					200 (100)	1580 (630)	2.1 (2.8)	360	240	870	1540×885×1150	820×750

注：高压分接范围（tanpping range of high-voltage）：±5%或±2×2.5%；频率（frequency）：50 Hz。

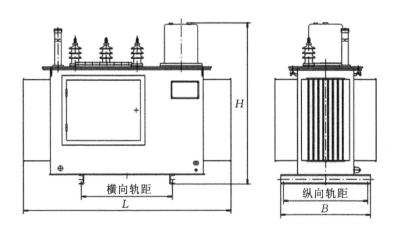

全封闭变压器

图3-51　S11-M-ZT有载调压变压器外形尺寸标注

11）SBH15非晶合金电力变压器

如图3-52所示为SBH15非晶合金电力变压器。

图3-52　SBH15非晶合金电力变压器

（1）产品说明。变压器可把电网电压变换成系统或负载所需要的电压，实现电能的传递与分配。本变压器可取代硅钢片铁芯的变压器而广泛使用于户外的配电系统。本产品的大量入网运行可取得良好的节能效果并可减少对大气的污染。本产品特别适用于电能不足和负荷波动大以及难以进行日常维护的地区。由于变压器采用全密封结构，绝缘油和绝缘介质不受大气污染，因而可在潮湿的环境中运行，是城市和农村广大配电网络中理想的配电设备。

（2）特点。变压器铁芯采用非晶合金带卷制而成，空载损耗比S9型变压器降低80%左右，比JB/T10318规定值低25%左右；低压采用铜箔线圈，增强变压器承受短路的能力；连接组采用Dyn11，减少谐波对电网的影响，改善供电质量；油箱和箱盖焊为一体的全密封结构，延长使用寿命，免维修；变压器采用真空注油，可完全排除线圈中气泡，确保绝缘性能稳定；每台变压器出厂前都进行峰值电压高于国家标准25%的全波雷电冲击实验，确保变压器安全可靠运行。

（3）型号含义如图3-53所示。

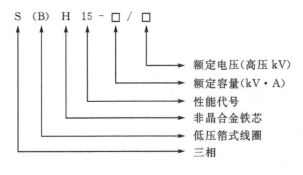

图3-53　型号含义

（4）技术参数如表3-14所示。

表3-14　SBH15非晶合金电力变压器技术参数

额定容量 rated capacity /（kV·A）	电压组合/kV voltage group		连接方式 connection method	阻抗电压/（%） Impedance voltage	损耗/kW Loss		空载电流/（%） On-load current	重量/kg weight			外形尺寸/mm（长L×宽B×高H） outine dimension	轨距纵向/横向 gauge vertical/ horizontal
	高压 High-voltage	低压 Low-voltage			空载 on-load	负载（75℃） load		器身重 machine weight	油重 Oil weight	总重 gross weight		
30				0.033	0.600	1.7		240	80	410	920×600×980	400×550
50				0.043	0.870	1.3		310	110	510	950×620×1040	400×550
63				0.050	1.040	1.2		350	125	570	990×670×1040	400×550
80				0.060	1.250	1.1		410	135	630	1030×720×1040	400×660
100				0.075	1.500	1.0		475	150	720	1060×770×1070	400×660
125				0.085	1.800	0.9		550	170	830	1060×900×1070	400×660
160				0.100	2.200	0.7	4	630	190	960	1060×930×1150	400×660
200	11 10.5 10 6.3 6	0.4	Dyn11	0.120	2.600	0.7		670	210	1040	1110×930×1170	550×820
250				0.140	3.050	0.7		750	240	1160	1180×1010×1180	550×820
315				0.170	3.650	0.5		810	265	1240	1180×1010×1180	550×820
400				0.200	4.300	0.5		860	290	1330	1200×1010×1180	550×820
500				0.240	5.150	0.5		950	320	1460	1270×1160×1200	660×1070
630				0.320	6.200	0.3		1120	380	1860	1450×1240×1330	820×1070
800				0.380	7.500	0.3		1340	410	2230	1520×1380×1460	820×1070
1000				0.450	10.30	0.3	4.5	1620	540	2700	1720×1460×1510	820×1070
1250				0.530	12.00	0.2		1900	640	3180	1780×1500×1690	820×1070
1600				0.630	14.50	0.2		2560	680	4240	1880×1540×1970	820×1070
2000				0.750	17.40	0.2	5	2900	960	4920	2080×1580×1970	820×1070
2500				0.900	20.20	0.2		3940	1160	6560	2350×1580×2020	820×1070

注：高压分接范围（tanpping range of high-voltage）：±5%或±2×2.5%；频率（frequency）：50 Hz；绝缘水平（insulating level）：L175AC35/L10AC5。

2．干式电力变压器

1）SC（B）9树脂绝缘干式变压器

如图3-54所示为SC（B）9树脂绝缘干式变压器。

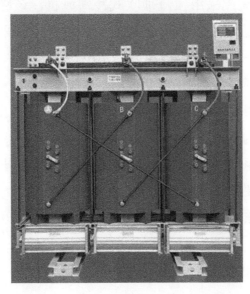

图3-54　SC（B）9树脂绝缘干式变压器

（1）特点。SC（B）9树脂绝缘干式变压器是带填料薄绝缘干式变压器，由于线圈被环氧树脂包封所以难燃，防火、防爆，免维护、无污染、体积小可直接安装在负荷中心。同时科学合理的设计和浇注工艺，使产品局部放电量更小，噪声低，散热能力强，在强迫风冷条件下可以在140％额定负载下长期运行，并配有智能温控仪，具有故障报警、超温报警、超温跳闸以及黑闸子功能，并通过RS485 串行接口与计算机相连，可以集中监视和控制，因此广泛应用于输变电系统，如宾馆饭店、机场、高层建筑、商业中心、住宅小区等重要场所，以及地铁、冶炼电厂、轮船、海洋钻井平台等环境恶劣场所。

①铁芯：选用进口优质冷轧硅钢片，全斜接终结构，芯柱采用F级无纬粘带绑扎，铁芯表面采用环氧树脂包封，降低了空载损耗、空载电流和铁芯噪声，夹件和紧固件经特殊表面处理，使产品外观质量有了进一步提高。

②高压绕组：用带填料环氧树脂真空浇注，极大地减小了局放量，提高了线圈电气强度，绕组内外壁用玻璃纤维网格板填充，增强了线圈的机械强度，提高了产品抗突发短路的能力，线圈永不开裂。

③低压绕组：采用箔式结构，解决了用线绕时轴向螺旋角问题，使安匝更平衡，同时线圈采用轴向冷却风道，增强了散热能力，绕组层间采用TD阳环氧树脂预浸布，整体固化成形。

④制造工艺：线圈在高精度绕线机上绕制，低压绕组采用箔式绕制结构，变压器容

量较大时有通风道，绕制完毕后进行真空干燥，整个浇注及固化过程完全按照工艺要求进行操作，所有过程都需有严格的监视，并视情况调整浇注口的精密制造过程使线圈无气泡、空穴，使制成的变压器达到优质运行效果。

⑤温控系统和风冷系统：采用横流顶吹式冷却风机，该冷却风机具有噪声小、风压高、外形美观等特点，增强了变压器的过载能力。温度控制采用智能温控仪，提高了变压器运行安全可靠性。

⑥保护外壳和出线母排：保护外壳对变压器作进一步的安全保护，防护等级有IP20、IP23等，外壳材料有冷轧钢板、不锈钢板等供用户选择。低压出线用标准母线排出线，侧出线和顶出线均可，也可为用户设计特殊出线方式。

⑦变压器出线方式：可根据不同的接口形式制造常规的出线、标准封闭母线和标准侧出线，也可以根据用户要求设计特殊出线方式。

⑧产品标准包括：GB/T10228—2015，GB1094.11—2007，JB/T10088—2004，GB4208—2008。

额定高压：10（11，10.5，6.6，6.3，6）kV。

额定低压：0.4 kV。

连接组别：Dyn11或Yyn0。

高压分接范围：±5%或±2×2.5%。

绝缘水平：LI75AC35/LIOAC5。

频率：50 Hz。

（2）型号含义如图3-55所示。

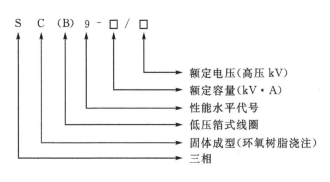

图3-55　型号含义

（3）10 kV级SC（B）9树脂绝缘干式变压器技术参数如表3-15、表3-16和图3-56所示。

表3-15　10 kV级SC（B）9树脂绝缘干式变压器技术参数（一）

额定容量 rated capacity /（kV·A）	电压组合 voltage group /kV	连接方式 connection method	损耗/kW dissipation		空载电流 /（%） no-load current	阻抗电压 /（%） impedance voltage	绝缘等级 insuiating level	重量 /kg weight
			空载 no-load	负载 （120℃） load				
10			0.150	0.325	4.5			130
20			0.185	0.630	4.0			170
30			0.215	0.750	3.2			330
50			0.305	1.055	2.8			380
63			0.370	1.280	2.7			440
80			0.415	1.460	2.6			510
100			0.450	1.665	2.4			590
125			0.530	1.955	2.2			650
160	高压		0.610	2.250	2.2	4		780
200	11		0.700	2.675	2.0			930
250	10.5		0.810	2.920	2.0			1040
315	10	Dyn11 或 Yyn0	0.990	3.670	1.8		F/F	1180
400	6.3		1.100	4.220	1.8			1450
500	6		1.305	5.170	1.8			1630
630	低压		1.510	6.220	1.6			1900
630	0.4		1.460	6.310	1.6			1900
800			1.710	7.360	1.6			2290
1000			1.990	8.600	1.4			2700
1250			2.350	10.26	1.4	6		3130
1600			2.755	12.42	1.4			3740
2000			3.735	15.30	1.2			4150
2500			4.500	18.18	1.2			4810
3150			5.780	23.70	1.0	8		5800
4000			6.700	28.50	1.0			7100

表3-16 10kV级SC（B）9树脂绝缘干式变压器技术参数（二）

额定容量 rated capacity /（kV·A）	外形尺寸/mm outline dimension							带保护外壳外形尺寸/mm outline dimension with protective casing							
	L	W	H	D	A_1	A_2	A_3	L	W	H	D	e	f	g	h
10	600	450	490	400	400	400	400	900	800	850	400	470	490	240	180
20	600	450	560	400	400	400	400	900	800	850	400	540	560	240	180
30	620	450	650	400	400	400	400	1050	900	1000	400	620	650	220	180
50	620	450	750	400	400	400	400	1050	900	1050	400	700	750	220	180
63	750	500	760	400	400	400	450	1050	1000	1150	400	710	760	240	185
80	750	500	760	400	400	400	450	1100	1000	1150	400	710	760	250	195
100	750	500	890	400	400	400	450	1150	1100	1250	400	800	890	250	195
125	1060	600	1020	550	550	550	550	1350	1050	1200	550	970	1020	315	260
160	1060	600	1060	550	550	550	550	1400	1050	1250	550	1020	1060	315	260
200	1060	710	1120	660	660	660	660	1450	1100	1350	660	1060	1120	320	265
250	1100	710	1140	660	660	660	660	1500	1150	1400	660	1110	1140	320	275
315	1150	710	1195	660	660	660	660	1500	1200	1450	660	1150	1195	330	280
400	1260	870	1285	660	660	660	820	1600	1250	1600	660	1200	1285	360	320
500	1290	870	1355	820	820	820	820	1600	1300	1650	820	1260	1355	370	330
630	1450	870	1420	820	820	820	820	1800	1300	1700	820	1350	1415	360	320
630（阻抗6%）	1500	870	1370	820	820	820	820	1850	1300	1650	820	1300	1370	350	310
800	1550	870	1570	820	820	820	820	1900	1300	1800	820	1480	1570	375	330
1000	1600	870	1665	820	820	820	820	1950	1300	1950	820	1520	1665	370	325
1250	1680	1120	1765	1070	1070	1070	1070	2050	1350	2000	1070	1600	1765	385	340
1600	1750	1120	1860	1070	1070	1070	1070	2100	1400	2100	1070	1690	1860	410	370
2000	1770	1120	1865	1070	1070	1070	1070	2150	1500	2100	1070	1700	1865	430	405
2500	1870	1120	1950	1070	1070	1070	1070	2200	1500	2200	1070	1720	1950	440	420
3150	1950	1120	1900	1070	1070	1070	1070	2350	1600	2250	1070	1750	1980	455	435
4000	2100	1120	2050	1070	1070	1070	1070	2400	1600	2300	1070	1850	2050	470	450

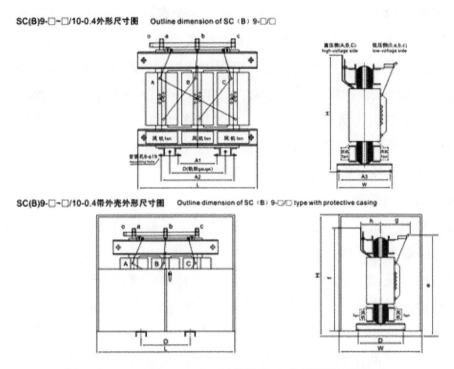

图3-56　10 kV级SC（B）9树脂绝缘干式变压器外形尺寸

2）SC（B）10树脂绝缘干式变压器

如图3-57所示为SC（B）10树脂绝缘干式变压器。

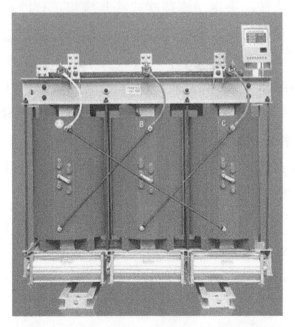

图3-57　SC（B）10树脂绝缘干式变压器

（1）特点。SC（B）10树脂绝缘干式变压器是带填料薄绝缘干式变压器，由于线圈被环氧树脂包封所以难燃，防火、防爆，免维护、无污染、体积小可直接安装在负荷中心。同时科学合理的设计和浇注工艺，使产品局部放电量更小，噪声低，散热能力强，在强迫风冷条件下可以在140％额定负载下长期运行，并配有智能温控仪，具有故障报警、超温报警、超温跳闸以及黑闸子功能，并通过RS485串行接口与计算机相连，可以集中监视和控制，因此广泛应用于输变电系统，如宾馆饭店、机场、高层建筑、商业中心、住宅小区等重要场所，以及地铁、冶炼电厂、轮船、海洋钻井平台等环境恶劣场所。

①铁芯：选用进口优质冷轧硅钢片，全斜接终结构，芯柱采用F级无纬粘带绑扎，铁芯表面采用环氧树脂包封，降低了空载损耗、空载电流和铁芯噪声，夹件和紧固件经特殊表面处理，使产品外观质量有了进一步提高。

②高压绕组：用带填料环氧树脂真空浇注，极大地减小了局放量，提高了线圈电气强度，绕组内外壁用玻璃纤维网格板填充，增强了线圈的机械强度，提高了产品抗突发短路的能力，线圈永不开裂。

③低压绕组：采用箔式结构，解决了用线绕时轴向螺旋角问题，使安匝更平衡，同时线圈采用轴向冷却风道，增强了散热能力，绕组层间采用TD阳环氧树脂预浸布，整体固化成形。

④制造工艺：线圈在高精度绕线机上绕制，低压绕组采用箔式绕制结构，变压器容量较大时有通风道，绕制完毕后进行真空干燥，整个浇注及固化过程完全按照工艺要求进行操作，所有过程都需有严格的监视，并视情况调整浇注口的精密制造过程使线圈无气泡、空穴，使制成的变压器达到优质运行效果。

⑤温控系统和风冷系统：采用横流顶吹式冷却风机，该冷却风机具有噪声小、风压高、外形美观等特点，增强了变压器的过载能力。温度控制采用智能温控仪，提高了变压器运行安全可靠性。

⑥保护外壳和出线母排：保护外壳对变压器作进一步的安全保护，防护等级有IP20、IP23等，外壳材料有冷轧钢板、不锈钢板等供用户选择。低压出线用标准母线排出线，侧出线和顶出线均可，及特殊出线方式。

⑦变压器出线方式：可根据不同的接口形式制造常规的出线、标准封闭母线和标准侧出线，及特殊出线方式。

⑧产品标准包括：GB/T10228—2015，GB1094.11—2007，JB/T10088—2004，GB4208—2008。

额定高压：10（11，10.5，6.6，6.3，6）kV；

额定低压：0.4 kV；

连接组别：Dyn11或Yyn0；

高压分接范围：±5％或±2×2.5％；

绝缘水平：LI75AC35/LIOAC5；

频率：50 Hz。

（2）型号含义如图3-58所示。

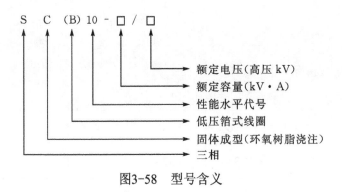

图3-58 型号含义

（3）10 kV级SC（B）10树脂绝缘干式变压器技术参数如表3-17、表3-18和图3-59所示。

表3-17　10 kV级SC（B）10树脂绝缘干式变压器技术参数（一）

额定容量 rated capacity /（kV·A）	电压组合 voltage group /kV	连接方式 connection method	损耗/kW dissipation		空载电流 /（%） no-load current	阻抗电压 /（%） impedance voltage	绝缘等级 insuiating level	重量 /kg weight
			空载 no-load	负载（120℃） load				
10			0.135	0.305	4.0			130
20			0.170	0.595	3.5			170
30			0.195	0.705	2.6			330
50			0.270	0.995	2.2			380
63			0.330	1.210	2.2			440
80		Dyn11 或 Yyn0	0.370	1.380	2.2		F/F	510
100			0.400	1.570	2.0			590
125			0.470	1.850	1.8			650
160	高压		0.545	2.130	1.8	4		780
200	11		0.625	2.530	1.6			930
250	10.5		0.720	2.760	1.6			1040
315	10		0.880	3.470	1.4			1180
400	6.3		0.975	3.990	1.4			1450

续表

额定容量 rated capacity /（kV·A）	电压组合 voltage group /kV	连接方式 connection method	损耗/kW dissipation		空载电流 /（%） no-load current	阻抗电压 /（%） impedance voltage	绝缘等级 insuiating level	重量 /kg weight
			空载 no-load	负载（120℃） load				
500	6		1.160	4.880	1.4			1630
630	低压		1.345	5.870	1.2			1900
630	0.4		1.300	5.960	1.2			1900
800			1.520	6.955	1.2			2290
1000		Dyn11 或 Yyn0	1.770	8.130	1.1		F/F	2700
1250			2.090	9.690	1.1	6		3130
1600			2.450	11.73	1.1			3740
2000			3.320	14.45	1.0			4150
2500			4.000	17.17	1.0			4810
3150			5.140	22.50	0.8	8		5800
4000			5.960	27.00	0.8			7100

表3-18　10 kV级SC（B）10树脂绝缘干式变压器技术参数（二）

额定容量 rated capacity /（kV·A）	外形尺寸/mm outline dimension							带保护外壳外形尺寸/mm outline dimension with protective casing							
	L	W	H	D	A_1	A_2	A_3	L	W	H	D	e	f	g	h
10	600	450	490	400	400	400	400	900	800	850	400	470	490	240	180
20	600	450	560	400	400	400	400	900	800	850	400	540	560	240	180
30	620	450	650	400	400	400	400	1050	900	1000	400	620	650	220	180
50	620	450	750	400	400	400	400	1050	900	1050	400	700	750	220	180
63	750	500	760	400	400	400	450	1050	1000	1150	400	710	760	240	185
80	750	500	760	400	400	400	450	1100	1000	1150	400	710	760	250	195
100	750	500	890	400	400	400	450	1150	1100	1250	400	800	890	250	195

额定容量 rated capacity /（kV·A）	外形尺寸/mm outline dimension							带保护外壳外形尺寸/mm outline dimension with protective casing							
	L	W	H	D	A_1	A_2	A_3	L	W	H	D	e	f	g	h
125	1060	600	1020	550	550	550	550	1350	1050	1200	550	970	1020	315	260
160	1060	600	1060	550	550	550	550	1400	1050	1250	550	1020	1060	315	260
200	1060	710	1120	660	660	660	660	1450	1100	1350	660	1060	1120	320	265
250	1100	710	1140	660	660	660	660	1500	1150	1400	660	1110	1140	320	275
315	1150	710	1195	660	660	660	660	1500	1200	1450	660	1150	1195	330	280
400	1260	870	1285	660	660	660	820	1600	1250	1600	660	1200	1285	360	320
500	1290	870	1355	820	820	820	820	1600	1300	1650	820	1260	1355	370	330
630	1450	870	1420	820	820	820	820	1800	1300	1700	820	1350	1415	360	320
630 （阻抗6%）	1500	870	1370	820	820	820	820	1850	1300	1650	820	1300	1370	350	310
800	1550	870	1570	820	820	820	820	1900	1300	1800	820	1480	1570	375	330
1000	1600	870	1665	820	820	820	820	1950	1300	1950	820	1520	1665	370	325
1250	1680	1120	1765	1070	1070	1070	1070	2050	1350	2000	1070	1600	1765	385	340
1600	1750	1120	1860	1070	1070	1070	1070	2100	1400	2100	1070	1690	1860	410	370
2000	1770	1120	1865	1070	1070	1070	1070	2150	1500	2100	1070	1700	1865	430	405
2500	1870	1120	1950	1070	1070	1070	1070	2200	1500	2200	1070	1720	1950	440	420
3150	1950	1120	1900	1070	1070	1070	1070	2350	1600	2250	1070	1750	1980	455	435
4000	2100	1120	2050	1070	1070	1070	1070	2400	1600	2300	1070	1850	2050	470	450

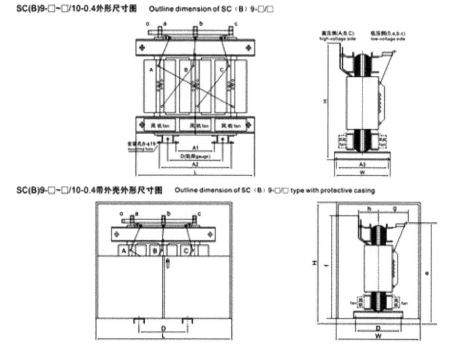

图3-59　10 kV级SC（B）10树脂绝缘干式变压器尺寸标注

3）SC（B）11树脂绝缘干式变压器

如图3-60所示为SC（B）11树脂绝缘干式变压器。

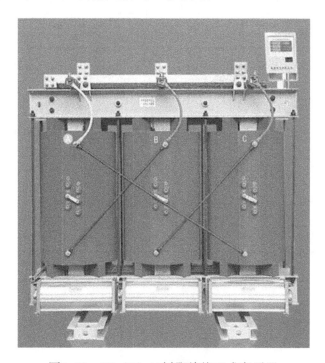

图3-60　SC（B）11树脂绝缘干式变压器

（1）特点。SC（B）11树脂绝缘干式变压器是带填料薄绝缘干式变压器，由于线圈被环氧树脂包封所以难燃，防火、防爆，免维护、无污染、体积小可直接安装在负荷中心。同时科学合理的设计和浇注工艺，使产品局部放电量更小，噪声低，散热能力强，在强迫风冷条件下可以在140％额定负载下长期运行，并配有智能温控仪，具有故障报警、超温报警、超温跳闸以及黑闸子功能，并通过RS485串行接口与计算机相连，可以集中监视和控制，因此广泛应用于输变电系统，如宾馆饭店、机场、高层建筑、商业中心、住宅小区等重要场所，以及地铁、冶炼电厂、轮船、海洋钻井平台等环境恶劣场所。

①铁芯：选用进口优质冷轧硅钢片，全斜接终结构，芯柱采用F级无纬粘带绑扎，铁芯表面采用环氧树脂包封，降低了空载损耗、空载电流和铁芯噪声，夹件和紧固件经特殊表面处理，使产品外观质量有了进一步提高。

②高压绕组：用带填料环氧树脂真空浇注，极大地减小了局放量，提高了线圈电气强度，绕组内外壁用玻璃纤维网格板填充，增强了线圈的机械强度，提高了产品抗突发短路的能力，线圈永不开裂。

③低压绕组：采用箔式结构，解决了用线绕时轴向螺旋角问题，使安匝更平衡，同时线圈采用轴向冷却风道，增强了散热能力，绕组层间采用TD阳环氧树脂预浸布，整体固化成形。

④制造工艺：线圈在高精度绕线机上绕制，低压绕组采用箔式绕制结构，变压器容量较大时有通风道，绕制完毕后进行真空干燥，整个浇注及固化过程完全按照工艺要求进行操作，所有过程都需有严格的监视，并视情况调整浇注口的精密制造过程使线圈无气泡、空穴，使制成的变压器达到优质运行效果。

⑤温控系统和风冷系统：采用横流顶吹式冷却风机，该冷却风机具有噪声小、风压高、外形美观等特点，增强了变压器的过载能力。温度控制采用智能温控仪，提高了变压器运行安全可靠性。

⑥保护外壳和出线母排：保护外壳对变压器作进一步的安全保护，防护等级有IP20、IP23等，外壳材料有冷轧钢板、不锈钢板等供用户选择。低压出线用标准母线排出线，侧出线和顶出线均可，及特殊出线方式。

⑦变压器出线方式：常规的出线、标准封闭母线和标准侧出线，及特殊出线方式。

⑧产品标准包括：GB/T10228—2015，GB1094.11—2007，JB/T10088—2004，GB4208—2008。

额定高压：10（11，10.5，6.6，6.3，6）kV；

额定低压：0.4 kV；

连接组别：Dyn11或Yyn0；

高压分接范围：±5%或±2×2.5%；

绝缘水平：LI75AC35/LIOAC5；

频率：50 Hz。

（2）型号含义如图3-61所示。

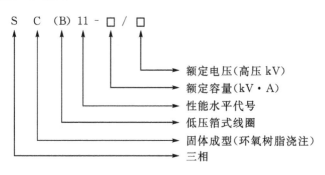

图3-61 型号含义

（3）10 kV级SC（B）11树脂绝缘干式变压器技术参数如表3-19、表3-20和图3-62所示。

表3-19 10 kV级SC（B）11树脂绝缘干式变压器技术参数（一）

额定容量 rated capacity /（kV·A）	电压组合 voltage group /kV	连接方式 connection method	损耗/kW dissipation		空载电流 /（%） no-load current	阻抗电压 /（%） impedance voltage	绝缘等级 insulating level	重量 /kg weight
			空载 no-load	负载（120℃）load				
10			0.121	0.290	3.8			130
20			0.153	0.565	3.3			170
30			0.176	0.670	2.5			330
50			0.243	0.896	2.0			380
63			0.314	1.150	2.0			440
80		Dyn11 或 Yyn0	0.333	1.311	2.0		F/F	510
100			0.360	1.492	1.9			590
125			0.423	1.758	1.7			650
160	高压		0.491	2.023	1.7	4		780
200	11		0.563	2.403	1.5			930
250	10.5		0.648	2.622	1.5			1040
315	10		0.792	3.297	1.3			1180
400	6.3		0.878	3.791	1.3			1450

续表

额定容量 rated capacity /（kV·A）	电压组合 voltage group /kV	连接方式 connection method	损耗/kW dissipation 空载 no-load	损耗/kW dissipation 负载（120℃）load	空载电流 /（%） no-load current	阻抗电压 /（%） impedance voltage	绝缘等级 insuiating level	重量 /kg weight
500	6		1.044	4.636	1.3			1630
630	低压		1.211	5.577	1.1			1900
630	0.4		1.117	5.662	1.1			1900
800			1.444	6.607	1.1			2290
1000			1.593	7.724	1.0			2700
1250		Dyn11 或 Yyn0	1.881	9.26	1.0	6	F/F	3130
1600			2.205	11.14	1.0			3740
2000			2.988	13.73	0.9			4150
2500			3.600	16.31	0.8			4810
3150			4.626	21.38	0.7	8		5800
4000			5.364	25.65	0.7			7100

表3-20　10 kV级SC（B）11树脂绝缘干式变压器技术参数（二）

额定容量 rated capacity /（kV·A）	外形尺寸/mm outline dimension							带保护外壳外形尺寸/mm outline dimension with protective casing							
	L	W	H	D	A_1	A_2	A_3	L	W	H	D	e	f	g	h
10	600	450	490	400	400	400	400	900	800	850	400	470	490	240	180
20	600	450	560	400	400	400	400	900	800	850	400	540	560	240	180
30	620	450	650	400	400	400	400	1050	900	1000	400	620	650	220	180
50	620	450	750	400	400	400	400	1050	900	1050	400	700	750	220	180
63	750	500	760	400	400	400	450	1050	1000	1150	400	710	760	240	185
80	750	500	760	400	400	400	450	1100	1000	1150	400	710	760	250	195
100	750	500	890	400	400	400	450	1150	1100	1250	400	800	890	250	195

续表

额定容量 rated capacity /（kV·A）	外形尺寸/mm outline dimension							带保护外壳外形尺寸/mm outline dimension with protective casing							
	L	W	H	D	A_1	A_2	A_3	L	W	H	D	e	f	g	h
125	1060	600	1020	550	550	550	550	1350	1050	1200	550	970	1020	315	260
160	1060	600	1060	550	550	550	550	1400	1050	1250	550	1020	1060	315	260
200	1060	710	1120	660	660	660	660	1450	1100	1350	660	1060	1120	320	265
250	1100	710	1140	660	660	660	660	1500	1150	1400	660	1110	1140	320	275
315	1150	710	1195	660	660	660	660	1500	1200	1450	660	1150	1195	330	280
400	1260	870	1285	660	660	660	820	1600	1250	1600	660	1200	1285	360	320
500	1290	870	1355	820	820	820	820	1600	1300	1650	820	1260	1355	370	330
630	1450	870	1420	820	820	820	820	1800	1300	1700	820	1350	1415	360	320
630 （阻抗6%）	1500	870	1370	820	820	820	820	1850	1300	1650	820	1300	1370	350	310
800	1550	870	1570	820	820	820	820	1900	1300	1800	820	1480	1570	375	330
1000	1600	870	1665	820	820	820	820	1950	1300	1950	820	1520	1665	370	325
1250	1680	1120	1765	1070	1070	1070	1070	2050	1350	2000	1070	1600	1765	385	340
1600	1750	1120	1860	1070	1070	1070	1070	2100	1400	2100	1070	1690	1860	410	370
2000	1770	1120	1865	1070	1070	1070	1070	2150	1500	2100	1070	1700	1865	430	405
2500	1870	1120	1950	1070	1070	1070	1070	2200	1500	2200	1070	1720	1950	440	420
3150	1950	1120	1900	1070	1070	1070	1070	2350	1600	2250	1070	1750	1980	455	435
4000	2100	1120	2050	1070	1070	1070	1070	2400	1600	2300	1070	1850	2050	470	450

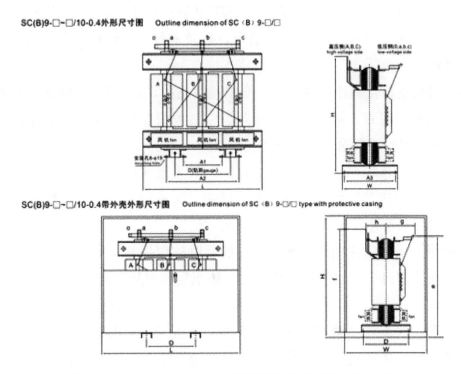

图3-62 10 kV级SC（B）11树脂绝缘干式变压器尺寸标注

4）35 kV级SC（B）10树脂绝缘干式变压器

如图3-63所示为35 kV级SC（B）10树脂绝缘干式变压器。

图3-63 35 kV级SC（B）10树脂绝缘干式变压器

（1）特点。35 kV级SC（B）10树脂绝缘干式变压器是带填料薄绝缘干式变压器，由于线圈被环氧树脂包封，所以难燃，防火、防爆，免维护，无污染，体积小，可直接安装在负荷中心。同时科学合理的设计和浇注工艺，使产品局部放电量更小，噪声低，散热能力强，在强迫风冷条件下可以在140％额定负载下长期运行，并配有智能温控仪，具有故障报警、超温报警、超温跳闸以及黑闸子功能，并通过RS485串行接口与计算机相连，可以集中监视和控制，因此广泛应用于输变电系统，如宾馆饭店、机场、高层建筑、商业中心、住宅小区等重要场所，以及地铁、冶炼电厂、轮船、海洋钻井平台等环境恶劣场所。

①铁芯：选用进口优质冷轧硅钢片，全斜接终结构，芯柱采用F级无纬粘带绑扎，铁芯表面采用环氧树脂包封，降低了空载损耗、空载电流和铁芯噪声，夹件和紧固件经特殊表面处理，使产品外观质量有了进一步提高。

②高压绕组：用带填料环氧树脂真空浇注，极大地减小了局放量，提高了线圈电气强度，绕组内外壁用玻璃纤维网格板填充，增强了线圈的机械强度，提高了产品抗突发短路的能力，线圈永不开裂。

③低压绕组：采用箔式结构，解决了用线绕时轴向螺旋角问题，使安匝更平衡，同时线圈采用轴向冷却风道，增强了散热能力，绕组层间采用TD阳环氧树脂预浸布，整体固化成形。

④制造工艺：线圈在高精度绕线机上绕制，低压绕组采用箔式绕制结构，变压器容量较大时有通风道，绕制完毕后进行真空干燥，整个浇注及固化过程完全按照工艺要求进行操作，所有过程都需有严格的监视，并视情况调整浇注口的精密制造过程使线圈无气泡、空穴，使制成的变压器达到优质运行效果。

⑤温控系统和风冷系统：采用横流顶吹式冷却风机，该冷却风机具有噪声小、风压高、外形美观等特点，增强了变压器的过载能力。温度控制采用智能温控仪，提高了变压器运行安全可靠性。

⑥保护外壳和出线母排：保护外壳对变压器作进一步的安全保护，防护等级有IP20、IP23等，外壳材料有冷轧钢板、不锈钢板等供用户选择低压出线用标准母线排出线，侧出线和顶出线均可，及特殊出线方式。

⑦变压器出线方式：常规的出线、标准封闭母线和标准侧出线，及特殊出线方式。

⑧产品标准包括：GB/T10228—2015，GB1094.11—2007，JB/T10088—2004，GB4208—2008。

额定高压：10（11，10.5，6.6，6.3，6）kV；

额定低压：0.4 kV；

连接组别：Dyn11或Yyn0；

高压分接范围：±5%或±2×2.5%；

绝缘水平：LI75AC35/LIOAC5；

频率：50 Hz。

（2）型号含义如图3-64所示。

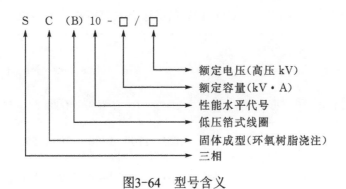

图3-64 型号含义

（3）35 kV级SC（B）10树脂绝缘干式变压器技术参数如表3-21、表3-22和图3-65所示。

表3-21 35 kV级SC（B）10树脂绝缘干式变压器技术参数（一）

额定容量 rated capacity /（kV·A）	电压组合 voltage group /kV	连接方式 connection method	损耗/kW dissipation		空载电流 /（%） no-load current	阻抗电压 /（%） impedance voltage	绝缘等级 insuiating level	重量 /kg weight
			空载 no-load	负载 （120℃） load				
50			0.500	1.500	2.8			610
100			0.700	2.200	2.4			915
160			0.880	2.960	1.8			1200
200			0.980	3.500	1.8			1400
250			1100	4.000	1.6			1600
315			1.310	4.750	1.6			1800
400	高压 35～38.5 低压 0.4	Dyn11 或 Yyn0	1.530	5.700	1.4	6	F/F	2200
500			1.800	7.000	1.4			2500
630			2.070	8.100	1.2			2900
800			2.400	9.600	1.2			3500
1000			2.700	11.00	1.0			4200
1250			3.150	13.40	0.9			4900
1600			3.600	16.30	0.9			5800
2000			4.250	19.20	0.9			6600
2500			4.950	23.00	0.9			7500

电工电子技术与技能

表3-22　35 kV级SC（B）10树脂绝缘干式变压器技术参数（二）

额定容量 rated capacity / （kV·A）	外形尺寸/mm outline dimension							带保护外壳外形尺寸/mm outline dimension with protective casing							
	L	W	H	D	A₁	A₂	A₃	L	W	H	D	e	f	g	h
50	1000	870	1160	550	550	550	820	1700	1400	1300	550	1120	1160	580	220
100	1100	870	1350	550	550	550	820	1800	1400	1500	550	1300	1350	580	220
160	1500	870	1380	820	820	820	820	2200	1500	1600	820	1320	1380	515	260
200	1530	870	1420	820	820	820	820	2250	1500	1650	820	1400	1420	520	265
250	1550	870	1450	820	820	820	820	2300	1500	1700	820	1410	1450	520	275
315	1580	870	1550	820	820	820	820	2300	1600	1800	820	1520	1550	530	280
400	1740	870	1710	820	820	820	820	2450	1600	1950	820	1650	1710	560	320
500	1740	870	1900	820	820	820	820	2450	1600	2100	820	1800	1900	570	330
630	1860	870	1980	820	820	820	820	2550	1700	2250	820	1900	1980	560	320
800	1860	870	2180	820	820	820	820	2550	1700	2400	820	2100	2180	575	330
1000	1900	1120	2265	1070	1070	1070	1070	2600	1800	2500	1070	2125	2265	570	325
1250	1950	1120	2355	1070	1070	1070	1070	2650	1800	2600	1070	2285	2355	585	340
1600	2000	1120	2380	1070	1070	1070	1070	2700	1800	2650	1070	2300	2380	610	370
2000	2100	1120	2480	1070	1070	1070	1070	2800	1800	2700	1070	2380	2480	630	405
2500	2200	1120	2550	1070	1070	1070	1070	2900	1800	2800	1070	2420	2550	640	420

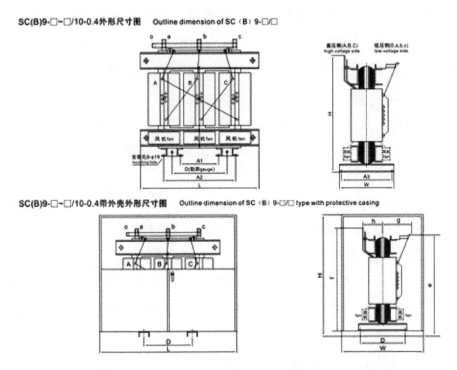

图3-65　35 kV级SC（B）10树脂绝缘干式变压器尺寸标注

5）10 kV级SCZB10有载调压树脂绝缘干式变压器

如图3-66所示为10 kV级SCZB10有载调压树脂绝缘干式变压器。

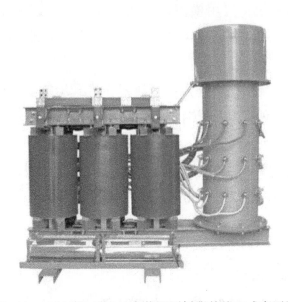

图3-66　10 kV级SCZB10有载调压树脂绝缘干式变压器

（1）特点。10 kV级SCZB10有载调压树脂绝缘干式变压器是带填料薄绝缘干式变压器，由于线圈被环氧树脂包封，所以难燃，防火、防爆，免维护，无污染，体积小，可直接安装在负荷中心。同时科学合理的设计和浇注工艺，使产品局部放电量更小，噪声低，散热能力强，在强迫风冷条件下可以在140%额定负载下长期运行，并配有智能温控仪，具有故障报警、超温报警、超温跳闸以及黑闸子功能，并通过RS485串行接口与计算机相连，可以集中监视和控制，因此广泛应用于输变电系统，如宾馆饭店、机场、高层建筑、商业中心、住宅小区等重要场所，以及地铁、冶炼电厂、轮船、海洋钻井平台等环境恶劣场所。

①铁芯：选用进口优质冷轧硅钢片，全斜接终结构，芯柱采用F级无纬粘带绑扎，铁芯表面采用环氧树脂包封，降低了空载损耗，空载电流和铁芯噪声，夹件和紧固件经特殊表面处理，使产品外观质量有了进一步提高。

②高压绕组：用带填料环氧树脂真空浇注，极大地减小了局放量，提高了线圈电气强度，绕组内外壁用玻璃纤维网格板填充，增强了线圈的机械强度，提高了产品抗突发短路的能力，线圈永不开裂。

③低压绕组：采用箔式结构，解决了用线绕时轴向螺旋角问题，使安匝更平衡，同时线圈采用轴向冷却风道，增强了散热能力，绕组层间采用TD阳环氧树脂预浸布，整体固化成形。

④制造工艺：线圈在高精度绕线机上绕制，低压绕组采用箔式绕制结构，变压器容量较大时有通风道，绕制完毕后进行真空干燥，整个浇注及固化过程完全按照工艺要求进行操作，所有过程都需有严格的监视，并视情况调整浇注口的精密制造过程使线圈无气泡、空穴，使制成的变压器达到优质运行效果。

⑤温控系统和风冷系统：采用横流顶吹式冷却风机，该冷却风机具有噪声小、风压高、外形美观等特点，增强了变压器的过载能力。温度控制采用智能温控仪，提高了变压器运行安全可靠性。

⑥保护外壳和出线母排：保护外壳对变压器作进一步的安全保护，防护等级有IP20、IP23等，外壳材料有冷轧钢板、不锈钢板等供用户选择。低压出线用标准母线排出线，侧出线和顶出线均可，及特殊出线方式。

⑦变压器出线方式：常规的出线、标准封闭母线和标准侧出线，及特殊出线方式。

⑧产品标准包括：GB/T10228—2015，JB/T10088—2004，GB4208—2008。

额定高压：10（11，10.5，6.6，6.3，6）kV；

额定低压：0.4 kV；

连接组别：Dyn11或Yyn0；

有载调压范围：（±4%×2.5%）或（±3×2.5%）。

（2）型号含义如图3-67所示。

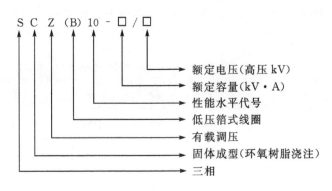

图3-67 型号含义

（3）10 kV级SCZB10有载调压树脂绝缘干式变压器技术参数如表3-23、表3-24和图3-68所示。

表3-23 10 kV级SCZB10有载调压树脂绝缘干式变压器技术参数（一）

额定容量 rated capacity /（kV·A）	电压组合 voltage group /kV	连接方式 connection method	损耗/kW dissipation		空载电流 /（%） no-load current	阻抗电压 /（%） impedance voltage	绝缘等级 insuiating level	重量 /kg weight
			空载 no-load	负载（120℃）load				
200			0.690	2.660	1.6			1180
250			0.790	2.900	1.6			1290
315			0.970	3.610	1.4	4		1430
400	高压		1.080	4.240	1.4			1700
500	11		1.280	5.150	1.4			1880
630	10.5		1.475	6.270	1.2			2150
800	10	Dyn11 或 Yyn0	1.670	7.400	1.2		F/F	2540
1000	6.3		1.950	8.760	1.1			2950
1250	6		2.300	10.54	1.1	6		3380
1600	低压		2.700	12.41	1.1			3990
2000	0.4		3.680	15.22	1.0			4400
2500			4.400	18.10	1.0			5060
3150			5.650	23.63	0.8	8		6050
4000			6.560	28.35	0.8			7350

表3-24　10 kV级SCZB10有载调压树脂绝缘干式变压器技术参数（二）

额定容量 rated capacity /（kV·A）	带保护外壳外形尺寸/mm outline dimension with protective casing							
	L	W	H	D	e	f	g	h
200	1450	1850	1600	660	1060	1120	320	265
250	1500	1900	1600	660	1110	1140	320	275
315	1500	1950	1600	660	1150	1195	330	280
400	1600	2000	1600	660	1200	1285	360	320
500	1600	2050	1600	820	1260	1355	370	330
630	1600	2050	1650	820	1300	1370	350	310
800	1900	2050	1800	820	1480	1570	375	330
1000	1950	2050	1950	820	1520	1665	370	325
1250	2050	2100	2000	1070	1600	1765	385	340
1600	2100	2150	2100	1070	1690	1860	410	370
2000	2150	2250	2100	1070	1700	1865	430	405
2500	2200	2250	2200	1070	1720	1950	440	420
3150	2350	2350	2250	1070	1750	1980	455	435
4000	2400	2350	2300	1070	1850	2050	470	450

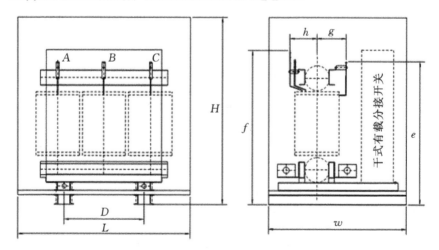

SCZ(B)10-□~□/10-0.4外形尺寸图　Outline dimension of SCZ（B）10-□-□/10-0.4

图3-68　10 kV级SCZB10有载调压树脂绝缘干式变压器尺寸标注

6）SG（B）10H环保型干式变压器

如图3-69所示为SG（B）10H环保型干式变压器。

图3-69　SG（B）10H环保型干式变压器

（1）特点。SG（B）10型H级绝缘干式电力变压器承受热冲击能力强，过负载能力大、难燃、防火性能高、低损耗、局部放电量小、噪声低、不产生有害气体、不污染环境、对湿度、灰尘不敏感、体积小、不开裂、维护简便。因此，最适宜用于防火要求高，负荷波动大以及污秽潮湿的恶劣环境中，如：机场、发电厂、冶金作业、医院、高层建筑、购物中心、居民密集区以及石油化工、核电站、核潜艇等特殊环境中。

①铁芯：采用进口晶粒取向优质高导磁性能硅钢片叠装而成45°全斜接缝结构，绕组与铁芯间采用弹性固定装置，使变压器具有较低的空载损耗和噪声。铁芯表面经特殊的工艺处理，既降低变压器噪声又使变压器在运行过程中铁芯不会锈蚀。

铁芯由拉螺杆适度夹紧，上、下夹件由拉板连接并与底座固定为一体，绕组通过弹性垫块固定，缓冲结构可减轻绕组的震动程度和降低噪声。

②高、低压线圈：选用Nomex绝缘材料，并经VPI真空加压设备多次漫渍无溶剂漫渍漆，并多次高温烘焙固化。高压线圈采用机械强度高、散热条件好的连续式结构，避免了多层圆筒式线圈层间电压高、散热能力差、容易热击穿以及机械强度低的缺点，从而提高了产品运行的可靠性；低压线圈采用箔式成纵向气道大电流螺旋式结构。漫渍后的线圈防潮性能极佳，更能承受冲击，永无龟裂，无局部放电，寿命期后易于分解回收，保护环境。

③外壳：如用户需要，变压器公司可提供防护等级为IP20和IP23的外壳。

外壳防护等级IP20的含义为：不容许直径12 mm的固体异物进入。为保证冷却空气流通，外壳的底板与顶部由网孔板制成，外壳防护等级IP23的含义除同IP20外，还可防止与垂线成60°角以内的水淋入口。

④过热保护：为对线圈过热采取保护措施，315 kV·A及以上SG（B）10干式变压器装有一套温度显示保护装置。本装置利用埋入低压绕组内的感温元件作为数显仪的信号源。当低压绕组内温度发生变化时，感温数显仪显示出一个新的温度值，并根据此温度

值执行控制及报警功能，以起到保护变压器的作用。

⑤过载能力：SG（B）10型干式电力变压器采用新结构、新材料、新工艺，散热条件好、热寿命长、过负荷能力极强，在20%过负荷下可长期安全可靠工作。在IP23环境下无需风机冷却，仍可长期满负荷运行。

⑥安全性：SG（B）10型新产品为当今最高安全性能的干式变压器。所有绝缘材料均不助燃、自熄、无毒，可燃物质不到环氧浇注式产品的10%，在800℃高温下长时间燃烧无有毒烟雾产生，从而克服了环氧浇注式变压器燃烧时产生有毒气体的缺陷。SG（B）10型新产品在电力、地铁、船舶、化工、冶金等对安全要求高、湿热、通风不良的场合更显优越性。

⑦可靠性：SG（B）10型新产品的特殊线圈设计、工艺及材料，使产品三防性能极佳（防潮、防霉、防盐雾），更能承受热冲击，永无龟裂、无局部放电产生。以Nomex为基础的绝缘系统，在变压器的整个使用寿命期都保持极佳的电性能和机械性能。Nomex材料不易老化，耐收缩及抗压缩，加上弹力特强，因此可以确保变压器即使在使用数年之后线圈仍保持结构紧密，并且能够承受短路的压力。

⑧卓越的耐潮湿性：Nomex绝缘系统干式变压器足以抵挡水分的侵入。采用先进的VPI设备和真空浸渍技术，UI认可的高品质浸渍漆，在180℃及以上的温度可长期连续运行。Nomex纸完全由浸渍漆渗透浸渍。

⑨体积更小、重量更轻：SG（B）10型新产品采用了杜邦Nomex纸为主绝缘材料，并将其作为变压器最热点处的混合绝缘系统，使该产品与同等容量的环氧树脂浇注式变压器产品相比，减小了尺寸和重量。

⑩环保：SG（B）10型新产品寿命期后可以分解回收，克服了环氧树脂浇注干式变压器由干树脂、玻璃丝固化融合成整体，导致寿命期后不可分解，污染环境的缺陷。

⑪引出线：高压出线端子固定在绕组上部，分接头在绕组中部，在断电的情况下通过联接片变换抽头，从而调节输出电压。低压出线端子为板式导电排，通过螺栓与引出排可靠连接。

⑫使用条件：当环境最高温度大于40℃，海拔高度大于1000 m时，按照国标有关规定进行修正。要求用户定货时提出。

⑬产品标准包括：GB1094.11—2007《电力变压器 第11部分：干式变压器》，GB/T10228—2015《干式电力变压器技术参数和要求》，JB/T10088—2004《6 kV–500 kV级电力变压器声级》，GB4208—2008《外壳防护等级（IP代码）》。

（2）型号含义如图3-70所示。

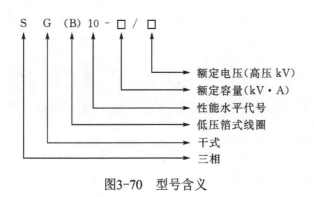

图3-70　型号含义

（3）10 kV级SG（B）10H环保型干式变压器技术参数如表3-25、表3-26和图3-71所示。

表3-25　10 kV级SG（B）10H环保型干式变压器技术参数（一）

额定容量 rated capacity /（kV·A）	电压组合 voltage group /kV	连接方式 connection method	损耗/kW dissipation		空载电流 /（%） no-load current	阻抗电压 /（%） impedance voltage	绝缘等级 insuiating level	重量 /kg weight
			空载 no-load	负载（120℃） load				
80			0.370	1.75	2.2			490
100			0.400	2.17	2.0			520
125			0.470	2.59	1.8			650
160			0.545	3.10	1.8			740
200	高压		0.625	3.97	1.6	4		850
250	11		0.720	4.68	1.6			1005
315	10.5		0.880	5.61	1.4			1270
400	10	Dyn11 或 Yyn0	0.975	6.63	1.4		F/F	1470
500	6.3		1.160	7.95	1.4			1750
630	6		1.300	9.78	1.2			1900
800	低压		1.520	11.56	1.2			2290
1000	0.4		1.770	13.35	1.1			2700
1250			2.090	15.64	1.1	6		3130
1600			2.450	18.11	1.1			3740
2000			3.320	21.25	1.0			4500
2500			4.000	24.74	1.0			5340

表3-26　10 kV级SG（B）10H环保型干式变压器技术参数（二）

额定容量 rated capacity /（kV·A）	外形尺寸/mm outline dimension							带保护外壳外形尺寸/mm outline dimension with protective casing							
	L	W	H	D	A_1	A_2	A_3	L	W	H	D	e	f	g	h
80	950	550	910	550	550	550	500	1250	1000	1330	550	1070	1080	270	225
100	950	600	910	600	600	600	550	1280	1100	1330	600	1070	1075	285	245
125	970	600	920	600	600	600	550	1300	1050	1350	600	1075	1080	290	245
160	1000	710	965	660	660	660	660	1330	1050	1350	660	1120	1125	295	245
200	1040	710	990	660	660	660	660	1360	1100	1400	660	1145	1150	300	260
250	1090	710	1045	660	660	660	660	1400	1150	1450	660	1200	1210	305	265
315	1120	710	1120	660	660	660	660	1500	1200	1500	660	1260	1280	315	275
400	1240	850	1185	820	820	820	820	1600	1250	1600	820	1280	1345	355	310
500	1290	850	1220	820	820	820	820	1650	1300	1650	820	1315	1380	355	310
630	1500	870	1370	820	820	820	820	1850	1300	1650	820	1300	1370	355	310
800	1550	870	1570	820	820	820	820	1900	1300	1800	820	1480	1570	375	330
1000	1600	870	1665	820	820	820	820	1950	1300	1950	820	1520	1665	370	325
1250	1680	1120	1765	1070	1070	1070	1070	2050	1350	2000	1070	1600	1765	385	340
1600	1750	1120	1860	1070	1070	1070	1070	2100	1400	2100	1070	1690	1860	410	370
2000	1870	1120	1880	1070	1070	1070	1070	2150	1500	2200	1070	1720	1880	420	380
2500	2120	1120	1950	1070	1070	1070	1070	2400	1500	2200	1070	1800	1950	430	390

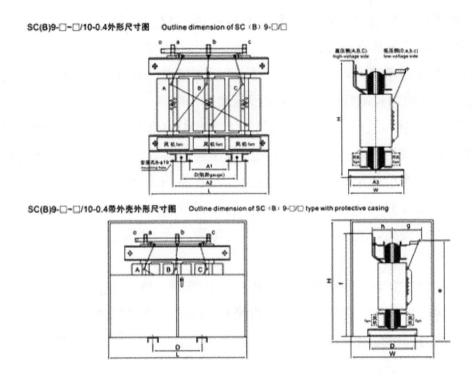

图3-71 10kV级SG（B）10H环保型干式变压器尺寸标注

7）SGZ（B）10H环保型干式变压器

如图3-72所示为SGZ（B）10H环保型干式变压器。

图3-72 SGZ（B）10H环保型干式变压器

（1）特点。SGZ（B）10型H级绝缘干式电力变压器承受热冲击能力强，过负载能力大、难燃、防火性能高、低损耗、局部放电量小、噪声低、不产生有害气体、不污染环境、对湿度、灰尘不敏感、体积小、不开裂、维护简便。因此，最适宜用于防火要求高，负荷波动大以及污秽潮湿的恶劣环境中，如：机场、发电厂、冶金作业、医院、高层建筑、购物中心、居民密集区以及石油化工、核电站、核潜艇等特殊环境中。

①铁芯：采用进口晶粒取向优质高导磁性能硅钢片叠装而成45°全斜接缝结构，绕组

与铁芯间采用弹性固定装置，使变压器具有较低的空载损耗和噪声。铁芯表面经特殊的工艺处理，既降低变压器噪声又使变压器在运行过程中铁芯不会锈蚀。

铁芯由拉螺杆适度夹紧，上、下夹件由拉板连接并与底座固定为一体，绕组通过弹性垫块固定，缓冲结构可减轻绕组的震动程度和降低噪声。

②高、低压线圈：选用Nomex绝缘材料，并经VPI真空加压设备多次漫渍无溶剂漫渍漆，并多次高温烘焙固化。高压线圈采用机械强度高、散热条件好的连续式结构，避免了多层圆筒式线圈层间电压高、散热能力差、容易热击穿，以及机械强度低的缺点，从而提高了产品运行的可靠性；低压线圈采用箔式成纵向气道大电流螺旋式结构。漫渍后的线圈防潮性能极佳，更能承受冲击，永无龟裂，无局部放电，寿命期后易于分解回收，保护环境。

③外壳：如用户需要，变压器公司可提供防护等级为IP20和IP23的外壳。

外壳防护等级IP20的含义为：不容许直径12 mm的固体异物进入。为保证冷却空气流通，外壳的底板与顶部由网孔板制成，外壳防护等级IP23的含义除同IP20外，还可防止与垂线成60°角以内的水淋入口。

④过热保护：为对线圈过热采取保护措施，315 kV·A及以上SG（B）10干式变压器装有一套温度显示保护装置。本装置利用埋入低压绕组内的感温元件作为数显仪的信号源。当低压绕组内温度发生变化时，感温数显仪显示出一个新的温度值，并根据此温度值执行控制及报警功能，以起到保护变压器的作用。

⑤过载能力：SGZ（B）10型干式电力变压器采用新结构、新材料、新工艺、散热条件好、热寿命长、过负荷能力极强，在20%过负荷下可长期安全可靠工作。在IP23环境下无需风机冷却，仍可长期满负荷运行。

⑥安全性：SGZ（B）10型新产品为当今最高安全性能的干式变压器。所有绝缘材料均不助燃、自熄、无毒，可燃物质不到环氧浇注式产品的10%，在800 ℃高温下长时间燃烧无有毒烟雾产生，从而克服了环氧浇注式变压器燃烧时产生有毒气体的缺陷。SGZ（B）10型新产品在电力、地铁、船舶、化工、冶金等对安全要求高、湿热、通风不良的场合更显优越性。

⑦可靠性：SGZ（B）10型新产品的特殊线圈设计、工艺及材料，使产品三防性能极佳（防潮、防霉、防盐雾），更能承受热冲击，永无龟裂、无局部放电产生。以Nomex为基础的绝缘系统，在变压器的整个使用寿命期都保持极佳的电性能和机械性能。Nomex材料不易老化，耐收缩及抗压缩，加上弹力特强，因此可以确保变压器即使在使用数年之后线圈仍保持结构紧密，并且能够承受短路的压力。

⑧卓越的耐潮湿性：Nomex绝缘系统干式变压器足以抵挡水分的侵入。采用先进的VPI设备和真空浸渍技术，UI认可的高品质浸渍漆，在180 ℃及以上的温度可长期连续运

行。Nomex纸完全由浸渍漆渗透浸渍。

⑨体积更小、重量更轻：SGZ（B）10型新产品采用了杜邦Nomex纸为主绝缘材料，并将其作为变压器最热点处的混合绝缘系统，使该产品与同等容量的环氧树脂浇注式变压器产品相比，减小了尺寸和重量。

⑩环保：SGZ（B）10型新产品寿命期后可以分解回收，克服了环氧树脂浇注干式变压器由干树脂、玻璃丝固化融合成整体，导致寿命期后不可分解，污染环境的缺陷。

⑪引出线：高压出线端子固定在绕组上部，分接头在绕组中部，在断电的情况下通过联接片变换抽头，从而调节输出电压。低压出线端子为板式导电排，通过螺栓与引出排可靠连接。

⑫使用条件：当环境最高温度大于40 ℃，海拔高度大于1000 m时，按照国标有关规定进行修正。要求用户定货时提出。

⑬产品标准包括：GB/T10228，GB1094.11—2007，JB/T10088—2004，GB4208—2008。

额定高压：10（11，10.5，6.6，6.3，6）kV；

额定低压：0.4 kV；

有载调压范围：（±4%×2.5%）或（±3×2.5%）。

（2）型号含义如图3-73所示。

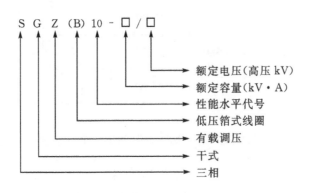

图3-73 型号含义

（3）10 kV级SGZ（B）10H环保型干式变压器技术参数如表3-27、表3-28和图3-74所示。

表3-27 10kV级SGZ（B）10H环保型干式变压器技术参数（一）

额定容量 rated capacity /（kV·A）	电压组合 voltage group /kV	连接方式 connection method	损耗/kW		空载电流 /（%） no-load current	阻抗电压 /（%） impedance voltage	绝缘等级 insuiating level	重量 /kg
			空载 no-load	负载 （120℃） load				
200			0.690	4.27	1.6			1370
250			0.790	5.11	1.6			1520
315	高压		0.970	6.17	1.4	4		1790
400	11		1.080	7.29	1.4			2000
500	10.5		1.280	8.75	1.4			2270
630	10	Dyn11 或 Yyn0	1.475	10.67	1.2			2530
800	6.3		1.670	12.61	1.2			2930
1000	6		1.950	14.49	1.1			3200
1250	低压		2.300	17.11	1.1	6		3770
1600	0.4		2.700	19.92	1.1			4120
2000			3.680	23.37	1.0			5170
2500			4.400	27.18	1.0			5860

表3-28 10kV级SGZ（B）10H环保型干式变压器技术参数（二）

额定容量 rated capacity /（kV·A）	带保护外壳外形尺寸/mm outline dimension with protective casing								
	L	L_1	W	H	D	e	f	g	h
200	1360	365	1600	2100	660	1145	1150	300	260
250	1400	375	1600	2100	660	1200	1210	305	265
315	1500	385	1600	2100	660	1260	1280	315	275
400	1600	420	1600	2100	820	1280	1345	355	310
500	1650	435	1700	2100	820	1315	1380	355	310
630	1850	470	1700	2100	820	1300	1370	355	310

额定容量 rated capacity /（kV·A）	带保护外壳外形尺寸/mm outline dimension with protective casing								
	L	L_1	W	H	D	e	f	g	h
800	1900	490	1700	2100	820	1480	1570	375	330
1000	1950	510	1700	2300	820	1520	1665	370	325
1250	2050	535	1800	2300	1070	1600	1765	385	340
1600	2100	560	1800	2300	1070	1690	1860	410	370
2000	2150	610	1800	2300	1070	1720	1880	420	380
2500	2400	690	1800	2300	1070	1800	1950	430	390

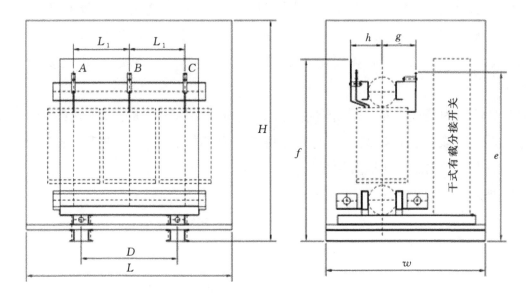

SGZ(B)10-□~□/10-0.4外形尺寸图 Outline dimension of SGZ（B）10-□~□/10-0.4

图3-74　10 kV级SGZ（B）10H环保型干式变压器吃春标注

8）SCBH10非晶合金电力变压器

如图3-75所示为SCBH10非晶合金电力变压器。

图3-75　SCBH10非晶合金电力变压器

（1）特点。非晶合金干式变压器空载损耗比GB/T10228表4组I降低75%，负载损耗比GB/T10228表4降低15%，是当代最先进的节能型干式变压器。干式变压器无油，没有燃烧的危险，安装在室内，可深入负荷中心，以适应高密度负荷的现代化大城市发展的需要。

本产品具有空载损耗低、无油、阻燃自熄、耐潮、抗裂和免维修等优点。凡是现在使用普通干变的场所都可由非晶干变所取代，可用于高层建筑、商业中心、地铁、机场、车站、工矿企业和发电厂。特别适合于易燃、易爆等防火要求高的场所安装使用。

本产品低压为箔式线圈，采用铜箔绕制，高压线圈用H级高强度漆包线绕制，采用玻璃纤维加强的环氧树脂包封结构，具有优良的耐潮和抗裂性能。铁芯由非晶合金带材卷制而成，采用矩形截面、四框五柱式结构。

（2）型号含义如图3-76所示。

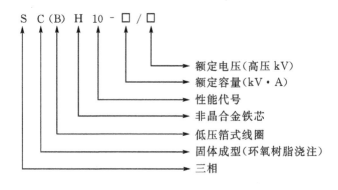

图3-76　型号含义

（3）10 kV级SCBH10非晶合金电力变压器技术参数如表3-29所示。

表3-29 10 kV级SCBH10非晶合金电力变压器技术参数

额定容量/（kV·A） rated capacity	电压组合/kV voltage group		连接方式 connection method	损耗/kW Loss		空载电流/（%） On-load current	阻抗电压/（%） Impedance voltage	绝缘等级 insuiating level	重量/kg weight	外形尺寸/mm （长L×宽B×高H） outine dimension	轨距纵向/横向 gauge vertical/horizontal
	高压 High-voltage	低压 Low-voltage		空载 on-load	负载 （75℃） load						
100				0.013	1.570	0.8			890	950×600×960	550×550
160				0.017	2.100	0.8			1170	1220×600×1060	550×550
200				0.200	2.500	0.7	4		1400	1270×710×1160	660×660
250				0.230	2.750	0.7			1560	1350×760×1240	660×660
315	11 10.5 10 6.3 6	0.4	Dyn11 或 Yyn0	0.280	3.460	0.6		F/F	1770	1370×870×1260	820×820
400				0.300	3.980	0.6			2180	1460×870×1360	820×820
500				0.360	4.870	0.6			2440	1490×870×1430	820×820
630				0.420	5.870	0.5			2850	1760×1120×1490	1070×1070
800				0.480	6.950	0.5			3430	1850×1120×1610	1070×1070
1000				0.550	8.100	0.4			4050	1900×1120×1170	1070×1070
1250				0.660	9.700	0.4	6		4690	2030×1120×1880	1070×1070
1600				0.750	11.70	0.4			5610	2100×1120×1970	1070×1070
2000				1.040	14.45				5820	2120×1120×1990	1070×1070
2500				1.250	17.17				6730	2190×1120×2110	1070×1070

3．箱式电力变压器

1）ZBW-40.5组合式变电站

如图3-77所示为ZBW-40.5组合式变电站。

图3-77　ZBW-40.5组合式变电站

（1）用途。本产品由40.5 kV侧和12 kV侧户外成套开关设备组成，普遍适用于城市、乡镇、工厂及油田等场所，也适用于一些大型建设工地，作为接受、转换和分配电能之用。具有成套性强、占地面积小、安装方便、造价低、综合自动化程度高、运行安全可靠等优点。

（2）型号含义如图3-78所示。

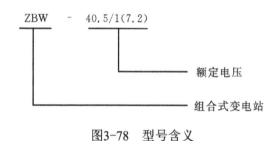

图3-78　型号含义

（3）ZBW-40.5组合式交电站的使用环境条件如下。

①正常使用条件：海拔不超过 1000 m；周围空气温度上限＋40 ℃，下限－25 ℃；相对湿度日平均值不大于95%；月平均值不大于95%；风速不超过 34 m/s；无经常性剧烈振动和冲击；没有火灾、爆炸危险和污染等级不超过3级、化学腐蚀的场所。

②特殊使用环境条件：当上述正常使用条件不能满足便用要求时，由用户与制造厂协商。

（4）ZBW-40.5组合式交电站的特点。

①整体结构变电站由40.5 kV侧和12 kV侧两高压开关室、继电保护室及变压器组成。高压开关室、组电保护室外壳可采用不锈钢板、钢板或复合板制作。不锈钢板结构具有极强的耐腐蚀能力和良好的机械强度；钢板结构的各个零部件均经过特殊的防腐处理；复合板具有色彩鲜艳美观、隔热、阻燃等特点。变压器位于40.5 kV侧和12 kV侧高压开关室之间，直接安装于基础上，用户或制造商都可以安装。

②40.5 kV侧高压开关室可安装KYN61-40.5、KYN10-40.5型等开关设备，40.5 kV进出线方式用户可自由选择架空或电缆方式。

③12 kV侧高压开关室可安装XGN2-12、XGN66-12、KYN28A-12等开关柜或HXGNL5-（FR）、X6N5-12（FR）等环网柜。

④继电保护室内安装交流屏、直流屏、信号屏、远动控制屏（RTU）、裁波机屏或光纤终端机屏等。

注：采用常规继电器保护或变电站微机综合自动化系统。

（5）40.5 kV变电站平面立面布置示意图如图3-79、图3-80和图3-81所示。

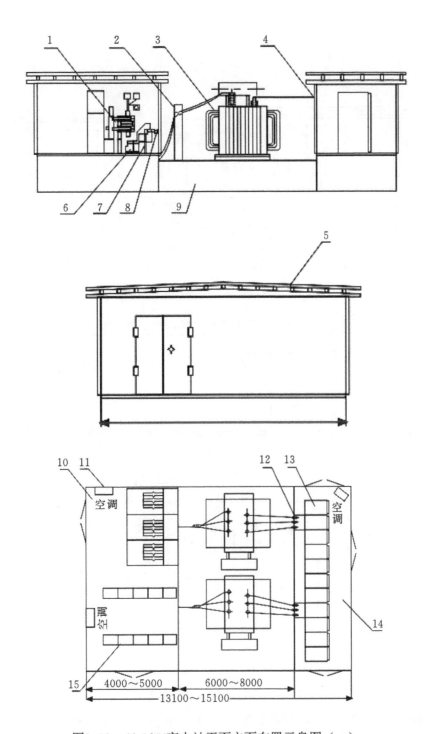

图3-79 40.5 kV变电站平面立面布置示息图（一）

1—真空断路器手车；2—40.5 kV穿墙套管；3—变压器；4—12 kV穿墙套管；5—顶盖；6—40.5 kV箱变互感器；7—40.5 kV电缆头；8—40.5 kV支柱缘头；9—箱变基础；10—40.5 kV高压室；11—空调；12—12 kV进线过渡柜；13—12 kV开关柜；14—12 kV开关室；15—继电保护屏

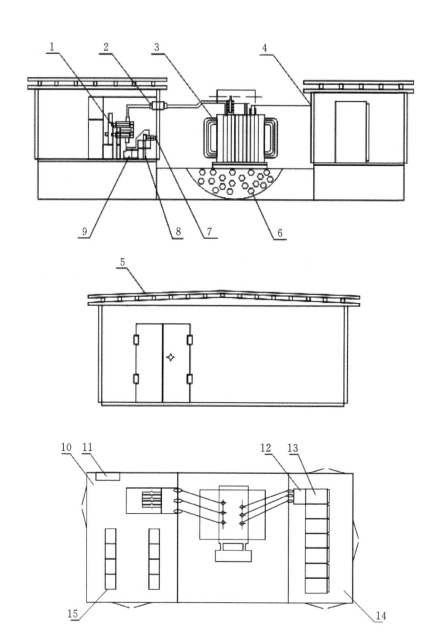

图3-80　40.5 kV变电站平面立面布置示息图（二）

1—真空断路器手车；2—40.5 kV穿墙套管；3—变压器；4—12 kV穿墙套管；5—顶盖；6—40.5 kV箱变互感器；7—40.5 kV电缆头；8—40.5 kV支柱缘头；9—电流互感器；10—40.5 kV高压室；11—空调；12—12 kV进线过渡柜；13—12 kV开关柜；14—12 kV开关室；15—继电保护屏

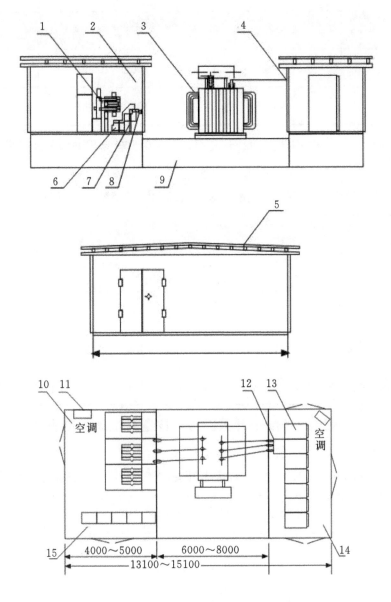

图3-81　40.5 kV变电站平面立面布置示息图（三）

1—真空断路器手车；2—40.5 kV穿墙套管；3—变压器；4—12 kV穿墙套管；5—顶盖；6—40.5 kV箱变互感器；7—40.5 kV电缆头；8—40.5 kV支柱缘头；9—箱变基础；10—40.5 kV高压室；11—空调；12—12 kV进线过渡柜；13—12 kV开关柜；14—12 kV开关室；15—继电保护屏

（6）ZBW-40.5组合式变电站的技术数据。

①变压器主要技术参数（如表3-30所示）。

表3-30　变压器主要技术参数

型号	额定电压/kV	额定容量/（kV·A）	变化/V
SZ7	40.5	1000～20000	40.5/12、40.5/7.2
S9、SZ9	40.5	1000～20000	40.5/12、40.5/7.2

②KYN61-40.5开关柜内配主要开关ZN85-40.5型真空断路器主要技术参数（如表3-31所示）。

表3-31　KYN61-40.5开关柜内配主要开关ZN85-40.5型真空断路器主要技术参数

项目	单位	参数
额定电压	kV	40.5
额定电流	A	1250、1600、2000
额定短路开断电流	kA	20、25、31.5
额定短路关合电流（峰值）	kA	50、63、80

③XGN2-12、KYN28A-12配主开关ZN63-12型真空断路器主要技术参数（如表3-32所示）。

表3-32　XGN2-12、KYN28A-12配主开关ZN63-12型真空断路器主要技术参数

项目	单位	参数
额定电压	kV	12
额定频率	Hz	50
额定电流	A	630、1250、1600、2000、2500、3150
额定短路开断电流	kA	20、25、31.5、40、50
额定峰值耐受电流	kA	50、63、80、100、125

④所用变压器技术参数（如表3-33所示）。

表3-33 所用变压器技术参数

型号	额定电压/kV	变化/（kV/kV）	容量/（kV·A）
SC7	35	40.5/0.4	50、30
SC9	10	12/0.4	50、30

⑤电流互感器技术参数（如表3-34所示）。

表3-34 电流互感器技术参数

型号	额定一次电流/A	额定二次电流/A	准确级次	10%倍数不小于	二次负荷
LZZBJ9-35	40~500	5	0.5/10P10	10	20VA
LZZBJ9-10	100~1000	5	0.5/10P10	10	20VA

⑥电压互感器技术参数（如表3-35所示）。

表3-35 电压互感器技术参数

型号	额定电压/V			额定容量/（V·A）		
	一次	二次	辅助二次	0.2级	0.5级	6P
JDZ9-35	35000	100		15	30	
JDZX9-35	35000	100	100	15	30	100
JDZX10-10	10000	100	100	15	30	100

（7）技术方案如下。

①方案一（如图3-82所示）。

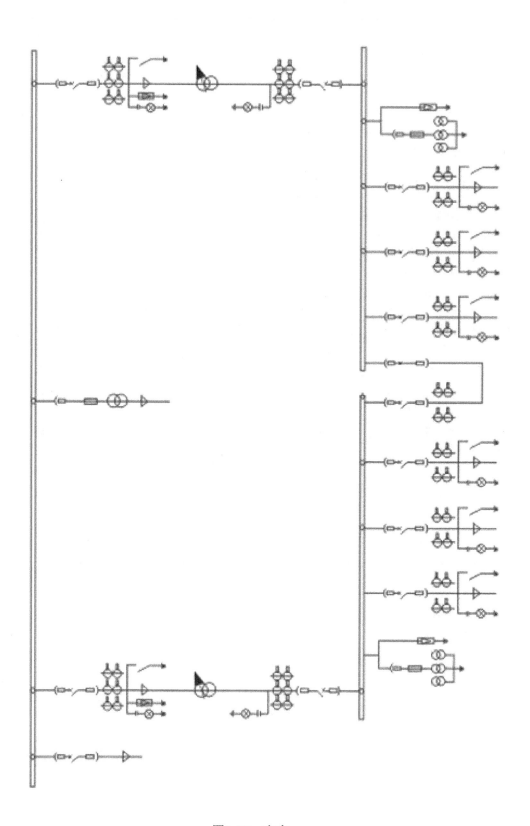

图3-82 方案一

②方案二（如图3-83所示）。

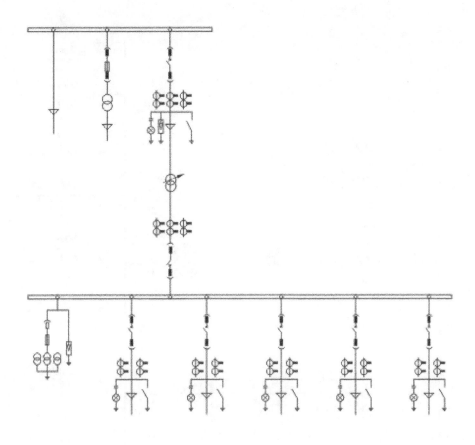

图3-83　方案二

③方案三（如图3-84所示）。

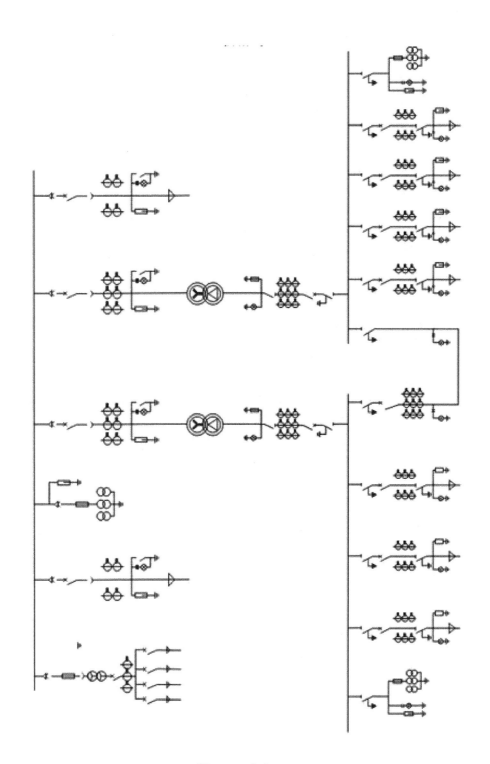

图3-84　方案三

④方案四（如图3-85所示）。

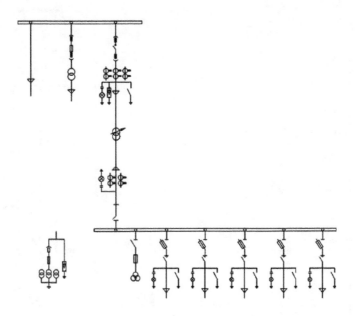

图3-85　方案四

⑤方案五（如图3-86所示）。

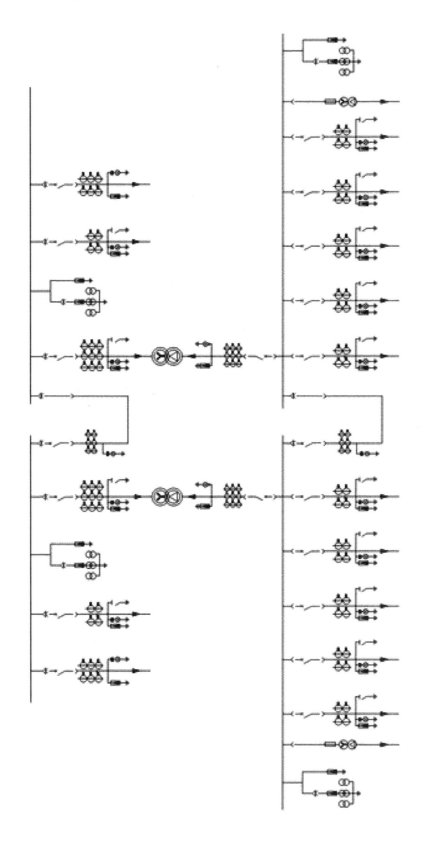

图3-86　方案五

⑥方案六（如图3-87所示）。

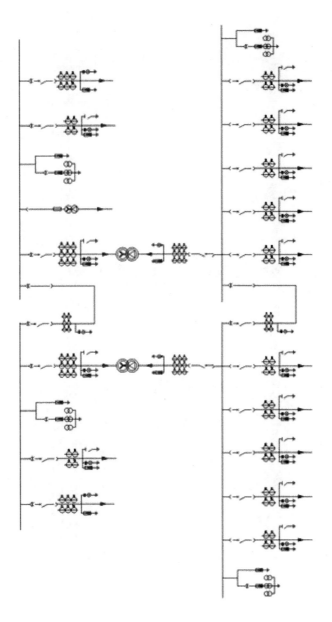

图3-87　方案六

⑦方案七（如图3-88所示）。

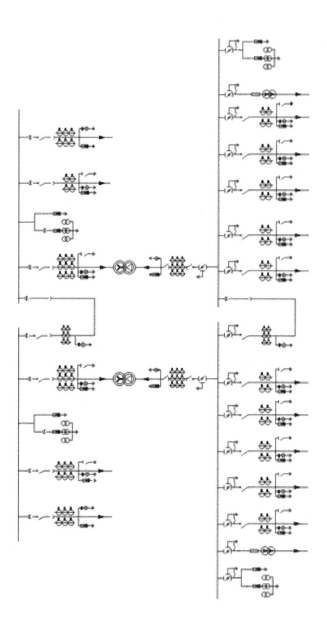

图3-88　方案七

⑧方案八（如图3-89所示）。

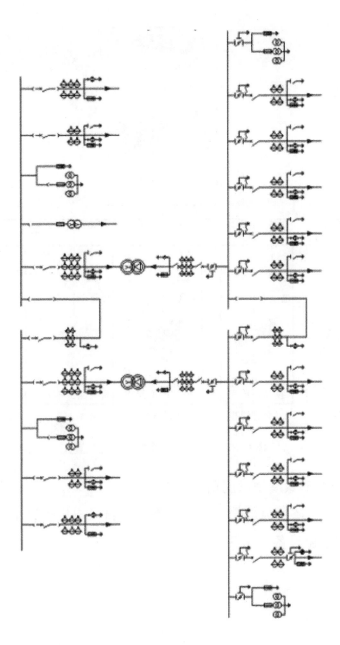

图3-89　方案八

（8）无人值班箱式站系统

无人值班箱式站系统配置图如图3-90所示。

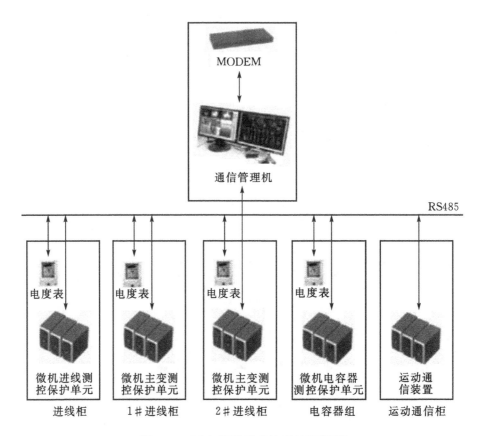

图3-90 无人值班箱式站系统配置图

2）YBF□-40.5/0.69紧凑型风能箱式变电站

YBF□-40.5/0.69紧凑型风能箱式变电站是一种将风电机组发出的0.6～0.69 kV电压升高到35 kV后，并网输出设备（如图3-91所示）。

图3-91 YBF□-40.5/0.69紧凑型风能箱式变电站

（1）YBF□-40.5/0.69紧凑型风能箱式变电站的使用环境与条件。

冷却条件：空气自冷。

户外，环境温度不高于40 ℃，不低于−45 ℃，海拔不超过2000 m，月平均温度不超过30 ℃，年平均温度不超过20 ℃。在25 ℃时，空气相对湿度不超过95%，月平均不超过90%。

水平加速度不大于0.3 g，垂直加速度不大于0.15 g。

安装环境应无明显污秽，无爆炸性、腐蚀性气体和粉尘，安装场所应无剧烈震动冲击，要求安装在水泥平台或其他平整、坚实的平台上。

（2）型号含义如图3-92所示。

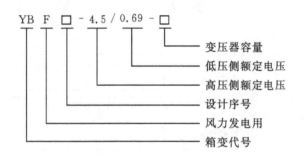

图3-92 型号含义

（3）特点。体积小、结构紧凑、安装方便；可用于环网，也可用于终端，可靠保护人身安全；低损坏、低噪声、性能优越；箱体采用防盗结构；温升低，过负荷能力强。

（4）基础结构如图3-93所示。

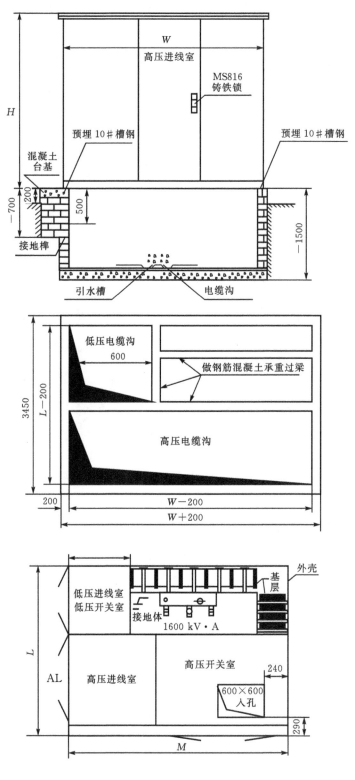

图3-93 基础结构

技术要求：有关尺寸参见YBF□-40.5/0.69紧凑型风能箱式变电站尺寸；混凝土台基表面平整，组合变电站安装完毕后，底座四角用水泥抹封；接地排和电缆固定支架的形式可根据实际情况而定；电缆固定架和接地排应预埋；引出线电缆孔的位置由用户根据具体情况而定；接地网可用∅12镀锌圆钢或30×4镀锌扁钢制作，接地电阻应符合电力部门要求。

（5）主要技术数据如下。

高压开关设备额定电压：40.5 kV；变压器额定电压：35 kV/0.69 kV；变压器容量：1600 kV·A；变压器类型：油浸式；接地导体额定短时耐受电流40 kA，额定峰值电流100 kA；防护等级：IP34D。

3）ZBW□-12系列智能型一体化变电站

如图3-94所示为ZBW□-12系列智能型一体化变电站。

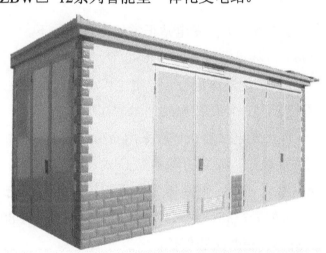

图3-94 ZBW□-12系列智能型一体化变电站

（1）主要技术数据如下。

额定电压：10kV/0.4 kV；

变压器容量：1250 kV·A；

变压器类型：油浸式；

高压开关设备额定电压：12 kV。接地导体额定短时耐受电流40 kA，额定峰值电流100 kA。防护等级：IP34D。

（2）功能特点。高压开关设备、变压器、低压开关设备三位一体，成套性强；高、低压保护完善，运行安全可靠，维护简单；占地少、投资省、生产周期短、移动方便；接地方案灵活多样。

结构独特：独特的蜂窝式结构双重（复合板）外壳牢固，隔热又散热通风、美观、防护等级高，外壳材料一般有不锈钢、钛合金、铝合金、冷扎板、彩钢板等多种式样。

型式多样：通风型、别墅型、紧凑型等。

高压环网柜内可装配网自动化终端（FTU）实现短路及单相接地故障的可靠检测，具备"四遥"功能，便于配网自动化升级。

（3）用途。广泛用于城市电网改造、住宅小区、高层建筑、工矿、宾馆、商场、机场、铁路、油田、码头、高速公路以及临时性用电设施等户内外场所。

（4）型号含义如图3-95所示。

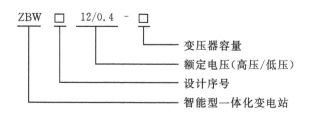

图3-95　型号含义

（5）ZBW□-12系列智能型一体化变电站正常使用条件如下。

海拔高度不超过1000 m；环境温度−25～+40 ℃；相对湿度日平均不大于95%，月平均不大于90%；安装场所无火灾、爆炸危险、导电尘埃、化学腐蚀性气体及剧烈震动。

（6）ZBW□-12系列智能型一体化变电站技术数据如下。

①高压侧：智能型一体化变电站高压一般采用负荷开关——熔断器组合电器保护，熔断器一相熔断后，三相联动脱扣，负荷开关有气压式、真空、六氟化硫等型式可选，可配电动操作机构，实现自动化升级；熔断器为高压限流熔断器，带撞击器，动作可靠，开关容量大，主要技术参数如表3-36、表3-37、表3-38所示。对于800 kV以上的变压器，可选用ZN12、ZN28、VS1等真空断路器保护。

表3-36　负荷开关技术参数

名称	单位	FN12-12负荷开关	FZN21-12真空负荷开关
额定电压	kV	10	
最高工作电压	kV	20	
额定频率	Hz	50	
额定电流	A	630	
额定开断负荷电流	A	630	
热稳定电流（有效值）	kA/s	20/2	20/4
动稳定电流	kA	50	50
短路关合电流（峰值）	kA	50	50
满负荷开断次数	次	20	10000
机械寿命	次	2000	10000

续表

名称	单位	FN12-12负荷开关	FZN21-12真空负荷开关
Lmin工频耐压（相间及对地）	kV	42	42
雷电冲击电压（相间及对地）	kV	75	75

表3-37　高压熔断器技术参数

型号		额定电压/kV	开断电流/A	开断电流/kA	熔体额定电流/A
英国型号	国内型号				
SDL※J		12	40	31.5	6.3，10，16，20，25，31.5，40
SFL※J	XRNT-12	12	100	31.5	50，63，71，80，100
SKL※J		12	125	31.5	25

注：由是否安装撞击器确定，N为无撞针，A为有撞针。

②低压侧：低压侧主要开关采用万能式或智能型断路器（如表3-38所示）选择性保护；出线开关选择新型塑料壳式开关，体积小、飞弧短，最多可达30回路；智能型自动跟踪无功补偿装置，有接触器和无触点两种投切方式供用户选用。

表3-38　万能断路器技术参数

型号	脱扣器形式	脱扣器额定电流/A	通断能力（AC380V）/kV
DW15-630		315，400，630	40
DW15-1000	热-电磁性或电子型	630，800，1000	50
DW15-1600		1600	50
DW15-2500		1600，2000，2500	60
CW1-2000	智能型	630，800，1000，1250，1600，2000	65（80）
CW1-3200		2000，2500，3200	100

注：（80）为高分子断型。

③变压器：智能型一体化变电站选用低损耗、油浸式、全密封S9、S10、S11系列变压器，可选用树脂绝缘或Nomex绝缘环保型干式变压器，底部均配有小车，变压器可方便地进出。

④执行标准包括：GB/T17467—2010《高压/低压预装式变电站》，DL/T537—2002《高压/低压预装箱式变电站选用导则》。

⑥平面图（如图3-96所示）。

（a）"目"字型结构　　　　　　　　　（b）"品"字型结构 1 型

（c）"品"字型结构 2 型　　　　　　　（d）"品"字型结构 3 型

图3-96　平面图

（7）ZBW□-12系列智能型一体化变电站结构如图3-97所示。

图3-97　ZBW□-12系列智能型一体化变电站结构

4）YB27-12系列预装式箱式变电站

YB□型系列预装式变电站是将高压电器设备、变压器、低压电器设备等组合成紧凑型成套配电装置，用于城市高层建筑、城乡建筑、居民小区、高新技术开发区、中小型工厂、矿山油田以及临时施工用电等场所，作配电系统中接受和分配电能之用，如图3-98所示。

它具有成套性强、体积小、结构紧凑、运行安全可靠、维护方便、以及可移动等特点，占地面积仅为同容量常规土建式变电站的1/10～1/5，大大减少了建设费用。在配电系统中可用于环网配电系统，也可用于双电源或放射终端配电系统，是目前城乡变电站建设和改造的首选新型成套设备。

符合GB/T17467—2010《高压/低压预装式变电站》标准和IEC1330标准。

图3-98　YB27-12系列预装式箱式变电站

（1）使用条件如下。

海拔高度低于1000 m；周围环境温度最高不超过＋40 ℃，最低不低于－25 ℃，24小时周期内平均温度不超过＋35 ℃；地震水平加速度不大于0.4 m/s²，垂直加速度不大于0.2 m/s²，无剧烈振动和冲击及爆炸的危险场所。

（2）基本参数如表3-39所示。

表3-39　YB27-12系列预装式箱式变电站基本参数

序号	项目	单位	高压电器	变压器	低压电器
1	额定电压	kV	6，10	6/0.4，10/0.4	0.4
2	额定容量	kV·A		Ⅰ型200～1250	
				Ⅱ型50～400	
3	额定电流	A	630		100～2000
4	额定开断电流	A	负荷开关630 A		15～63
		kA	组合电器取决于熔断器		

序号	项目	单位	高压电器	变压器	低压电器
5	额定短时耐受电流	kA	20×2	200～400 kV·A	15×1
			12.5×4	>400 kV·A	30×1
6	额定峰值耐受电流	kA	31.5，50	200～400 kV·A	30
				>400 kV·A	63
7	额定关合电流	kA	31.5，50		
8	工频耐压（1min）	kV	相对地及相间 42	油浸式 35	≤300V，2
			隔离断口　48	干式 28	>300V，2.5
9	雷电冲击耐压	kV（峰值）	相对地及相间 75	75	
			隔离断口　85		
10	箱体防护等级		IP3X	IP2X	IP30
11	噪声水平	dB		油浸式<55	
				干式<65	

备注：变压器容量小于200 kV·A时，项目5、6不作要求

（3）结构特点。本产品由高压配电装置，变压器及低压配电装置联接而成。分成三个功能隔室，即高压室、变压器室和低压室。高压室功能齐全，由HXGN□-10环网柜组成一次供电系统，可布置成环网供电、终端供电、双电源供电等多种供电方式，还可装设高压计量元件，满足高压计量的要求。变压器可选择S7、S9以及其他低损耗油浸变压器或干式变压器。变压器室设自动强迫风冷系统及照明系统，低压室根据用户要求可采用面板或柜装式结构组成用户所需供电方案，有动力配电、照明配电、无功功率补偿、电能计量等多种功能，满足用户的不同要求，并方便用户的供电管理和提高供电质量。

高压室结构紧凑合理，并且有全面防误操作联锁功能。各室均有自动及强迫照明装置。另外，高、低压室所选用全部元件性能可靠、操作方便，使产品运行安全可靠、操作维护方便。

采用自然通风和强迫通风两种方式。使通风冷却良好。变压器室和低压室均有通风道，排风扇有温检装置，按整定温度能自动启动和关闭，保证变压器满足负荷运行。

箱体结构能防止雨水和污物进入，并采用热镀锌彩钢板或防锈铝合金板制作，经

防腐处理。具备长期户外使用的条件，确保防腐、防水、防尘性能，使用寿命长，同时外形美观。

5）10 kV系列美式箱式变电站

如图3-99所示为10 kV系列美式箱式变电站。

图3-99　10 kV系列美式箱式变电站

五、电力变压器的用途

电力变压器的主要作用是变换电压，以利于功率的传输。在同一段线路上，传送相同的功率，电压经升压变压器升压后，线路传输的电流减小，可以减少线路损耗，提高送电经济性，达到远距离送电的目的，而降压则能满足各级使用电压的用户需要。

1．传输和分配电能：如果是升压变压器，可以把电能送出去；如果是降压变压器或者配电变压器，可以将电能分别输送或分配出去。

2．可以改变一、二次侧的额定电压。

3．可以改变一、二次侧的相位角。

4．起到改善或保护电网的作用，减少或增加相数等。

六、电力变压器的常见故障及维修方法

1．电力变压器故障的检查方法

1）看

通过观察故障发生时的颜色、温度、气味等异常现象，由外向内认真检查变压器的每一处。

（1）变压器运行中渗漏油现象比较普遍，其外面闪闪发光或黏着黑色的液体就可能是漏油；小型变压器装在配电柜中，因为漏出的油流入配电柜下部的坑内，所以不易及时发现。渗漏主要原因是油箱与零部件联接处密封不良、焊件或铸件存在缺陷、

运行中额外荷重或受到振动等；此外，内部故障也会使油温升高，油的体积膨胀，发生漏油。

（2）变压器故障时都伴随着体表的变化。防爆膜龟裂、破损。当呼吸口不灵，不能正常呼吸时，会使内部压力升高引起防爆膜破损；当气体继电器、压力继电器、差动继电器等动作时，可推测是内部故障引起的。

（3）因温度、湿度、紫外线或周围的空气中所含酸、盐等，会引起箱体表面漆膜龟裂、起泡、剥离。因大气过电压、内部过电压等，会引起瓷件、瓷套管表面龟裂，并有放电痕迹。瓷套管端子的紧固部分松动，表面接触面过热氧化，会引起变色。由于变压器漏磁的断磁能力不好及磁场分布不均，产生涡流，也会使油箱的局部过热引起油漆变色。吸湿剂变色是吸潮过度、垫圈损坏、进入其油室的水量太多等原因造成的。通常用的吸湿剂是活性氧化铝（矾土）、硅胶等，并呈蓝色。当吸湿剂从蓝色变为粉红色时，应作再生处理。

2）听

正常运行时，由于交流电通过变压器绕组，在铁芯里产生周期性的交变磁通，引起电工钢片的磁致伸缩，铁芯的接缝与叠层之间的磁力作用及绕组的导线之间的电磁力作用引起振动，发出均匀的"嗡嗡"响声。如果产生不均匀响声或其他响声，都属不正常现象。不同的声响预示着不同的故障现象。

（1）若声响比平常响声增大且尖锐，一种可能是电网发生过电压，例如中性点不接地、电网有单相接地或铁磁共振时，会使变压器过励磁；另一种可能是变压器过负荷，如大动力设备（大型电动机、电弧炉等）负载变化较大，因谐波作用，变压器内会发出低沉的如重载飞机的"嗡嗡"声。此时，再参考电压与电流表的指示，即可判断故障的性质。然后，根据具体情况，改变电网的运行方式与减少变压器的负荷，或停止变压器的运行等。

（2）若变压器发出较大的"啾啾"响声，并造成高压熔丝熔断，则是分接开关不到位；若产生轻微的"吱吱"火花放电声，则是分接开关接触不良。出现该故障时，当变压器投入运行后一旦负荷加大，就有可能烧坏分接开关的触头。遇到这种情况，要及时停电修理。

（3）变压器发出"叮叮当当"的敲击声或"呼呼"的吹风声以及"吱啦吱啦"的像磁铁吸动小垫片的响声，声响较大而噪杂时，可能是变压器铁芯有问题。例如，夹件或压紧铁芯的螺钉松动，铁芯上遗留有螺帽零件或变压器中掉入小金属物件。出现该故障时，仪表的指示一般正常；绝缘油的颜色、温度与油位也无大变化，这类情况不影响变压器的正常运行，可等到停电时处理。

（4）声响中夹有放电的"嘶嘶"或"哧哧"的响声，晚上可以看到火花时，可能是变压器器身或套管发生表面局部放电。如果是套管的问题，在气候恶劣或夜间时，还可见到电晕辉光或蓝色、紫色的小火花，此时，应清除套管表面的脏污，再涂上硅油或硅脂等涂料。如果是器身的问题，把耳朵贴近变压器油箱，则会听到变压器内部由于有局部放电或电接触不良而发出的"吱吱"声或"噼啪"声，若站在变压器跟前就可听到"噼啪"声音，有可能接地不良或未接地的金属部分静电放电。此时，要停止变压器运行，检查铁芯接地与各带电部位对地的距离是否符合要求。

（5）变压器发出"咕嘟咕嘟"的开水沸腾声，可能是变压器绕组发生层间或匝间短路而烧坏，使其附近的零件严重发热。分接开关的接触不良而局部点有严重过热，必会出现这种声音。此时，应立即停止变压器的运行，进行检修。

（6）当声响中夹有爆裂声，既大又不均匀时，可能是变压器本身绝缘有击穿现象。导电引线通过空气对变压器外壳的放电声；如果听到通过液体沉闷的"噼啪"声，则是导体通过变压器油面对外壳的放电声。如属绝缘距离不够，则应停电吊心检查，加强绝缘或增设绝缘隔板。声响中夹有连续的、有规律的撞击或摩擦声时，可能是变压器的某些部件因铁芯振动而造成机械接触。如果发生在油箱外壁上的油管或电线处，可用增加其间距离或增强固定来解决。

3）测

依据声音、颜色及其他现象对变压器事故的判断，只能作为现场的初步判断，因为变压器的内部故障不仅是单一方面的直观反映，它涉及诸多因素，有时甚至出现假象。因此必须进行测量并作综合分析，才能准确可靠地找出故障原因及判明事故性质，提出较完备合理的处理办法。

（1）绝缘电阻的测量。

测量绝缘电阻是判断绕组绝缘状况的比较简单而有效的方法。测量绝缘电阻通常采用绝缘电阻表，3 kV以上的高压变压器一般采用2500 V的绝缘电阻表。

测量项目：测量绕组的绝缘电阻应测量高压绕组对低压绕组及地、低压绕组对高压绕组及地、高压绕组对低压绕组等三个项目。这里的"地"并不是指真正的大地，而是指变压器金属外壳。

绝缘电阻合格值：绝缘电阻与变压器的容量、电压等级有关，与绝缘受潮情况等多种因素有关。所测结果通常不低于前次测量数值的70％即认为合格。根据GB/T6451《油浸式电力变压器技术参数和要求》列出电力变压器绝缘电阻参考值及温度换算系数，如表3-40、表3-41所示。

表3-40 油浸式电力变压器绝缘电阻参考值

单位：MΩ

线圈电压等级/kV	测量温度/℃							
	10	20	30	40	50	60	70	80
0.4	220	130	65	35	18			
3～10	450	300	200	130	90	60	40	25
20～35	600	400	270	180	120	80	50	35
60～220	1200	800	540	360	240	160	100	70

表3-41 油浸式电力变压器绝缘电阻的温度换算系数

温度差/℃	5	10	15	20	25	30	35	40	45	50	55	60
系数K	1.2	1.5	1.8	2.3	2.8	3.4	4.1	5.1	6.2	7.5	9.2	11.2

当油浸式电力变压器测量温度与产品出厂试验温度不相符时，可按表3-41换算到同温度时数值进行比较，公式为

$$R_{\theta_2}=R_{\theta_1}/K$$

式中，R_{θ_2}、R_{θ_1}为温度θ_2、θ_1时的绝缘电阻值，单位为Ω。

【例3-3】某10 kV配电变压器高压侧对地的绝缘电阻值，出厂试验时为50 MΩ（75 ℃时），今在25 ℃时测得其绝缘电阻值为55 MΩ。问其绝缘电阻是否符合要求？

解：温差为75－25＝50（℃），由表3-41查得$K=7.5$，则所测绝缘电阻换算到75 ℃时为$R_{75}=R_{25}/K=55/7.5=7.33$（MΩ），小于50×70%＝35（MΩ），说明该配电变压器绝缘电阻指标不符。

（2）吸收比的测量。

通过测量吸收比可以进一步检查变压器绕组的绝缘良好程度，尤其是绝缘材料的受潮程度。吸收比的测量要用秒表计时间，当绝缘电阻表摇到额定转速（120 r/min）时，将绝缘电阻表接入（可用开关控制）并开始计时，15 s时读取一数值R_{15}，继续摇至60 s时读取另一数值R_{60}。R_{60}/R_{15}就是测量的吸收比。吸收比的标准是$R_{60}/R_{15}\geqslant1.3$，说明变压器没有受潮，绝缘良好；若$R_{60}/R_{15}\leqslant1.2$，说明变压器有受潮现象，绝缘有缺陷，需要进一步检查。

（3）直流电阻的测量。

变压器绕组是发生故障较多的部件之一，当变压器在遭受短路冲击后，往往可能造成绕组扭曲变形，而累积效应会使变形进一步发展；另外由于绕组绝缘损坏，会造成匝间短路甚至是相间短路。变压器绕组可看作是由电阻、电感、电容组成的无源线性网络，其故障必然导致绕组上相部分的分布参数发生变化。绕组发生故障时，由于整体或局部的拉伸和压缩造成匝间距离改变时，突出反映的是绕组的感性变化，当轻微匝间短路时电阻也会有变化，测量时，应分别测量变压器高、低压绕组的直流电阻。对于三相电力变压器，由于高压绕组上装有分接开关，因而要测量分接开关处于不同挡位时的高压绕组电阻值。为便于分析比较，所测数值应别计算三相电阻的误差ΔR。计算方法如下：

$$\Delta R = \left[(R_{max} - R_{min})/R_a \right] 100\%$$

式中：R_{max}——最大一相电阻值，单位为Ω；

R_{min}——最小一相电阻值，单位为Ω；

R_a——三相线电阻或相电阻平均值，单位为Ω。

根据电力变压器制造厂的有关规定：630 kV·A以上的变压器，各相绕组的直流电阻相互间的差别（无中性线引出时为线间差别）不应大于三相平均值的2%；与出厂或交接时所测量的结果比较，相对变化不应大于2%。630 kV·A及以下的相间差别不大于三相平均值的2%。

变压器出厂试验数据中的直流电阻值，一般都是换算成75 ℃时数值，实测数值如果要与出厂数据比较，则必须换算成75 ℃的数值。换算关系如下：

$$R_{75} = KR_\theta$$

式中：R_{75}——换算到75 ℃时的电阻值，单位为Ω；

K——换算系数，$K = (\alpha+75)/(\alpha+\theta)$；

α——温度换算系数，铝线为225，铜线为235；

R_θ——测量时绕组温度为θ（℃）时的电阻值，单位为Ω。

影响三相电阻不平衡的因素是多方面的，特别是容量较大的变压器。低压绕组截面较大，匝数又少，三相绕组中心点的连接稍有不良，即能造成三相不平衡。或者由于分接开关接触不良，个别分接开关电阻偏大，内部不清洁、电镀脱落、弹簧压力不够等也会造成三相电阻不平衡。此外，由于变压器绕组使用导线质量不同，线规有差异、某相绕组部分线匝短路（匝间短路）、三角形接线一相断线也是造成三相不平衡的重要原因。

2. 变压器温升过高的故障排除

变压器在运行中是有损耗的，损耗包括铁芯的磁滞及涡流损耗、绕组的电阻损耗。这些损耗所产生的热量，一方面通过变压器油、散热管、外壳等的传导、辐射、对流方式传到周围环境中去，另一方面使变压器温度升高。经过一定的时间（小型变压器约为10 h，大型变压器约为24 h），变压器即达到稳定的温升。如果温升过高，或者温升速度过快，或与同种产品相比温升明显偏高，就应视为故障表现。温升过高是造成变压器寿命降低的重要原因，也是变压器故障的主要表现。表3-42、表3-43、表3-44、表3-45、表3-46、表3-47、表3-48、表3-49列出了引起过热的原因及排除方法。

表3-42　铁芯局部短路引起过热故障原因及排除方法

故障现象	故障原因	排除方法	备注
运行中的变压器过热，尤其是局部铁芯过热，气体继电器动作。经色谱分析，特征气体是CH_4、H_2、C_2H_4及C_2H_6，并且超标	紧固螺栓拧偏斜，使铁芯局部短路过热	拨正紧固螺栓，加上绝缘套及绝缘垫后，再拧紧螺母	在处理该方面的故障时，如因铁芯局部短路过热，使铁芯本身产生缺陷时，应采取修复措施；如为部分铁芯叠片表面漆膜或氧化膜脱落，则应将该部分叠片抽出，涂上一层薄薄的硅钢片绝缘漆，经烘干处理后再插好
	穿心螺杆绝缘破裂或过热碳化，引起铁芯局部短路和过热	更换破裂或碳化的穿心螺杆绝缘	
	铁质夹件夹紧位置不当，碰到铁芯，造成铁芯局部短路和过热	松开铁夹件且调整位置后再拧紧螺母	
	器身组装及变压器总装中，由于不细心，将焊渣、电焊条头或其他金属异物落在铁芯上，使铁芯局部短路	清除落入铁芯中的焊渣及金属异物	
	穿心螺杆座套过长，座套与铁芯碰撞，造成铁芯局部短路	将穿心螺杆座套卸下锯去一段，再装配好	
	安装接地铜片时，铜片下料过长，连接后铜片又触及另一部分铁芯叠片，形成两点或多点接地和短路，使铁芯局部过热	将接地铜片取出，剪去多余长度后，再插入叠片中固定牢	

表3-43　电力变压器铁芯接地不良引起过热故障原因及排除方法

故障现象	故障原因	排除方法	备注
有清脆的响声从内部传出来；测绕组的介质损耗角正切值偏大；气体继电器动作	铁芯叠片未紧固，有松散现象	松开夹件理顺松散处叠片，再把夹件夹紧使铁芯紧密	出现该故障时，铁芯局部过热，有特征气体出现且变压器内部有间歇放电现象
	铁芯叠片和接地铜片未夹紧	重新紧固	
	低压引线对外壳放电或对铁轭放电	加绝缘套及绝缘管使绝缘良好	

表3-44 铁轭螺杆接地过热故障原因及排除方法

故障现象	故障原因	排除方法	备注
变压器内部产生特征气体、气体继电器动作，如摇测对地绝缘电阻时，电阻值较低，变压器出现局部过热等现象	铁轭绝缘操作或移位，螺杆与轭部硅钢片碰在一起	用新的铁轭绝缘垫换上	处理这类故障时要注意一点，就是螺杆绝缘套长度（在铁轭孔内部分）不要高于铁轭高度，而应比铁轭高度短3～5 mm，这样拧紧螺母后，不会因绝缘套过长而挤裂、挤碎，造成螺杆接地；铁轭绝缘垫要放正，紧固压力要均匀，如用力过猛、压力过大，也会把铁轭绝缘挤破而部分脱落
	螺杆外绝缘套管破碎，螺杆与硅钢片相碰	同规格的绝缘管更换	

表3-45 电源电压高引起铁芯发热故障原因及排除方法

故障现象	故障原因	排除方法	备注
查看高压开关柜上电压表、电流表，发现运行电压过高，超过额定电压7%，运行的变压器箱体过热	其原因属电源线路电压偏高，变压器在高电压下运行，铁芯磁通高度饱和，使铁芯过热显著，波及到油、绕组和箱体过热	调节变压器分接开关（一般调节5%左右），将分接开关由原额定挡位调到最高挡。因分接调到105%挡，即此时绕组匝数增加5%，一次绕组电阻也相应增加5%，而变压器一次绕组通过的电流减少5%，结果变压器铜耗下降，使铁损耗也下降	运行人员测量铁损耗，发现铁损耗较大，说明铁耗使铁芯发热异常

表3-46 引线部分过热故障原因及排除方法

故障现象	故障原因	排除方法	备注
三相直流电阻不平衡大大超过4%，或某相根本不通。引线与套管下部联接不良、引线与软铜片焊接不良或引线之间焊接不良而造成过热或开焊	焊接不良、假焊、焊接面不够	重新焊接	在变压器故障中占的比例较大的是引线故障。它所造成的后果除使变压器不能运行外，严重的还可能危及用户，造成三相电压不平衡而烧毁用户的用电设备，引起极不良的后果，因而在检修和制造时应注意
	由于运输晃动或安装时器身不着箱底（器身摇铃）	重新进行联接	
	由于较大时间过载引起引线松动；低压引线故障的机会较大；尤以变压器中点开焊，造成三相电压不平衡而烧毁用户电器设备为甚	使焊接面、引线截面加大	

表3-47　分接开关故障引起过热故障原因及排除方法

故障现象	故障原因	排除方法	备注
分接开关接触不良、触头烧损、触头之间短路或对地放电	结构与安装上存在缺陷，如弹簧压力不够、接触不可靠，使引线与开关紧固不良；运行维护不良，开关触头结垢，进水受潮；操作不当，开关没有置于正确位置	吊心检查，如开关触头仅发生过热（接触不良或轻微弧迹），可拆下检修后复用；如烧伤严重或触头之间或对地放电，应更换新开关；当触头之间或对地放电，一般可能引起高压线圈调压段线匝变形，严重的应检修线圈或重新绕制线圈	测量不同分接头直流电阻。如果完全不通，是开关完全损坏；某分接头直流电阻不平衡，是触头个别烧毁。由于过热或电弧，绝缘油焦糊气味较重

表3-48　线圈引起过热故障原因及排除方法

故障现象	故障原因	排除方法	备注
变压器线圈故障大部分发生在高压侧，有匝间短路、层间短路或线圈对地放电，还可能是由于变压器发生外短路，使线圈受短路电流冲击，线圈变形，也可能受雷击过压而击穿。线圈一旦出现故障，绝大多数发生严重变形、绝缘烧损、线匝断裂	由于制造和检修质量不良所造成的。在制造和检修上绕线不均有罗匝现象；层间绝缘不足或破损线圈干燥不彻底、线圈主绝缘不足、变压器结构强度不足等；运行维护不当，变压器进水受潮，油质劣化，绝缘下降，造成线圈故障；配电变压器此类故障多发生在C相高压线圈，其位置正好处于储油柜连管下部，进水受潮首当其冲，原因是有些储油柜连管未伸进筒内25 mm上（水与沉积物进入变压器），或者呼吸孔直冲连管，吸潮器年久失修所造成	吊心检查，确定故障情况和检修方法。如果只一相损坏可配包。如故障严重，铜珠喷洒在各线圈中，应考虑全部线圈再生。对于储油柜及密封不严之处，进行技术改进	通常发生线圈故障多出现储油柜喷油、箱体胀鼓、油味焦臭，可测量绝缘电阻和直流电阻，若绝缘电阻跑"零"，直流电阻增大并不稳定等，表示线圈出现故障

表3-49　铁芯叠片周连毛刺大，缝隙不均造成铁芯过热故障原因及排除方法

故障现象	故障原因	排除方法	备注
变压器在运行中有较大响声，铁芯过热，测铁损耗时发现铁损耗过大	穿心螺杆上螺母松动，轭铁和边柱上下端部叠片有外张里凹现象，对接处缝隙不均。叠片毛刺大，将造成铁片叠片局部短路，由此产生的涡流使铁芯局部过热	拆下穿心螺杆及夹件，取出一、二次绕组，对铁芯进行全面检查，发现叠片毛刺较大，用千分尺测量几十片叠片周边，毛刺最小处为0.08 mm，最大处达0.12 mm，肉眼看得明显，手摸时划指皮，毛刺明显超标；将叠片经去毛刺机打去边缘毛刺后涂漆烘干处理	这两例均属操作不当造成。毛刺大是由于剪切时，刀刃不锋利或上下刀刃间间隙过大；铁芯叠装时，一是定位装置未调整好，四角不垂直，放片不仔细，造成搭接和错位现象

续表

故障现象	故障原因	排除方法	备注
变压器在运行中有较大响声，铁芯过热，测铁损耗时发现铁损耗过大	轭片和边柱、叠压时心柱间缝隙大小不均，个别处还出现搭接，接缝处产生涡流，促使铁芯过热	叠放片前先校正好叠装台及定位装置，叠片时两人操作，一人站一边，边放片边查看叠片两端缝隙，要求缝隙均匀；叠片放好后，穿入穿心螺杆时一定要套入绝缘套管和垫上绝缘垫，拧螺母用力不可过猛，边拧边用专用工具检测其水平及垂直方向尺寸，经调整无误，最后再拧紧螺母	这两例均属操作不当造成。毛刺大是由于剪切时，刀刃不锋利或上下刀刃间隙过大；铁芯叠装时，一是定位装置未调整好，四角不垂直，放片不仔细，造成搭接和错位现象

3. 变压器输出电压异常的故障排除

在正常情况下，变压器输出电压应维持在一定范围内，偏低或偏高属异常现象。查找这种故障，首先从电源电压入手，电源电压偏低或偏高，使输出电压必然偏低或偏高。对这种情况，只要测量电源电压即可。如果电源为高压，可通过电压互感器进行测量比较。此外，以下原因均可使变压器输出电压异常。

1）分接开关挡位不正确

对于高压电力变压器，分接开关是用来调压的。10 kV配电变压器分接开关有3挡，各挡的电压比见表3-50，如果电源电压低而分接开关置于1挡，则输出电压必然低，反之则输出电压偏高。

表3-50　10 kV变压器分接开关挡位对应的电压比

挡位	高压/kV	低压/V
I	10.5	400
II	10.0	
III	9.5	

2）绕组匝间短路

变压器高压或低压绕组发生匝间短路，实际上改变了高低压绕组的匝数比，即改变了电压比。若高压绕组发生匝间短路，一次侧匝数N_1减少，变压器变比减少，输出电压升高。若低压绕组发生匝间短路，二次侧匝数N_2减少，变压器电压比增加，输出电压降低。匝间短路故障可通过测量绕组直流电阻或变压比进一步查找。

3）三相负载不对称

配电变压器如果供给照明、电焊机类单相负载较多，这些负载不是三相对称的，则三相电流不对称，从而引起变压器内三相阻抗压降不等，使三相输出电压不平衡。三相负载不对称，最严重的情况是只有一相带有额定负载，其余两相空载。这时，带有负载

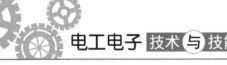

的相电压明显降低，空载的另外两相电压明显升高，严重时，相电压可升高1.73倍。正是这种情况，经常见到当某相电焊机工作时，其他两相上的灯泡明显变亮，甚至烧毁，而有电焊机工作的那一相，灯泡明显变暗，其原因就在这里。为了限制负载的不对称程度，有关规程规定，变压器零线上的电流不得超过相线额定电流的25%。

4）高压侧一相缺电

高压侧一相缺电，将引起低压侧输出电压严重不平衡，假设W相断电，这时$I_W=0$，U、V两绕组流过的是同一电流$I_U=-I_V$，铁芯中的磁通将发生变化。W相绕组串联的磁通量为$\Phi_U-\Phi_V$，由于Φ_U、Φ_V经过的磁路不同，其值也不会完全相等，就使得低压侧W相电压不为0。同样，也可以分析低压侧的电压变化。由于各种变压器的铁芯结构，绕组形式不同，所以高压侧缺一相电，低压侧的电压分将呈现不同的情况。表3-51列出了某10 kV配电变压器高压侧各相分别断相后，低压侧电压的分布情况，可供查找故障时参考。

变压器二次侧的电势随一次侧电势变化，所以在一次侧W相断后，二次侧的电压分别降到正常值的0.866倍。在事故时，凡是接在U、V相的单相负荷运行电压降14%左右。因此，对变压器在运行时无论是一次侧还是二次侧一相断开，都必须引起高度重视。

表3-51 某配电变压器高压侧缺相时低压侧各相电压分布

类别	低压侧电压/V					
	U_{UV}	U_{VW}	U_{WU}	U_{UN}	U_{VN}	U_{WN}
正常值	390	400	390	220	227	225
U相断电	205	390	190	10	200	190
V相断电	320	420	390	190	225	240
W相断电	390	420	280	155	260	200

除上述原因外，由于铁芯和绕组存在某些缺陷，如漏磁阻抗时，电压降低很多，也可导致变压器输出电压异常。

【二】学生动手检修一台运行不正常的电力变压器并撰写检修报告。

温馨提示：首先，根据故障现象初步判断故障原因；其次，结合【一】中相关知识进行维修；最后，写出维修报告，进而达到学习、实践、积累的目的。

【三】学生动手为某小区设计选择一台电力变压器并撰写报告。

温馨提示：小区住户600户，户均面积80 m²（三室两厅）。

温馨提示：完成【二】【三】后，进入总结评价阶段。分自评、教师评两种，主要是总结评价本次安装、调试、演示过程中做得好的地方及需要改进的地方等。根据评分的情况和本次任务的结果，填写如表3-52、表3-53所列的表格。

表3-52　学生自评表格

任务完成进度	做得好的方面	不足、需要改进的方面

表3-53　教师评价表格

学生在本次任务中的表现	学生进步的方面	学生不足、需要改进的方面

【四】写总结报告。

温馨提示：报告可涉及内容为本次任务，也可谈谈本次实训的心得体会。

任务小结

本次任务主要是学习电力变压器结构、电力变压器原理、电力变压器分类、电力变压器型号、电力变压器用途、常见故障及维修方法。

问题探究

一、变压器

变压器（Transformer）是利用电磁感应的原理来改变交流电压的装置，主要构件是初级线圈、次级线圈和铁芯（磁芯）。主要功能有：电压变换、电流变换、阻抗变换、隔离、稳压（磁饱和变压器）等。按用途可以分为：配电变压器、电力变压器、全密封变压器、组合式变压器、干式变压器、油浸式变压器、单相变压器、电炉变压器、整流变压器等，外形如图3-100所示。

图3-100　变压器

二、变压器简介

法拉第在1831年8月29日发明了一个"电感环"。这是第一个变压器，但法拉第只是用它来示范电磁感应原理，并没有考虑过它可以有实际的用途；1881年，路森·戈拉尔和约翰·狄克逊·吉布斯在伦敦展示一种称为"二次手发电机"的设备，然后把这项技术卖给了美国西屋公司， 这可能是第一个实用的电力变压器，但并不是最早的变压器；1884年，路森·戈拉尔和约翰·狄克逊·吉布斯在采用电力照明的意大利都灵市展示了他们的设备。早期变压器采用直线型铁芯，后来被更有效的环形铁芯取代；西屋公司的工程师威廉·史坦雷从乔治·威斯汀豪斯、路森·戈拉尔与约翰·狄克逊·吉布斯买来变压器专利以后，在1885年制造了第一台实用的变压器。后来变压器的铁芯由E型的铁片叠合而成，并于1886年开始商业运用。

变压器变压原理首先由法拉第发现，但是直到19世纪80年代才开始实际应用。在发电场应该输出直流电和交流电的竞争中，交流电能够使用变压器是其优势之一。变压器可以将电能转换成高电压低电流形式，然后再转换回去，因此大大减小了电能在输送过程中的损失，使得电能的经济输送距离达到更远，如此一来，发电厂就可以建在远离用电的地方，世界大多数电力经过一系列的变压最终才到达用户那里的。

三、变压器的基本原理

如图3-101所示，一个简单的单相变压器由两块导电体组成，当其中一块导电体有一些不定量的电流（如交流电或脉冲式的直流电）通过，便会产生变动的磁场。根据电磁的互感原理，这变动的磁场会使第二块导电体产生电势差。假如第二块导电体是一条闭合电路的一部份，那么该闭合电路便会产生电流。电力于是得以传送。在通用的变压器中，有关的导电体是由（多数为铜质的）电线组成线圈，因为线圈所产生的磁场要比一条笔直的电线大得多。

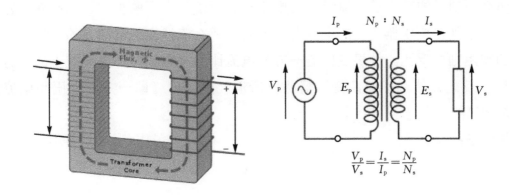

图3-101 变压器的基本原理

变压器的原理是由变化的电压加到原线圈在磁芯上产生变化的磁场，从而激发其他线圈产生变化的电动势。原线圈、副线圈的电压 V_S、V_P 和两者的绕线的匝数 N_S、N_P 之间有正比的关系：

$$\frac{V_P}{V_S} = \frac{N_P}{N_S}$$

即电压与圈数成正比。

原、副线圈中的电流与线圈圈数成反比，如式：$I_S N_S = I_P N_P$

在以上两个算式中：

①V_p 是输入方的电压（Primary Voltage）；

②V_s 是输出方的电压（Secondary Voltage）；

③N_p 是输入方的线圈圈数（Numbers of turns in the Primary Winding）；

④N_s 则是输出方的线圈圈数（Numbers of turns in the Secondary Winding）。

因此可以减小或者增加原线圈和副线圈的匝数比，从而升高或者降低电压，变压器的这个性质使它成为转换电压的重要设备。另外，撇除泄漏的因素，变压器某一方（线圈）的电压可以从以下算式求得：

$$E = 4.44 \times N \times (B \times A) \times f$$

在算式中：

①E 是流经该线圈的电压的方根均值（root mean square）；

②f 是电流的频率（单位为 H_z）；

③N 是线圈的圈数；

④A 是线圈内空间（铁芯）的切面面积（单位为 m^2）；

⑤B 是通过线圈内空间（铁芯）的磁力（单位为 Wb/m^2）。

注意：常数值4.44是为了使算式结果对应于计算出来的单位而设。

根据能量守恒定律，变压器输出的功率不能超越输入它的功率，根据欧姆定律，变压器的负载所消耗的功率等于流经它的电流与其两端的电压的乘积，因此变压器不会是放大器。如果处在变压器两方的电压有所不同，那么流经变压器两方的电流也会不同，而两者的差距则成反比。如果变压器一方的电流比另一方小，那电流较小的一方会有较大的电压；反之亦然。然而，变压器两方所消耗的功率（即一方的电压和电流两值相乘）应是相等的。

转换因子：

$$a = \frac{N_1}{N_2}$$

线圈等效自感值：

$$L = \frac{N^2}{R_i}$$

线圈等效互感值：

$$M = \frac{N_1 N_2}{R_i}$$

四、变压器的能量损失

理想的变压器没有能量流失，所以拥有100%效率。在现实之中，大容量的变压器的效率可达98%；但小型的变压器流失会较严重，而它们的效率可能低于85%。

1. 变压器主要能量损失项定义

（1）铜损即线圈的电阻：电流通过导电体时产生热能（电流要较高，发出的热人体才感觉的到），造成能量损失。和其他种类的流失不同，这种流失并不是来自变压器的铁芯。

（2）铁损：是涡流损耗和磁滞损耗的和。

（3）涡流损：磁力使铁芯产生环回电流，导致能量化成热并流失至外界。把铁芯切成不相通的薄片可以减少这种流失。

（4）磁力流失：所有未被输出方线圈接收的磁场线均会造成能量流失。

（5）磁滞损：铁芯的滞后作用使每次磁场改变时造成能量流失。这种流失的大小取决于铁芯的原料。

（6）力流失：交替的磁场使导线、铁芯与附近的金属之间的电磁力产生变化，结果形成振动和能量流失。

（7）磁滞伸缩：交替的磁场使铁芯出现伸缩。如果铁芯的原料容易受伸缩影响，分子之间的摩擦会导致能量流失。

（8）冷却设备：大型的变压器一般配备冷却用的电风扇、油泵或注水的散热器。这些设备所使用的能量一般亦算作变压器的能量流失。

（9）变压器运作时的噪音一般来自磁力流失或磁致伸缩所造成的振动。

2. 变压器常用的能量损失简单计算

（1）铜损：

$$P_C = I_1^2 R_C$$

（2）铁损：

$$P_i = P_h + P_e$$

（3）当司坦麦系数为$n=2$时，且使用于变压器$B=V/f$，磁滞损如下：

$$P_h = k_h f B^n = k_h \frac{V^2}{f}$$

（4）涡流损与电源频率平方及最大磁通密度成正比，并与变压器内的矽钢片厚度平方成正比，和司坦麦系数无关：

$$P_e = k_e f^2 B^2 = k_e V^2$$

五、变压器无法胜任的工作

（1）直接把直流电转成交流电，或直接把交流电转换为直流电。前者必须使用逆变器，后者必须使用整流器。

（2）改变直流电的电压或电流。

（3）变更交流电的频率，必须使用变频器。

（4）把单相电流转为多相电流。

六、变压器的分类

1）电力变压器

电力变压器是通过电磁耦合把一种等级的电压转换成同频率的另一种等级的电压的一种静止的电气一次设备，如图3-102所示。它是电力系统主要的元件之一，常规型变压器用于输、受电（即升、降压），自耦型变压器用于耦合不同电压等级的电力系统。在电力长途传输中，变压器担当重要的角色。

图3-102　电力变压器

2）电子变压器

（1）内含电子电路的变压装置。

①AC-AC电子式变压器，例如日光灯用电子变压兼安定器。

②交换式电源供应器，例如AC-DC交换式电源供应器，或DC-DC电压转换器。

（2）电子设备中使用的变压器为电子用变压器。例如电源常用的降压变压器。

3）隔离变压器

隔离变压器是在使用某些电器时为了人身安全而加设的。隔离变压器的隔离是指变压器初级侧与次级侧之间是电绝缘的，并保有一定的安全距离。变压器的隔离是隔离原副边绕线圈各自的电流。在维修一些家用电器时，应该关闭电源以防止触电或因漏电产生的危险。须要注意的是，选用隔离变压器的原则是：隔离变压器的容量一定要大于所维修的家电电器的功率。

隔离变压器同样利用电磁感应原理，只是隔离变压器一般是指1∶1的变压器。由于次级不和地相连，次级任一根线与地之间没有电位差，使用安全。隔离变压器常用作维修电源。此外，隔离变压器也不全是1∶1变压器。控制变压器和电子管设备的电源也是隔离变压器。如电子管扩音机、电子管收音机、示波器和车床控制变压器等电源都是隔离变压器。如为了安全维修彩电常用1∶1的隔离变压器。隔离变压器使用很广泛，在空调中也是使用隔离变压器。

4）磁饱和变压器

磁饱和变压器用于稳压。

5）电力启动变压器

交流电机启动时为降低对电网的冲击，常常采用降压启动方法，为此设计有专门用途的变压器，即电力启动变压器。

6）自耦变压器

自耦变压器是一个特例，变压器的其中一个线圈成为另一个线圈的一部分，如图

3-103所示。自耦变压器也常常用于电机起动。自耦式变压器是只有一组线圈同时用作原线圈及副线圈的变压器。降压时会从共用线圈引出一部分用作副线圈，而当升压时会从共用线圈引出比原线圈多的一部分用作副线圈。自耦变压器是指它的绕组一部分是高压边和低压边共用的。另一部分只属于高压边。根据结构还可细分为可调压式和固定式。自耦变压器的耦是电磁耦合的意思，普通的变压器是通过原副边线圈电磁耦合来传递能量，原副边没有直接的电的联系，自耦变压器原副边有直接的电的联系，它的低压线圈就是高压线圈的一部分。自耦变压器的工作原理其实和普通变压器一样的，只不过它的原线圈就是它的副线圈。一般的变压器是左边一个原线圈通过电磁感应，使右边的副线圈产生电压，自耦变压器是自己影响自己。自耦变压器是只有一个绕组的变压器，当作为降压变压器使用时，从绕组中抽出一部分线匝作为二次绕组；当作为升压变压器使用时，外施电压只加在绕组的一部分线匝上。通常把同时属于一次和二次的那部分绕组称为公共绕组，自耦变压器的其余部分称为串联绕组，同容量的自耦变压器与普通变压器相比，不但尺寸小，而且效率高，并且变压器容量越大，电压越高，这个优点就越加突出。因此随着电力系统的发展、电压等级的提高和输送容量的增大，自耦变压器由于其容量大、损耗小、造价低而得到广泛应用。

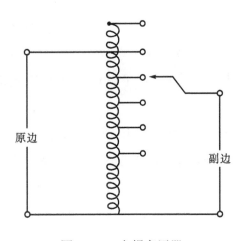

图3-103　自耦变压器

7）多相变压器——三相变压器

三相变压器广泛使用于工业用途上，用于变换电压及电流。三相电流是最常见用于产生、传导及使用电力的方式，因此，了解三相变压器如何连接是必要的。此变压器是由三绕组单相变压器建构在一单独线圈上，并且放置于充满绝缘油的附件上。绝缘油有数个功能，第一，由于绝缘，一个非导电体的电力可提供绕组与外壳之间的电气绝缘；第二，它也可以用来冷却及防止湿气产生（湿气会导致绕组的绝缘下降）。

8）漏磁变压器

漏磁变压器用于负载急剧变化而又要求逐步趋于稳定状态的电子设备中，如荧光灯电源、离子泵电源等设备，外形如图3-104所示。这一类负载表现为开始工作时阻抗较大，需要较高的瞬间电压；而当稳定工作时，负载阻抗较小，需将负载电流限制在允许值内，以使其能正常工作。

图3-104　漏磁变压器

9）谐振变压器

谐振变压器（resonant transformer）属于一种漏感变压器，利用变压器的漏感与外加电容形成谐振电路。谐振变压器的例子有：

（1）可以产生高压的特斯拉线圈，它可以供应比静电式的范德格拉夫起电机更多的电流。

（2）用于CCFL逆变器（冷阴极荧光灯用逆变器）之中。

（3）用于超外差（superheterodyne）接收机的级间耦合，也就是这类收音机中所使用的中频变压器，它要调谐在中频频率上，以提供良好的频率选择性。

七、变压器结构

一个变压器通常包括：两组或两组以上的线圈——以输入交流电电流与输出感应电流；一圈金属芯——它把互感的磁场与线圈耦合在一起。

变压器一般运行在低频、导线围绕铁芯缠绕成绕组。虽然铁芯会造成一部分能量的损失，但这有助于将磁场限定在变压器内部，并提高效率。电力变压器按照铁芯和绕组的结构分为芯式结构和壳式结构，以及按照磁通的分支数目（三相变压器有3、4或5个分支）分类，它们的性能各不相同。

1）芯

①薄片钢芯：变压器通常采用硅钢材料的铁芯作为主磁路。这样可以使线圈中磁场

更加集中，变压器更加紧凑。电力变压器的铁芯在设计的时候必须防止达到磁路饱和，有时需要在磁路中设计一些气隙减少饱和。实际使用的变压器铁芯采用非常薄、电阻较大的硅钢片叠压而成。这样可以减少每层涡流带来的损耗和产生的热量。电力变压器和音频电路有相似之处。典型分层铁芯一般为E和I字母的形状，称作"EI变压器"。这种铁芯的一个问题就是当断电之后铁芯中会保持剩磁。当再次加电后，剩磁会造成铁芯暂时饱和。对于一些容量超过数百瓦的变压器会造成严重后果，如果没有采用限流电路，涌流可造成主熔断器熔断。更严重的是，对于大型电力变压器，涌流可造成主绕组变形等。

②实芯铁芯：在如开关电源之类的高频电路中，有时使用具有较高的磁导率和电阻率的铁磁材料粉末铁芯。在更高的频率下，需要使用绝缘体导磁材料，常见的有各种称作铁素体的陶瓷材料。在一些调频无线电电路中的一些变压器铁芯采用可调铁芯，来配合耦合电路达到谐振。

除此之外变压器还有空气芯和卷铁芯等。

2）线圈

线圈由电磁线所构成，用于环绕铁芯，藉以通电产生磁场，或是经由磁场产生感应电流。

3）绝缘保护

绝缘保护一般是将绝缘漆、绝缘纸等用于匝间及铁芯间的绝缘。

4）屏蔽物

屏蔽物一般是变压器外壳等，用于屏蔽或保护之用。

5）冷却剂

有的变压器利用液态物质的循环进行热量的疏散。常用的液态物质为变压器油（transformer oil），其主要成分为烷烃、环烷烃、芳香烃等化合物。变压器油比热容较大，它吸收热量体积膨胀上升，在管中形成循环，再通过散热装置将热量散发到空气中。有的变压器利用气态物质（如六氟化硫）作为冷却剂。由于导热能力的限制，气体冷却剂一般应用于小容量变压器。

关于变压器油，绝大多数采用的是矿物油，极少数的变压器采用的是植物油。矿物油泄露可能会对环境造成污染，而植物油污染程度就会少很多。而且植物油的闪点要比矿物油的高。所以，在将来植物油可能会取代矿物油。

6）接头

接头是指绕线间及外部的连接点的接线。

八、电力变压器的送电

（1）新变压器除厂家进行出厂试验外，安装完成投运前均应现场吊芯检查；大修后也一样。（短途运输没有颠簸时可不进行，但应作耐压等试验）。

（2）变压器停运半年以上时，应测量绝缘电阻，并做油耐压试验。

（3）变压器初次投入应做不大于5次全电压合闸冲击试验，大修后为至少3次，同时应空载运行24 h无异常，才能逐步投入负载；并做好各项记录。目的是为了检查变压器绝缘强度能否承受额定电压或运行中出现的操作过电压，也是为了考核变压器的机械强度和继电保护动作的可靠程度。

（4）新装和大修后的变压器绝缘电阻，在同一温度下，应不低于制造厂试验值的70%。

（5）为提高变压器的利用率，减少变损，变压器负载电流为额定电流的75%～85%时较为合理。

九、电力变压器的巡检

变配电所有人值班时，每班巡检一次，无人值班可每周一次，负荷变化激烈、天气异常、新安装及变压器大修后，应增加特殊巡视，周期不定。巡检内容如下：

（1）负荷电流是否在额定范围之内，有无剧烈的变化，运行电压是否正常。

（2）油位、油色、油温是否超过允许值，有无渗漏油现象。

（3）瓷套管是否清洁，有无裂纹、破损和污渍、放电现象，接触端子有无变色、过热现象。

（4）吸潮器中的硅胶变色程度是否已经饱和，变压器运行声音是否正常。

（5）瓦斯继电器内有否空气，是否充满油，油位计玻璃有否破裂，防爆管的隔膜是否完整。

（6）变压器外壳、避雷器、中性点接地是否良好，变压器油阀门是否正常。

（7）变压器间的门窗、百叶窗铁网护栏及消防器材是否完好，变压器基础有否变形。

十、电力变压器的定期保养

（1）油样化验——耐压、杂质等性能指标每三年进行一次，变压器长期满负荷或超负荷运行者可缩短周期。

（2）高、低压绝缘电阻不低于原出厂值的70%（10 MΩ），绕组的直流电阻在同一温度下，三相平均值之差不应大于2%，与上一次测量的结果比较也不应大于2%。

（3）变压器工作接地电阻值每二年测量一次。

（4）停电清扫和检查的周期，根据周围环境和负荷情况确定，一般半年至一年一次；主要内容有清除巡视中发现的缺陷、瓷套管外壳清扫、破裂或老化的胶垫更换、连接点检查拧紧、缺油补油、呼吸器硅胶检查更换等。

十一、电力变压器的接地

（1）变压器的外壳应可靠接地，工作零线与中性点接地线应分别敷设，工作零线不能埋入地下。

（2）变压器的中性点接地回路，在靠近变压器处，应做成可拆卸的连接螺栓。

（3）装有阀式避雷器的变压器其接地应满足三位一体的要求；即变压器中性点、变压器外壳、避雷器接地应连接在一处共同接地。

（4）接地电阻应小于等于4 Ω。

十二、电力变压器的保护选择

（1）变压器一次电流为S/（1.732×10），二次电流为S/（1.732×0.4）。

（2）变压器一次熔断器选择为1.5～2倍变压器一次额定电流（100 kV·A以上变压器）。

（3）变压器二次开关选择为变压器二次额定电流。

（4）800 kV·A及以上变压器除应安装瓦斯继电器和保护线路，系统回路还应配置相适应的过电流和速断保护；定值整定和定期校验。

十三、电力变压器的并行条件

应同时满足以下条件：连接组别应相同、电压比应相等（允许有±0.5%的误差）、阻抗电压应相等（允许有±10%的差别）、容量比不应大于3：1。

三相变压器是3个相同的容量单相变压器的组合。它有三个铁芯柱，每个铁芯柱都绕着同一相的2个线圈，一个是高压线圈，另一个是低压线圈。

十四、电力变压器的防火防爆

电力变压器是电力系统中输配电力的主要设备。电力变压器主要是将电网的高压电降低为可以直接使用的6000伏（V）或380伏（V）电压，给用电设备供电。

如变压器内部发生过载或短路，绝缘材料或绝缘油就会因高温或电火花作用而分解，膨胀以至气化，使变压器内部压力急剧增加，可能引起变压器外壳爆炸，大量绝缘油喷出燃烧，油流又会进一步扩大火灾危险。

电力变压器运行中防火防爆的内容有以下几个方面：

（1）不能过载运行：长期过载运行，会引起线圈发热，使绝缘逐渐老化，造成短路。

（2）经常检验绝缘油质：油质应定期化验，不合格油应及时更换，或采取其他措施。

（3）防止变压器铁芯绝缘老化损坏，铁芯长期发热造成绝缘老化。

（4）防止因检修不慎破坏绝缘，如果发现擦破损伤，应及时处理。

（5）保证导线接触良好，防止接触不良产生局部过热。

（6）防止雷击，变压器会因击穿绝缘而烧毁。

（7）短路保护：变压器线圈或负载发生短路，如果保护系统失灵或保护定值过大，就可能烧毁变压器。为此要安装可靠的短路保护。

（8）保证接地良好。

（9）通风和冷却：如果变压器线圈导线是A级绝缘，其绝缘体以纸和棉纱为主。温度每升高8 ℃其绝缘寿命要减少一半左右；变压器正常温度90 ℃以下运行，寿命约为20年；若温度升至105 ℃，则寿命约为7年。变压器运行，要保持良好的通风和冷却。

任务 2 控制变压器

⚒ 学习目标

1. 掌握控制变压器结构。
2. 掌握控制变压器原理。
3. 掌握控制变压器分类。
4. 掌握控制变压器型号。
5. 掌握控制变压器用途。
6. 掌握控制变压器常见故障及维修方法。

⚒ 工作任务

本任务需要学习控制变压器结构；掌握控制变压器原理；掌握控制变压器分类；掌握控制变压器型号；掌握控制变压器用途；掌握控制变压器常见故障及维修方法。首先，回顾生活中涉及控制变压器的场合，引出本次学习任务；再经过本次任务学习后写出学习报告（重点为控制变压器结构；控制变压器原理；控制变压器分类；控制变压器型号；控制变压器用途；控制变压器常见故障及维修方法；最终我们要达到的目标——学会控制变压器的简单维修）。

⚒ 任务实施

【一】准备。

在各种电气设备中，往往需要不同的电压电源。例如，日常生活中的照明用电，都是220 V或者110 V；机床、粉碎机等机器的电动机用电为380 V；而安全照明用电是36 V；城市工业供电线路的电压高达6 kV或10 kV。由于对用电要求不同，以及便于配备相适应的各种电器元件，将电压分成了许多等级，500 V级及以下、3 kV、6 kV、10 kV、35（44）kV、60 kV、110 kV、154 kV、220 kV、330 kV级。其中，500 V以下电压称为低压系统，3 kV及以上称为高压系统。

现代化的工业企业广泛地采用了电力作为能源，电能都是由水电站和发电厂的发电机直接转化出来的。发电机发出来的电力根据输送距离将按照不同的电压等级输送出去，就需要有一种专门改变电压的设备，这种设备叫做"控制变压器"。

控制变压器在输配电系统中占着很重要的地位，要求它安全可靠地运行，当控制变压器在运行中损坏时，则将造成停电事故。所以，控制变压器是非常重要的电气设备。除了在电力系统之外，在其他方面控制变压器的应用也十分广泛。例如，根据配套需要供给冶炼用电炉控制变压器；电解或化工用整流控制变压器；煤矿用防爆控制变压器和特殊结构的矿用控制变压器；以及交通运输用的电机车控制变压器和船用控制变压器等。

控制变压器和普通变压器原理没有区别，只是用途不同。控制变压器主要适用于交流50 Hz（或60 Hz），电压1000 V及以下电路中，在额定负载下可连续长期工作，通常用于机床、机械设备中控制电器或局部照明灯及指示灯的电源之用。

一、控制变压器结构

如图3-105所示，控制变压器主要部分是由铁芯、线圈和绝缘材料组成，其中铁芯是用0.35～0.5 mm的硅钢片叠成的；线圈用铜线或铝线绕制的，绝缘材料作为线圈与线圈之间、线圈与铁芯之间彼此绝缘使之有足够的电气强度，才能保证安全运行。

图3-105　控制变压器结构

二、控制变压器原理

控制变压器和电力变压器原理没有区别，只是用途不同，故此处不再赘述，详见项目三中的任务1相关内容。

三、控制变压器分类

机床控制变压器主要分为JBK系列机床控制变压器、BK系列机床控制变压器、BKC系列机床控制变压器。

1. JBK系列机床控制变压器

JBK系列机床控制变压器，一般包括JBK1、JBK2、JBK3、JBK4、JBK5、JBK6系列机床控制变压器，如图3-106所示。

(a)JBK1 系列机床控制变压器

(b)JBK2 系列机床控制变压器

(c)JBK3 系列机床控制变压器

(d)JBK4 系列机床控制变压器

JBK5 - 40 - 630

JBK5 - 40 - 630

JBK5 - 1000 - 2500

(e)JBK5 系列机床控制变压器

(f)JBK6 系列机床控制变压器

图3-106　JBK系列机床控制变压器

2. BK系列机床控制变压器

BK系列控制变压器适用于50～60 Hz的交流电路中，作为机床和机械设备中一般电器的控制电源，局部照明及指示灯电源，产品符合JB/T9646标准，外形如图3-107所示。

图3-107　BK系列机床控制变压器

常用BK系列机床控制变压器规格。

（1）额定容量：25 V·A、50 V·A、100 V·A、150 V·A、200 V·A、250 V·A、300 V·A、400 V·A、500 V·A、700 V·A、1000 V·A、1500 V·A、2000 V·A、3000 V·A、5000 V·A。

（2）初级电压：220 V、380 V或根据用户需求而定。

次级电压：6.3 V、12 V、24 V、36 V、110 V、127 V、220 V、380 V或根据用户需求而定。

3．BKC系列机床控制变压器

BKC系列变压器由国内专业生产厂家生产，质量严格符合国家行业相关标准，具有损耗低、安装简单、维修方便、体积小、散热快、使用寿命长等特点，是国内新型电器控制电源的节能配电产品，外形如图3-108所示。

图3-108　BKC系列机床控制变压器

4．DK系列机床控制变压器

DK系列机床控制变压器，适用于50～60 Hz电压至500 V的电路中，通常用作机床控制电器局部照明灯及指示的电源之用，外形如图3-109所示。

图3-109　DK系列机床控制变压器

四、控制变压器型号

1．JBK1系列机床控制变压器

JBK1系列机床控制变压器为干式空气自冷型变压器，适用于额定频率50～60 Hz、额定电压660 V以下、额定输出电压不超过380 V的电路中。通常作机床、各类机械的一般控制电源或局部照明灯及指示灯的电源之用。本系列变压器是其他控制变压器的更新换代产品，具有工作可靠、耗能低，体积小、接线安全、适用性广等特点。产品符合GB5226.1—2008、JB/T5555—2013标准。

1）型号含义

如图3-110所示为JBK1系列机床控制变压器型号含义。

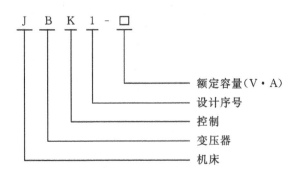

图3-110　JBK1系列机床控制变压器型号含义

2）使用环境条件

海拔不超过2000 m；环境温度：－5～40 ℃，24小时平均值不超过35 ℃；空气相对湿度在周围空气为40 ℃时不超过50%，在较低温度下可以有较高的相对湿度，最湿月平均最大湿度为90%，同时该月平均最低温度为25 ℃；变压器的污染等级为"3级"；变压器的外壳防护等级为IP20；变压器的安装类别为"Ⅱ级"。

3）技术参数和外形及安装尺寸

JBK1系列机床控制变压器外形及安装尺寸标注如图3-111所示，其主要技术参数见表3-54。

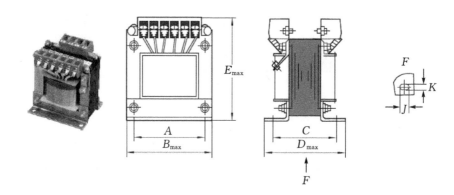

图3-111　JBK1系列机床控制变压器外形及安装尺寸标注

表3-54　JBK1系列机床控制变压器主要技术参数和外形及安装尺寸

型号	安装尺寸/mm		安装孔/mm		外形尺寸/mm		
	A	C	K	J	B_{max}	D_{max}	E_{max}
JBK1-40	80	63	5	9	97	88	108
JBK1-63	80	63	5	9	97	88	108
JBK1-100	80	70	5	9	97	94	108
JBK1-160	90	90	8	14	127	112	130
JBK1-250	90	115	8	14	127	138	130
JBK1-400	90	92	6	11	122	112	128
JBK1-630	130	90	8	14	152	108	150
JBK1-1000	125	125	8	11	152	170	168
JBK1-1600	160	148	8	11	195	185	200
JBK1-2000	160	168	8	11	195	205	200

注：外形及安装尺寸仅供参考，如要求的尺寸需要改变，可在订货时说明。

4）电压型式

JBK1系列机床控制变压器电压型式见表3-55。

表3-55 JBK1系列机床控制变压器电压型式

规格/（V·A）	初级电压/V	次级电压/V		
		控制	照明	指示信号
40	200或380	110（127）（220）	24（36）（48）	6（12）
63	200或380	110（127）（220）	24（36）（48）	6（12）
100	200或380	110（127）（220）	24（36）（48）	6（12）
160	200或380	110（127）（220）	24（36）（48）	6（12）
250	200或380	110（127）（220）	24（36）（48）	6（12）
400	200或380	110（127）（220）	24（36）（48）	6（12）
630	200或380	110（127）（220）	24（36）（48）	6（12）
1000	200或380	110（127）（220）	24（36）（48）	6（12）
1600	200或380	110（127）（220）	24（36）（48）	6（12）
2000	200或380	110（127）（220）	24（36）（48）	6（12）
2500	200或380	110（127）（220）	24（36）（48）	6（12）

2．JBK2系列机床控制变压器

JBK2系列机床控制变压器适用于交流50～60 Hz，一般输入额定电压不超过660 V，输出额定电压不超过230 V的电路中，作为各行各业的各类机床、机械设备等一般电器的控制电源、局部照明和信号灯的电源之用，是其他控制变压器更新换代的产品，采用进口材料和先进工艺进行制造，具有变压器体积小、损耗低，工作可靠，接线安全，适用性广等特点，产品符合GB5226、JB/T5555—2013、VDE0550-1-3、EN61558-1：1997、EN61558-2-13：2000等有关国家、国际标准，并荣获欧共体"CE"认证，可与国外产品互换使用。

1）型号含义

如图3-112所示为JBK2系列机床控制变压器型号含义。

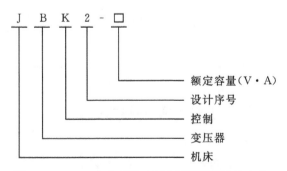

图3-112 JBK2系列机床控制变压器型号含义

2）技术特性

初级次级绕组分开绕制，当次级只有一个绕组时，它担负变压器的全部额定容量，次级如兼有控制、照明及指示灯绕组时，则按各绕组容量分配分别绕制，对单绕组且有中间抽头的变压器，其各中间抽头容量皆小于变压器的额定容量，只有最高电压输出端可担负额定容量。

3）外形及安装尺寸

JBK2系列机床控制变压器外形及安装尺寸标注如图3-113和表3-56所示。

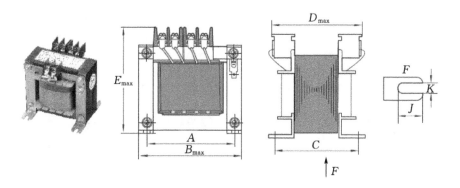

图3-113　JBK2系列机床控制变压器外形安装及尺寸标注

表3-56　JBK2系列机床控制变压器外形及安装尺寸

型号	安装尺寸/mm		安装孔/mm		外形尺寸/mm		
	A	C	K	J	B_{max}	D_{max}	E_{max}
JBK2-40	78	64.5	6	12	90	84	97
JBK2-63	78	64.5	6	12	90	84	97
JBK2-100	78	75.5	6	12	90	94	97
JBK2-160	90	76	6	12	108	94	112
JBK2-250	90	87.5	6	12	108	105	112
JBK2-400	105	83	8	16	126	108	127
JBK2-630	120	95.5	8	16	144	120	142

4）电压型式

JBK2系列机床控制变压器电压型式见表3-57。

表3-57　JBK2系列机床控制变压器电压型式

规格/（V·A）	初级电压/V	次级电压/V		
		控制	照明	指示信号
40	200或380	110（127）（220）	24（36）（48）	6（12）
63	200或380	110（127）（220）	24（36）（48）	6（12）
100	200或380	110（127）（220）	24（36）（48）	6（12）
160	200或380	110（127）（220）	24（36）（48）	6（12）
250	200或380	110（127）（220）	24（36）（48）	6（12）
400	200或380	110（127）（220）	24（36）（48）	6（12）
630	200或380	110（127）（220）	24（36）（48）	6（12）
1000	200或380	110（127）（220）	24（36）（48）	6（12）
1600	200或380	110（127）（220）	24（36）（48）	6（12）
2000	200或380	110（127）（220）	24（36）（48）	6（12）
2500	200或380	110（127）（220）	24（36）（48）	6（12）

3．JBK3系列机床控制变压器

JBK3系列机床控制变压器符合VDE0550、IEC204-1、IEC439、GB5226等有关国际、国家标准。结构特征：变压器系内装型，铁芯组合方式为插片式。

变压器为单相多绕组，初次级绕组分开绕制，次级只有一个绕组时，它担负变压器的全部容量，次级如兼有控制、照明及指示绕组时，则按各绕组容量分配分别绕制。但若长期负载使用，总功率不得超过额定容量80%。

JBK3系列机床控制变压器适用于交流50～60 Hz，输出额定电压不超过220 V，输入额定电压不超过500 V，作为一般电气的控制电源、工作照明和信号灯电源之用。

1）型号含义

如图3-114所示为JBK3系列机床控制变压器型号含义。

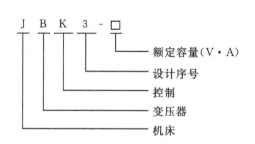

图3-114　JBK3系列机床控制变压器型号含义

2）使用环境

周围空气温度：−5～40 ℃；周围空气温度24 h的平均值不超过35 ℃；安装地点的海拔高度不超过2000 m；大气相对湿度在周围空气温度为40 ℃时不超过50%，在较低温度下可以有较高的相对湿度，最湿月的月平均最大相对湿度为90%，同时该月的平均最低温度为25 ℃，并考虑到因温度变化发生在产品表面上的凝露。

3）外形及安装尺寸

JBK3系列机床控制变压器外形及安装尺寸标注如图3-115和表3-58所示。

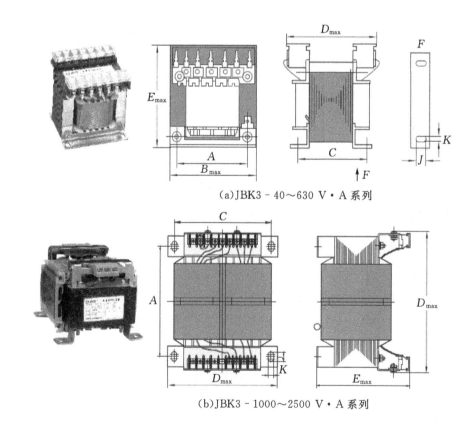

（a）JBK3 - 40～630 V•A系列

（b）JBK3 - 1000～2500 V•A系列

图3-115　JBK3系列机床控制变压器外形及安装尺寸标注

表3-58 JBK3系列机床控制变压器外形及安装尺寸

型号	外形尺寸			安装尺寸		安装孔		接线端
	长B_{max}	宽D_{max}	高E_{max}	长A	宽C	K	L	数量
JBK3-40/63	78	80	92	56±0.4	46±2.5	4.8	9	12
JBK3-100	84	95	98	64±0.4	62±2.5	5.8	11	12
JBK3-160	96	96	108	84±0.4	71±3	5.8	11	14
JBK3-250	96	115	108	84±0.4	85±3	5.8	11	14
JBK3-400	120	110	125	90±0.4	85±3	7	12	18
JBK3-630	150	110	145	122±0.5	90±3.5	7	12	22
JBK3-800	150	125	145	122±0.5	105±3.5	7	12	22
JBK3-1000立	150	150	145	122±0.5	130±3.5	7	12	22
JBK3-1000	150	200	152	126±2	152±3.5	7	12	18
JBK3-1600	176	230	165	146±2	176±3.5	7	12	18
JBK3-2000	200	260	186	174±2	200±3.5	7	12	22
JBK3-2500	200	260	186	174±2	200±3.5	7	12	22
JBK3-3000	200	260	186	174±2	200±3.5	7	12	22
JBK3-3500	200	260	196	174±2	200±3.5	7	12	22

4）电压型式

JBK3系列机床控制变压器电压型式见表3-59。

表3-59　JBK3系列机床控制变压器电压型式

型号-容量 /（V·A）	空载损耗 /W	效率 /（%）	负载下的输出电压		空载输出电压		额定输入电压/V	额定输出电压/V
			信号绕组/V	控制绕组/V	信号绕组/V	控制绕组/V		
JBK3-40/63	7	80	$6 \geqslant U_m > 5$ $12 \geqslant U_m > 10$	95%~105% U_h	6或12	$1.1U_m$	AC380±5% AC220±5% 其他 根据客户需求	AC380 220 127 110 36 24 12 6 其他 根据客户需求
JBK3-100	9							
JBK3-160	12	85						
JBK3-250	15							
JBK3-400	15							
JBK3-630	16							
JBK3-800	18							
JBK3-1000	20	90	$6 \geqslant U_m > 4.5$ $12 \geqslant U_m > 9$					
JBK3-1600	30							
JBK3-2000	40							
JBK3-2500	50							
JBK3-3000	60							
JBK3-3500	70							

注：①产品尺寸仅供参考，对于特殊产品，其尺寸会相应改变；
　　②表中的输入输出电压，可根据客户需求进行生产，任意组合；
　　③对未列出的规格和尺寸，可根据用户要求协商确定；
　　④本产品绝缘等级为F级，也可根据客户需求生产（B、F、H级）。

4．JBK4系列机床控制变压器

JBK4系列机床控制变压器是参照德国西门子公司（SIEMENS）20世纪80年代先进技术设计制造的新系列产品，符合VDE0550、IEC204-1、IEC439、GB5226等有关标准，可与国外同类产品互换使用。接线方式可采用压接方式。并具有防止偶然触及保护要求的接线端子。该产品适用于交流50/60 Hz、输入电压不超过1000 V，能作为机床、数控设备、机械设备等一般电器的控制电源、工作照明和信号灯的电源之用。

1）型号含义

如图3-116所示为JBK4系列机床控制变压器型号含义。

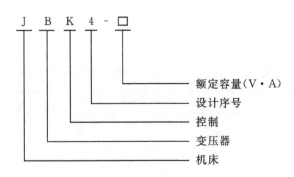

图3-116 JBK4系列机床控制变压器型号含义

2）外形及安装尺寸

JBK4系列机床控制变压器外形及安装尺寸标注如图3-117和表3-60所示。

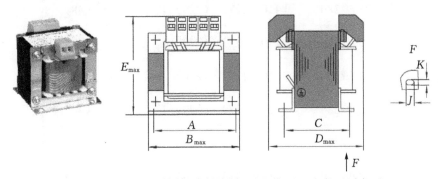

图3-117 JBK4系列机床控制变压器外形及安装尺寸标注

表3-60 JBK4系列机床控制变压器外形及安装尺寸

型号	安装尺寸/mm		安装孔/mm		外形尺寸/mm		
	A	C	K	J	B_{max}	D_{max}	E_{max}
JBK4-40	56	52	5	9	80	80	88
JBK4-63	56	52	5	9	80	80	88
JBK4-100	64	69.5	5	9	86	96	92
JBK4-160	84	71.5	6	11	98	98	110
JBK4-250	84	85	6	11	98	112	110
JBK4-300	90	88	6	11	122	108	128
JBK4-400	90	92	6	11	122	112	128
JBK4-500	90	105	6	11	122	125	128
JBK4-630	130	90	8	14	152	108	150
JBK4-800	130	105	8	14	152	123	150

3）电压型式

JBK4系列机床控制变压器电压型式见表3-61。

表3-61　JBK4系列机床控制变压器电压型式

规格/（V·A）	初级电压/V	次级电压/V		
		控制	照明	指示信号
40	200或380	110（127）（220）	24（36）（48）	6（12）
63	200或380	110（127）（220）	24（36）（48）	6（12）
100	200或380	110（127）（220）	24（36）（48）	6（12）
160	200或380	110（127）（220）	24（36）（48）	6（12）
250	200或380	110（127）（220）	24（36）（48）	6（12）
400	200或380	110（127）（220）	24（36）（48）	6（12）
630	200或380	110（127）（220）	24（36）（48）	6（12）
1000	200或380	110（127）（220）	24（36）（48）	6（12）
1600	200或380	110（127）（220）	24（36）（48）	6（12）
2000	200或380	110（127）（220）	24（36）（48）	6（12）
2500	200或380	110（127）（220）	24（36）（48）	6（12）

5．JBK5系列机床控制变压器

JBK5系列机床变压器是引进国外最新变压器系列，在JBK3系列机床控制变压器基础上，经过多年来进一步吸收国外同类产品，并优选国外先进方法的接线端子结构、将端子与骨架合并在一起，防护等级提高到IP2LX，防止偶然触及电路。采用IT冷压接线端子，接线方式可以使接线密集程度提高。

变压器的硅钢片之间连接、硅钢片与底板连接均采用氩弧焊焊接工艺，形成一个整体，简捷明了，尤其底板一次性成型，安装尺寸较JBK3系列安装更方便，而采用优质防蚀合金材料，大大提高了接地性能的可靠性，全面提高了产品质量，该产品符合VDE0550、IEC204-1、IEC439、JB5555、GB5226等有关国际、国家标准，并荣获CE认证，可与国外产品互换使用。

广泛使用于机场、发电厂、冶金作业、医院、高层建筑、购物中心、居民密集区、以及石油化工、核电站、核潜艇等特殊环境。

1）型号含义

如图3-118所示为JBK5系列机床控制变压器型号含义。

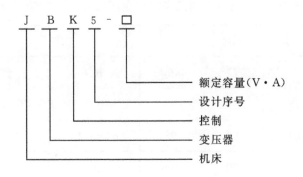

图3-118 JBK5系列机床控制变压器型号

2）外形及安装尺寸

JBK5系列机床控制变压器外形及安装尺寸标注如图3-119和表3-62所示。

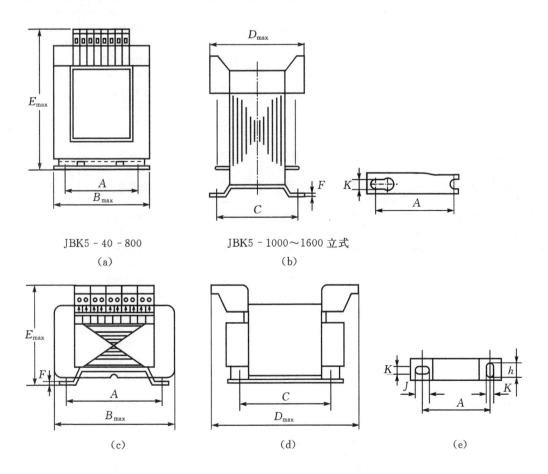

图3-119 JBK5系列机床控制变压器外形及安装尺寸标注

表3-62 JBK5系列机床控制变压器外形及安装尺寸

序号	型号容量	外形尺寸			安装尺寸		安装孔	图号
		长B_{max}	宽D_{max}	高E_{max}	长A	宽C	K×L	
1	JBK5-40/63	78	75	92	56±0.15	46±0.125	4.8	图3-119（a）
2	JBK5-100	84	90	98	64±0.15	62±0.15	4.8	
3	JBK5-160	96	90	108	84±0.175	73.5±0.15	5.8	
4	JBK5-250	96	102	108	84±0.175	85±0.175	5.8	
5	JBK5-400	120	105	125	90±0.175	85±0.175	7	
6	JBK5-500	120	120	125	90±0.175	98±0.175	7	
7	JBK5-630	150	110	150	122±0.2	90±0.175	7	
8	JBK5-800	150	125	150	122±0.2	105±0.2	7	
9	JBK5-1000矮	150	150	150	122±0.2	130±0.2	7	
10	JBK5-1000标	168	130	160	138±0.2	105±0.2	7	
11	JBK5-1600	168	145	160	138±0.2	116±0.2	7	
12	JBK5-2000	180	155	170	130±0.2	130±0.2	9	
13	JBK5-2500	192	170	190	145±1	130±1	9	
14	JBK5-3000	192	185	190	145±1	145±1	9	
15	JBK5-3500	228	175	220	180±1	125±1	9	
16	JBK5-4000	228	180	220	180±1	130±1	9	
17	JBK5-5000	228	190	220	180±1	140±1	9	
18	JBK5-6000	264	190	250	200±1	140±1	9	
19	JBK5-7000	264	200	250	200±1	150±1	9	
20	JBK5-8000	264	205	250	200±1	155±1	9	
21	JBK5-1000	150	215	150	126±2	152±2	7	图3-119（b）
22	JBK5-1600	176	235	160	146±2	176±2	7	
23	JBK5-2500	200	258	170	174±2	200±2	7	
24	JBK5-3000	200	258	170	174±2	200±2	7	
25	JBK5-3500	200	258	180	174±2	200±2	7	

续表

序号	型号容量	外形尺寸			安装尺寸		安装孔	图号
		长B_{max}	宽D_{max}	高E_{max}	长A	宽C	$K \times L$	
26	JBK5-4000	240	200	325	120	120	10×20	图3-119（c）
27	JBK5-5000	240	220	340	120	130	10×20	
28	JBK5-6000	240	240	340	120	140	10×20	
29	JBK5-6500	300	230	360	170	135	10×20	
30	JBK5-7000	300	240	360	170	140	10×20	
31	JBK5-8000	300	250	360	170	140	10×20	

3）电压型式

JBK5系列机床控制变压器电压型式见表3-63。

表3-63　JBK5系列机床控制变压器电压型式

型号	额定容量/（V·A）	效率/（%）	负载下的输出电压		空载下的输出电压		额定输入电压/V	额定输出电压/V	备注
			信号绕组/（%）	控制绕组/（%）	信号绕组/（%）	控制绕组/（%）			
JBK5-40	40	80		95%~105%U_h	6或12	1.1U_m	AC380±5%	AC220（127）110 }控制	各绕组容量分配可按照用户要求制造
JBK5-63	63								
JBK5-100	100								
JBK5-160	160	85	6≥U_m>5 12≥U_m>10					48 35 24 }照明或控制	
JBK5-250	250								
JBK5-400	400								
JBK5-630	630						AC220±5%		
JBK5-800	800	90	6≥U_m>4.5 12≥U_m>9					12 6 }信号	
JBK5-1000	1000								
JBK5-1600	1600								
JBK5-2500	2500								

6. JBK6系列机床控制变压器

JBK6系列机床控制变压器适用于50～60 Hz的交流电路中。作为机床和工业机械设备的控制电源和电子设备、工作照明、信号指示电源，产品符合JB/T5555等技术标准。

1）型号含义

如图3-120所示为JBK6系列机床控制变压器型号含义。

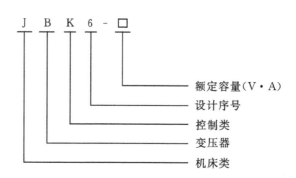

图3-120　JBK6系列机床控制变压器型号含义

2）正常工作条件和安装条件

周围空气温度上限值不超过＋40 ℃，24 h的平均值不超过＋35 ℃；周围空气温度下限值不低于−25 ℃；海拔高度不超过2000 m；空气相对湿度在周围空气温度为＋40 ℃时不超过50%，在较低温度下，可以有较高的相对湿度，最湿月的月平均最大相对湿度为90%，同时该月的月平均最低温度为＋25 ℃，并考虑到因温度变化发生在产品面上的凝露；无爆炸危险的介质中，且介质中无足以腐蚀金属和破坏绝缘的气体，及导电尘埃；无显著摇动和冲击振动的地方；不受雨雪浸蚀的场所。

3）结构特点

本系列变压器是其他控制变压器更新换代的产品，采用进口材料和先进工艺进行制造，具有工作可靠、耗能低、体积小、接线安全、适用性广等特点。

JBK6系列机床控制变压器是在国内JBK3、JBK4、JBK5机床控制变压器基础上，经过多年来进一步吸收国内外同类产品的优点，并优选国外先进方法的接线端子，接线方式可以使接线密集程度提高。

JBK6系列机床控制变压器（40～630 V·A）的铁芯之间的连接，铁芯与夹件（安装件）的连接，都采用气体保护氩弧焊，形成一个整体，使其结构极其合理、可靠。安装件采用一次成型，其安装尺寸比JBK3系列更为准确。接地片采用优质防蚀合金材料，大大提高了接地的可靠性，并具有工作可靠、耗能低、体积小、接线安全，适用性广等特点。

本系列机床控制变压器在线圈中埋入了过热保护器（可自动恢复）。在输入端装上了过电流保护的接线端子，然后将热保护器的端头和过电流保护的接线端子串接在变压器绕组输入端的接线端头上，因此该系列控制变压器具有过电流保护和过热保护功能。

4）外形及安装尺寸

JBK6系列机床控制变压器外形及安装尺寸标注如图3-121和表3-64所示。

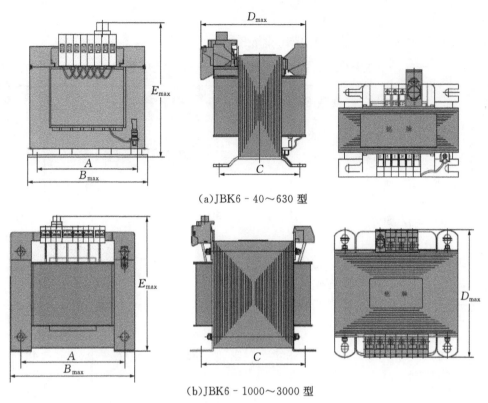

（a）JBK6‑40～630型

（b）JBK6‑1000～3000型

图3-121 JBK6系列机床控制变压器外形及安装尺寸标注

表3-64 JBK6系列机床控制变压器外形及安装尺寸

单位：mm

型号	外形尺寸			安装尺寸		安装孔
	B_{max}	D_{max}	E_{max}	A	C	K
JBK6-40	79	78	97	66	46	4.8
JBK6-63	79	78	97	66	46	4.8
JBK6-100	85	94	102	72	62	4.8
JBK6-160	97	96	110	84	73.5	5.8
JBK6-250	97	110	110	84	85	5.8
JBK6-400	122	108	127	100	85	7
JBK6-630	152	116	148	130	90	7
JBK6-1000	152	165	168	125	123	8×11
JBK6-1600	194	155	200	160	123	8×11
JBK6-2500	194	205	205	160	168	8×11
JBK6-3000	194	205	205	160	168	8×11

4）电压型式

JBK6系列机床控制变压器电压型式见表3-65。

表3-65　JBK6系列机床控制变压器电压型式

| 型号 | 额定容量/（V·A） | 效率/（%） | 负载下的输出电压 | | 空载下的输出电压 | | 额定输入电压/V | 额定输出电压/V | 备注 |
			信号绕组/（%）	控制绕组/（%）	信号绕组/（%）	控制绕组/（%）			
JBK6-40	40	80					AC380 ±5%	AC220 （127） 110 }控制	各绕组容量分配可按照用户要求制造
JBK6-63	63								
JBK6-100	100		$6 \geqslant U_m > 5$ $12 \geqslant U_m > 10$	$95\% \sim 105\%$ U_h	6或12	$1.1U_m$			
JBK6-160	160	85						48 35 24 }照明或控制	
JBK6-250	250								
JBK6-400	400								
JBK6-630	630						AC220 ±5%		
JBK6-800	800	90	$6 \geqslant U_m > 4.5$ $12 \geqslant U_m > 9$					12 6 }信号	
JBK6-1000	1000								
JBK6-1600	1600								
JBK6-2500	2500								

7．BK系列机床控制变压器

1）型号含义

如图3-122所示为BK系列机床控制变压器型号及含义。

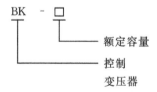

图3-122　BK系列机床控制变压器型号含义

2）型号

常用BK系列机床控制变压器：BK-25 V·A、BK-50 V·A、BK-100 V·A、BK-150 V·A、BK-200 V·A、BK-300 V·A、BK-400 V·A、BK-500 V·A、BK-700 V·A、BK-1000 V·A、BK-1500 V·A、BK-2000 V·A、BK-3000 V·A。

3）常用BK系列机床控制变压器基本参数

①额定容量：25 V·A、50 V·A、100 V·A、150 V·A、200 V·A、250 V·A、300 V·A、400 V·A、500 V·A、700 V·A、1000 V·A、1500 V·A、2000 V·A、3000 V·A、5000 V·A。

②初级电压：220 V、380 V或根据用户需求而定。

③次级电压：6.3 V、12 V、24 V、36 V、110 V、127 V、220 V、380 V或根据用户需求而定。

④BK系列机床控制变压器外形及安装尺寸标注如图3-123和表3-66所示。

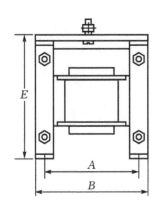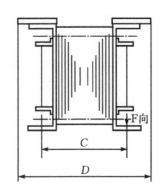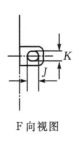

图3-123　BK系列机床控制变压器外形及安装尺寸标注

表3-66　BK系列机床控制变压器型号外形及安装尺寸

型号/（V·A）	安装尺寸		安装孔	外形尺寸		
	A	C	$K \times J$	B	D	E
BK-25	64	45	6×7	80	78	95
BK-50	70	60	6×8	89	89	95
BK-100	82	64	6×8	99	107	114
BK-150	84	76	7×10	105	104	116
BK-250	102	87	7×10	119	114	134
BK-300	102	92	7×10	120	120	133
BK-500	111	106	7×10	135	148	147
BK-1000	126	126	7×10	151	161	166

4）使用环境

周围空气温度－5 ℃至＋40 ℃，最高月平均气温不超过＋30 ℃； 安装地点海拔不超过1000 m；大气相对湿度在周围空气温度为＋40 ℃时不超过50%，在较低温度下可以有较同的相对湿度，最湿月的平均最大湿度为90%，同时该月的月平均最低温度为＋25 ℃。

8．BKC系列机床控制变压器

1）型号含义

如图3-124所示为BKC系列机床控制变压器型号含义。

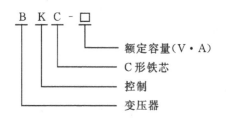

图3-124　BKC系列机床控制变压器型号含义

2）结构特点

①损耗低：铁芯采用耐高温的绝缘材料设计等新工艺、新技术的引入，使变压器更加节能、更加宁静；

②安装、维修方便：铁芯为捆扎固定，安装底座为一次成型，使其安装更准确，维修更方便；

③体积小：BKC控制变压器的铁芯为"C"形结构，采用优质冷轧硅钢片叠装，具有性能可靠，体积小等优点；

④散热快：节能低噪，线圈留有通风槽，空气流动畅通，有效降低线圈温度；

⑤噪音小：采用特殊浸漆工艺处理，烘箱干燥，有效降低了运行时的振动和噪声；

⑥使用寿命长：在额定负载下能长期工作，是一种理想的变压电源。

3）常用型号及外形尺寸

BKC系列的常用型号及外形尺寸标注如图3-125和表3-67所示。

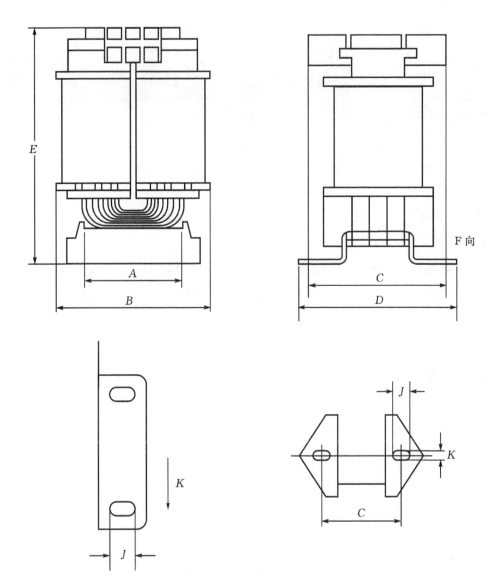

图3-125　BKC系列机床控制变压器外形尺寸标注

表3-67　BKC系列机床控制变压器常用型号及外形尺寸

型号/（V·A）	外形尺寸			安装孔距		安装孔 $K×J$
	B_{max}	D_{max}	E_{max}	A	C	
BKC-25	55	75	83		63	4.5×6.5
BKC-50	70	80	98	52	63	5×8
BKC-100	80	100	110	58	80	6×9
BKC-150	99	88	126	57	82	6×9
BKC-200	100	99	137	80	78	6×9

续表

型号/（V·A）	外形尺寸			安装孔距		安装孔 $K \times J$
	B_{max}	D_{max}	E_{max}	A	C	
BKC-250	100	99	137	80	78	6×9
BKC-500	120	130	170	100	108	6×9

4）使用条件

①周围空气温度－5 ℃至＋40 ℃，24小时平均值不超过＋35 ℃。

②安装地点海拔不超过2000 m。

③大气相对湿度在周围空气温度为＋40 ℃时不超过50%，在较低温度下可以有较高的相对湿度，最湿月的月平均最大湿度为90%，同时该月的平均最低湿度为＋25 ℃。

5）技术标准

产品符合JB/T8750—1998等技术标准。

9．DK系列机床控制变压器

1）型号含义

如图3-126所示为DK系列机床控制变压器型号含义。

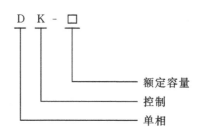

图3-126　DK系列机床控制变压器型号含义

2）使用环境

周围空气温度－5 ℃至＋40 ℃，24小时平均值不超过＋35 ℃；安装地点海拔不超过2000 m；大气相对湿度在周围空气温度为＋40 ℃时不超过50%，在较低温度下可以有较高的相对湿度，最湿月的月平均最大湿度为90%，同时该月的平均最低温度为＋25 ℃，并考虑到因温度变化发生在产品表面上的凝露。

3）外形及安装尺寸

DK系列机床控制变压器外形及安装尺寸标注如图3-127和表3-68所示。

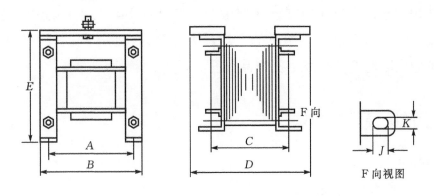

图3-127　DK系列机床控制变压器外形及安装尺寸标注

表3-68　DK系列机床控制变压器外形及安装尺寸

型号/（V·A）	外形尺寸			安装孔距		安装孔 $K \times J$
	B_{max}	D_{max}	E_{max}	A	C	
BK-50	78	66	90	56±0.4	50±3	5×12
BK-100	84	78	93	65±0.4	62±2.5	6×12
BK-150	102	88	110	83±0.4	70±2.5	6×12
BK-200	102	95	110	83±0.4	76±3	9×11.5
BK-250	120	122	135	100±0.4	85±3	9×11.5
BK-300	120	127	135	100±0.4	90±3	9×11.5
BK-400	146	130	160	123±0.4	90±3	9×11.5
BK-500	146	145	160	123±0.4	105±3	9×11.5
BK-700	146	155	160	123±0.4	115±3.5	9×11.5
BK-1000	150	165	160	123±0.4	125±3.5	9×11.5
BK-1500	171	200	190	145±0.4	135±3.5	9×11.5
BL-2000	180	230	210	145±0.4	160±3.5	9×11.5

五、控制变压器用途

控制变压器主要适用于交流50 Hz（或60 Hz），电压1000 V及以下电路中，在额定负载下可连续长期工作，通常用于机床、机械设备中控制电器或局部照明灯及指示灯的电源之用。

适用范围：周围空气湿度−5 ℃至＋40 ℃，24小时的平均值不超过＋35 ℃；安装地点海拔不超过2000 m；大气相对湿度在周围空气湿度为＋40 ℃时不超过50%，在较低温度下可以有较高的相对湿度，最湿月的平均最大湿度为90%，同时该月平均最低温度为＋25 ℃，并考虑到因温度变化发生在产品表面的凝露。

六、常见故障及维修方法

1. 常见故障

（1）一、二次侧线圈烧毁；

（2）一、二次侧线圈匝间断路；

（3）一、二次侧线圈接头断（因为控制变压器是用来给控制回路提供电源的变压器，一般低压侧有很多组抽头）。

2. 维修方法

控制变压器一般属于免维护产品，所以损坏后一般直接个换新的即可，但是这里要强调两点：

（1）控制变压器好坏的判断方法：首先在停电的情况下用万用表测量通断，通一般情况下视为好，否则视为坏；其次在通电的情况量一、二次侧电压是否正常，电压正常视为好，否则视为坏。

（2）判断出控制变压器确实损坏后，先不要急于更换变压器，要先找出使变压器损坏的原因，并确认排除后，方可更换变压器，再送电试车。

【二】学生动手维修因控制变压器损坏而不能启动的CA6140车床并撰写检修报告。

温馨提示：首先，根据故障现象初步判断故障原因；其次，结合【一】中相关知识进行维修；最后，写出维修报告，进而达到学习、实践、积累的目的。

温馨提示：完成【一】【二】后，进入总结评价阶段。分自评、教师评两种，主要是总结评价本次安装、调试、演示过程中做得好的地方及需要改进的地方等。根据评分的情况和本次任务的结果，填写如表3-69、表3-70所列的表格。

表3-69 学生自评表格

任务完成进度	做得好的方面	不足、需要改进的方面

表3-70 教师评价表格

学生在本次任务中的表现	学生进步的方面	学生不足、需要改进的方面

【三】写总结报告。

温馨提示：报告可涉及内容为本次任务，也可谈谈本次实训的心得体会。

✖ 任务小结

本次任务主要是学习控制变压器结构、控制变压器原理、控制变压器分类、控制变压器型号、控制变压器用途、控制变压器常见故障及维修方法。

✖ 问题探究

一、控制变压器绕组结构与特性

1. 双绕组抽头特性

双绕组抽头的变压器初、次级绕组分别以同规格导线抽头改变电压值，并以高压挡定为额定值，随电压降低比例减少容量；输出端两种电压同时使用时，也不能超出电流值（电流为定值），如图3-128所示。

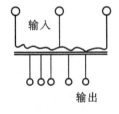

图3-128 双绕组抽头特性

2. 分功率多绕组特性

分功率多绕组的初级为一个绕组，负极有若干个绕组，每个绕组独立负载，因此每个绕组不得超过规定值，如图3-129所示。

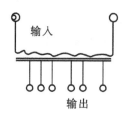

图3-129　分功率多绕组特性

3. 分功率混合式绕组特性

分功率混合式绕组具有以上两种特性，如初级380 V改用为220 V时，变压器容量为原来的0.578倍，输出绕组其中电流也不得超出原值的0.578倍，如图3-130所示。

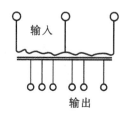

图3-130　分功率混合式绕组特性

二、控制变压器与隔离变压器的区别

控制变压器是作为电气控制回路的供电电源使用的，目的是为了满足不同用电电气元件的电压需求。隔离变压器顾名思义是起隔离作用的，一是将变压器两端不同电压或要求的需要传送的电压信号，经过隔离变压器隔离传送，使该变压器两端不同的电压不会相互干扰或影响，例如某些可控硅或IGBT电路的驱动线圈。二是需要不同阻抗匹配的，如某些音响功率放大器。三是为了人身安全，如行灯变压器。在一个进口行车电气回路中，所有继电器接触器等电气都是220 V的，电源输入是3相4线的，本来可以直接利用零线组成控制回路的。但是这个行车有操控手柄，电气设计人员就利用了一个隔离变压器，次级作为电气控制回路的电源，由于这个次级回路没有接地端，即使人接触了这220 V的控制电压的其中一点也不会触电，所以这个变压器既是控制变压器，也是隔离变压器，或者叫控制用隔离变压器更好，其实决定变压器名称的是该变压器的用途，不过相对于控制变压器，隔离变压器一般在绝缘、线圈或铁芯的要求上都比较特殊。

任务 3 电炉变压器

学习目标

1. 掌握电炉变压器结构。
2. 掌握电炉变压器原理。
3. 掌握电炉变压器分类。
4. 掌握电炉变压器型号。
5. 掌握电炉变压器用途。
6. 掌握电炉变压器常见故障及维修方法。

工作任务

本任务需要学习电炉变压器结构；掌握电炉变压器原理；掌握电炉变压器分类；掌握电炉变压器型号；掌握电炉变压器用途；掌握电炉变压器常见故障及维修方法。首先，回顾生活中涉及电炉变压器的场合，引出本次学习任务；再经过本次任务学习后写出学习报告（重点为电炉变压器结构；电炉变压器原理；电炉变压器分类；电炉变压器型号；电炉变压器用途；电炉变压器常见故障及维修方法；最终我们要达到的目标——学会电炉变压器的简单维修）。

任务实施

【一】准备。

一、电炉变压器结构

电炉变压器是供给电炉电源的变压器，它能将较高的电压转换为较低的适合电炉用的电压，被广泛应用于冶金行业，有炼钢电炉用、矿热炉用，电弧炉用、电阻炉用、盐浴炉用、单相石墨化炉用、工频感应炉用和电渣重熔电炉变压器等，如图3-131所示。

图3-131　电炉变压器

电炉变压器的铁芯采用优质取向硅钢片，全自动剪切线加工，45°全斜接缝、不冲孔、无纬玻璃粘带绑扎工艺制造。线圈采用国际最新主纵绝缘结构，合理选择绕组的结构和绝缘，保证绕组有足够的机械强度。具有承受短路能力强、过载能力强、效率高、低损耗、安全、可靠等特点。

二、电炉变压器原理

电炉变压器是炼钢电弧炉的电源变压器，电炉变压器容量根据电弧炉大小及冶炼工艺配置。它通过调压方式满足冶炼工艺的要求。调压方式分为有载调压和无励磁调压两种。有载调压的大型电炉变压器不带串联电抗器，无励磁调压的中小型电炉变压器其结构形式可分为带串联电抗器的和不带电抗器的两种，这两种结构能在最高两次电压下改变阻抗。前者靠串联电抗器的投入和切除来改变阻抗。而后者则靠改变电炉变压器自身高压绕组的连接方式来改变绕组阻抗。

三、电炉变压器分类

电炉变压器是专为各种电炉提供电源的变压器。工业用电炉变压器大致可分为三类：电阻炉变压器、电弧炉变压器和感应炉变压器。

1. 电阻炉变压器

电阻炉变压器用于机械零件加热、热处理、粉末冶金烧结、有色金属熔炼等的电阻炉和盐浴炉。由于其发热体的电阻太小，或者在升温过程中发热体电阻的变化太大，所以需要在炉子和电力网之间配备一台电阻炉变压器，以降低和调节电炉的输入电压。

小容量、低电压的电阻炉变压器与盐浴炉变压器多为干式变压器，带箱壳，自然冷却；中等容量（数百至数千伏安）的电阻炉变压器多为油浸自冷式变压器；大容量的则为强迫油循环水冷式变压器。

2．电弧炉变压器

电弧炉变压器给用于钢铁冶炼的电弧炉供电的专用变压器。容量大，结构复杂，技术要求较高。其副边电压低，一般从数十伏到数百伏，并要求能在较大范围内调节；副边电流往往达数千至数万安。此外在钢铁冶炼中，熔化期需要功率大，要求变压器能在2小时内有20%的过载能力。在炼钢过程中，由于炉料的倒塌容易造成电极短路，所以电弧炉变压器的原边应串入限流电抗器，或使其具有较大的阻抗，以限制短路电流。

电炉运行时还要求供电的变压器能调节电压。

3．感应炉变压器

用于熔化黑色和有色金属的感应炉，实质上是一台特殊的电炉变压器。

感应炉分有铁芯和无铁芯两种。

有铁芯感应炉是一种具有铁芯及短路副绕组的变压器。变压器原绕组连接电源，副绕组实际上只有一匝，它就是装在熔化槽内的熔化金属。当原绕组通有电流时，副绕组就产生感应电流，在槽中流通，从而发出热量，使金属熔化。

四、电炉变压器型号

电炉变压器型号如图3-132所示。

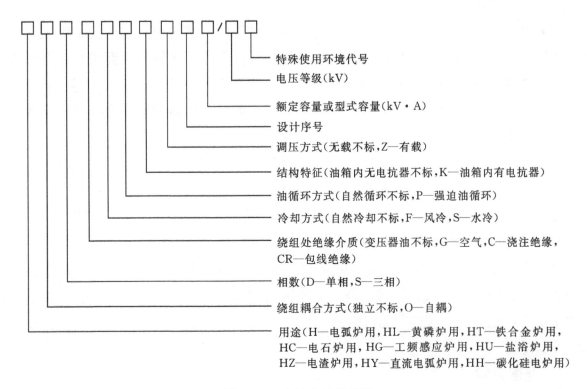

图3-132　电炉变压器型号

五、电炉变压器用途

在冶金工业中，电炉用来熔炼优质合金钢、铁合金等；在化学工业中，电炉用来生产黄磷、电石、合成树脂等；在机械工业中，电炉用于铸钢和铸铁的熔炼等。

使用条件如下：

海拔高度小于1000 m；

环境温度：+40 ℃至−25 ℃；

空气相对湿度：90%（+25 ℃）；

装置种类：户外式；

安装场所：无腐蚀性气体、无明显污垢等地区；用于炼钢、有色金属的冶炼、提取各种铁合金、硅化合物及提取纯硅等。

六、电炉变压器常见故障及维修方法

1．异常响声

（1）音响较大而嘈杂时，可能是变压器铁芯的问题。例如，夹件或压紧铁芯的螺钉松动时，仪表的指示一般正常，绝缘油的颜色、温度与油位也无大变化，这时应停止变压器的运行，进行检查。

（2）音响中夹有水的沸腾声，发出"咕噜咕噜"的气泡逸出声，可能是绕组有较严重的故障，使其附近的零件严重发热使油气化。分接开关的接触不良而局部点有严重过热或变压器匝间短路，都会发出这种声音。此时，应立即停止变压器运行，进行检修。

（3）音响中夹有爆炸声，既大又不均匀时，可能是变压器的器身绝缘有击穿现象。这时，应将变压器停止运行，进行检修。

（4）音响中夹有放电的"吱吱"声时，可能是变压器器身或套管发生表面局部放电。如果是套管的问题，在气候恶劣或夜间时，还可见到电晕辉光或蓝色、紫色的小火花，此时，应清理套管表面的脏污，再涂上硅油或硅脂等涂料。同时，要停下变压器，检查铁芯接地与各带电部位对地的距离是否符合要求。

（5）音响中夹有连续的、有规律的撞击或摩擦声时，可能是变压器某些部件因铁芯振动而造成机械接触，或者是因为静电放电引起的异常响声，而各种测量表计指示和温度均无反应，这类响声虽然异常，但对运行无大危害，不必立即停止运行，可在计划检修时予以排除。

2．温度异常

变压器在负荷和散热条件、环境温度都不变的情况下，较原来同条件时的温度高，并有不断升高的趋势，也是变压器温度异常升高，与超极限温度升高同样是变压器故障

象征。引起温度异常升高的原因有：

①变压器匝间、层间、股间短路；

②变压器铁芯局部短路；

③因漏磁或涡流引起油箱、箱盖等发热；

④长期过负荷运行，事故过负荷；

⑤散热条件恶化等。

运行时发现变压器温度异常，应先查明原因后，再采取相应的措施予以排除，把温度降下来，如果是变压器内部故障引起的，应停止运行，进行检修。

3．喷油爆炸

喷油爆炸的原因是变压器内部的故障短路电流和高温电弧使变压器油迅速老化，而继电保护装置又未能及时切断电源，使故障较长时间持续存在，使箱体内部压力持续增长，高压的油气从防爆管或箱体其他强度薄弱之处喷出形成事故。

（1）绝缘损坏：匝间短路等局部过热使绝缘损坏；变压器进水使绝缘受潮损坏；雷击等过电压使绝缘损坏等导致内部短路的基本因素。

（2）断线产生电弧：线组导线焊接不良、引线连接松动等因素在大电流冲击下可能造成断线，断点处产生高温电弧使油气化促使内部压力增高。

（3）调压分接开关故障：配电变压器高压绕组的调压段线圈是经分接开关连接在一起的，分接开关触头串接在高压绕组回路中，和绕组一起通过负荷电流和短路电流，如分接开关动静触头发热，跳火起弧，使调压段线圈短路。

4．严重漏油

变压器运行中渗漏油现象比较普遍，油位在规定的范围内，仍可继续运行或安排计划检修。但是变压器油渗漏严重，或连续从破损处不断外溢，以致于油位计已见不到油位，此时应立即将变压器停止运行，补漏和加油。

变压器油的油面过低，使套管引线和分接开关暴露于空气中，绝缘水平将大大降低，因此易引起击穿放电。引起变压器漏油的原因有：焊缝开裂或密封件失效；运行中受到震动；外力冲撞；油箱锈蚀严重而破损等。

5．套管闪络

变压器套管积垢，使变压器高压侧单相接地或相间短路。变压器套管因外力冲撞或机械应力、热应力而破损也是引起闪络的因素。变压器箱盖上落有异物，如大风将树枝吹落在箱盖时引起套管放电或相间短路。

以上对变压器的声音、温度、油位、外观及其他现象对配电变压器故障的判断，只能作为现场直观的初步判断。因为，变压器的内部故障不仅是单一方面的直观反映，它涉及诸多因素，有时甚至会出现假象。必要时必须进行变压器特性试验及综合分析，才能准确可靠地找出故障原因，判明事故性质，提出较完备的、合理的处理方法。

【二】学生动手检修一台运行不正常的电炉变压器并撰写检修报告。

温馨提示：首先，根据故障现象初步判断故障原因；其次，结合【一】中相关知识进行维修；最后，写出维修报告，进而达到学习、实践、积累的目的。

温馨提示：完成【二】后，进入总结评价阶段。分自评、教师评两种，主要是总结评价本次安装、调试、演示过程中做得好的地方及需要改进的地方等。根据评分的情况和本次任务的结果，填写如表3-71、表3-72所列的表格。

表3-71　学生自评表格

任务完成进度	做得好的方面	不足、需要改进的方面

表3-72　教师评价表格

学生在本次任务中的表现	学生进步的方面	学生不足、需要改进的方面

【三】写总结报告。

温馨提示：报告可涉及内容为本次任务，也可谈谈本次实训的心得体会。

✖ 任务小结

本次任务主要是学习电炉变压器结构、电炉变压器原理、电炉变压器分类、电炉变压器型号、电炉变压器用途、电炉变压器常见故障及维修方法。

✖ 问题探究

一、电炉变压器额定容量的确定

1．影响变压器容量因素分析

超高功率电炉技术要求不仅变压器额定容量要高，实际投入的功率水平要高，而且变压器利用率要高，工艺及工艺流程要优化，电炉产生的公害要得到有效的抑制。超高功率电炉的功率水平为大于700 kV·A/t，有的已超过1000 kV·A/t。超高功率电炉要求变压器时间利用率T_u与功率利用率C_2均大于0.75，把电炉真正作为高速熔器。时间利用率T_u与功率利用率C_2分别表示如下：

$$T_u = \frac{t_2 + t_3}{t_1 + t_2 + t_3 + t_4} = \frac{t_{on}}{t}$$

$$C_2 = \frac{P_2 \cdot t_2 + P_3 \cdot t_3}{P_n (t_2 + t_3)}$$

式中，t为冶炼周期（h）；t_2、t_3为熔化与精炼通电时间，总通电时间为t_{on}（h）；t_1、t_4为出钢间隔与热停工时间，非通电时间为t_{off}（h）；P_3、P_2为熔化期与精炼期变压器输出的功率（kV·A）；P_n为变压器额定容量（kV·A）。

分析上式可知，提高变压器利用率的措施有：减少非通电时间，如缩短补炉、装料、出钢以及过程热停工时间，均能提高时间利用率、缩短冶炼时间、提高生产率；减少低功率的精炼期时间，如缩短或取消还原期，采取炉外精炼，缩短冶炼时间，提高功率利用率，充分发挥变压器的能力；减少通电时间，提高功率水平，提高功率利用率以及降低电耗，均能够缩短冶炼时间、提高生产率。

对于"三位一体"短流程中的超高功率电炉，由于实现全程泡沫渣埋弧操作，极短的精炼期时间（几分钟），以及氧化性钢水出钢。所以允许在冶炼过程的大部分时间采用大功率供电，并且P_2、P_3相同或近似。将第二个式右边的分子分母同乘以$\cos\varphi$，并加以整理，便得到变压器额定容量表达式：

$$P_n = \frac{W \cdot G \cdot 60}{t_{on} \cdot \cos\varphi \cdot C_2} \text{ (kV·A)}$$

式中，t_{on}为总通电时间（min）；$\cos\varphi$为功率因数，一般为0.8~0.85；C_2为变压器功率利用率；W为电能单耗（kW·h/t）；G为出钢量（t）。

由此看出当电炉的出钢量与平均功率因数确定后，变压器额定容量仅受电能单耗与通电时间影响。

2. 电炉的冶炼周期

年产钢量即钢厂每年的产钢能力，是高层决策者根据市场的需求、本企业的能力等确定的。冶炼周期的长短反映生产率的高低，一般来说冶炼周期越短，年产钢量越高，吨钢成本越低。冶炼周期长短取决于冶炼品种、采取的工艺、装备水平及操作人员素质等。对于"三位一体"短流程来说，冶炼周期的长短应满足连铸的要求，以连铸节奏来定，车间应以连铸为中心，努力实现多炉连浇。

目前，限于浇铸系统耐火材料质量（软化点等），热损失导致钢水的温降等，使得单炉钢水合理的浇注时间小于等于50~70 min。由于超高功率电炉技术的进步，电炉平均冶炼周期达到50~80 min。当需要采用下限时，这不但要求提高变压器功率，而且要求上辅助能源等缩短治炼周期的措施。当连铸周期确定之后，电炉的冶炼周期可以用下式近似求出：

$$T_{电炉} = T_{连铸} + T_{准备}/n$$

式中，$T_{连铸}$为单炉连铸周期（min）；$T_{准备}$为连铸准备时间，一般为40~50 min；n为连浇炉数。例如：n设计成10炉，$T_{准备}$为50 min，$T_{连铸}$为60 min，电炉的冶炼周期$T_{电炉}$则为65 min；n为20炉，$T_{准备}$为40 min，$T_{连铸}$为60 min，电炉的冶炼周期$T_{电炉}$则为62 min。实际上常用LF炉调整电炉与连铸节奏上的偏差。

3．吨钢电耗的确定

对于全废钢、无任何废钢预热的电炉，冶炼周期定为65 min的话，必须考虑采用超高功率加强化用氧。经计算，变压器时间利用率T_u按0.8，冶炼周期达到65 min的条件是：装料、出钢、维护及调电极等时间控制在13 min内，使通电时间为52 min，那么吨钢电耗多少？变压器容量选多大合适？

氧化法冶炼低合金钢，采用100%废钢铁，配碳量1.5%与3%炉渣，在电炉中熔化并加热精炼至出钢温度（1630 ℃）所需要的实际总能耗为615 kW·h（按68%的效率计算）。考虑到该炉炉壁烧咀、炉门碳−氧枪强化供氧，计总吹氧量为45 N·m³，加之石墨电极氧化，合计代替电能为215 kW·h。计算得吨钢实际电耗为400 kW·h。

4．变压器额定容量

将之前得到的变压器额定容量表达示P_n除以出钢量G，得到功率水平式：

$$\frac{P_n}{G} = \frac{W \cdot 60}{t_{on} \cdot \cos\varphi \cdot C_2} \ (kV \cdot A/t)$$

当C_2取0.75，并将其他已知数代入上式中，得到功率水平为724 kV·A/t。如公称容量50吨超高功率电炉，平均出钢量G为55吨，需要变压器额定容量为40000 kV·A。由于变压器额定容量较大，大容量交变电流对电网将造成强大的冲击，为了减少电压闪烁或减少无功动态补偿装置（SVC）的补偿容量，以及降低电耗及电极消耗等，需要考虑采用高阻抗技术。

二、电炉变压器二次电压的确定

电炉变压器最高二次电压与变压器容量成正比，对于普通阻抗电炉变压器最高二次电压的确定见下式：

$$U_2 = \sqrt{\frac{P_n \cdot X}{X\%} \cdot 100}$$

式中，U_2为二次侧线电压（V）；P_n为变压器额定容量（kV·A）；X为电炉回路电抗

（MΩ）；$X\%$为电炉回路电抗百分数。对于普通阻抗电炉，为了保证三相电弧的稳定连续燃烧，$X\%$约为45%～50%。对于本例，容量为40 MV·A变压器，回路电抗取3.6 MΩ，计算普通阻抗电炉变压器的最高二次电压约为537～565 V。另外，还有一估算变压器的最高二次电压的方法：

$$U_2 = K^3\sqrt{P_n}$$

式中，K为系数，K大小是13～15或15～17，为适应埋弧期操作常采用后者，也是近年发展趋势。当K取16时，最高二次电压约为547 V。

参考JB/T9640—2014标准，40000 kV·A变压器的最高二次电压为547 V。

高阻抗电炉变压器最高二次电压的确定，应以高阻抗计算来确定最高二次电压。

2．二次电压及其挡位的确定

最低二次电压的确定主要是满足电炉冶炼工艺要求，因现代UHP电炉冶炼工艺已经取消还原期，为氧化性钢水出钢，故最低二次电压没有必要过低。最低二次电压的大小应以其电弧长度小于氧化末期炉渣厚度为准。如本例炉渣厚约110 mm，设弧长为90 mm（弧长小于渣厚），那么最低电弧电压130 V，即可以此来确定最低二次电压。另外，适当降低二次电压有利于短路实验（因短路电流与二次电压成正比），以确定短网电参数、研究电气特性。

二次电压级差国外大多采用恒压差，恒压差有利于计算分析与操作显示等，其范围为15～30 V，一般对于小于50t/35 MV·A电炉其范围为15～20 V；大于等于50t/35 MV·A电炉其范围为25～30 V。

恒功率段与恒电流段电压范围应根据冶炼工艺要求、操作水平加以确定。

（1）恒功率段能满足熔化与快速提温期间不同阶段的大功率供电，即主熔化期或完全埋弧期采用高电压、低电流，又满足快速升温期埋弧不完全或电弧暴露期的低电压、大电流供电。

（2）恒电流段是满足精炼期的调温、保温的需要，即满足低电压、小电流供电。

（3）段间电压即恒电流段的最高电压，其确定主要考虑两点：

①为满足非泡沫渣时的供电，不能太高；

②限制设备的最大载流量，而不能太低。

高阻抗电炉设计准则为低于或等于普通阻抗电炉最高二次电压值，最好低1个挡位。

现代电弧炉炼钢"三位一体"流程，电炉仅作为高速熔化金属的容器，没有还原期，氧化期也很短，可以说二次电压级数太多没有用，当然级数多一些也不多花钱，而且多一些，即压差小些，有利于保证有载开关的使用性能。

3．高阻抗电炉电抗器容量的确定

以普通阻抗电炉的阻抗为基础，进行高阻抗计算确定该50吨高阻抗电炉电抗器容量及抽头参数，见表3-73。

表3-73　电抗器容量及抽头参数

抽头 电抗器容量	1#	2#	3#	4#	5#
8300 kvar	8300	7000	5500	4000	0

该电抗器为一外附电抗器，串联在变压器一次侧，为无载调节，具有连续过载20%的能力，应装有隔离开关与接地开关。

对于本例，增加电抗后电弧功率不变，阻抗提高了，电压上去了、电流下来了，使得电耗降低、电极消耗降低，电流波动减小了45%，可降低电压闪烁20%以上，降低对电网的要求，减少无功动态补偿的容量。

4．高阻抗电炉变压器主要参数的确定

根据表3-73确定变压器操作参数（见表3-74），即以某电压与电抗器容量为依据，即电压/电抗为675 V/8300 kvar，并考虑增加一富裕电压700 V。该变压器为有载调节，共15级电压，变压器主要技术性能参数如表3-75所示。

表3-74　变压器与电抗器的操作参数

参数	恒功率段（6段）					恒电流段（9级）				
二次电压/V	700	675	650	…	575	550	525	500	…	350
二次电流/kA	33.03	34.21	35.52	…	40.16	42.04				
视在功率/MV·A	40					40.0	38.2	36.4	…	25.5
电抗器容量/kvar	8300/7000/5500/4000/0					0				
操作情况	高阻抗					甩抗				

表3-74中恒功率段电压为6+1级，即700～550 V；恒电流段为9级，及550～350 V；其中550 V叫分档电压，对应的电流42.04 kA为该设备的额定电流。二次侧电流、二次侧电压（线电压）与功率关系如下：

$$P_n = \sqrt{3} \times I \times U_2 \times 10^{-3} \ (MV \cdot A)$$

表3-75 电炉变压器的主要技术性能参数

参数名称	要求	参数名称	要求
变压器型号	HSSPZ-40000/35	阻抗压降	～7.5%
额定容量	40 MV·A（长期+20%）	冷却方式	OFWF
二次电压	恒功率段：700～550 V 恒电流段：550～350 V	调压方式	15级有载调压
二次额定电流	42 kA	连结组标号	yd_{11}
频率	50 Hz	相数	3

5. 石墨电极等二次导体导电截面的确定

由表3-74的二次额定电流，并参考样本及标准可以确定石墨电极等二次导体导电截面。

1）石墨电极

变压器二次额定电流为42 kA，最大工作电流50.4 kA，参考国产电极产品样本，选择直径500 mm超高功率石墨电极。

2）水冷电缆

根据变压器二次最大工作电流为50.4 kA，参考行业标准JB/T10358—2002，电流密度按4.5 A/mm^{2}计算，选择每相两根截面为5600 mm^{2}的水冷电缆。

3）其他二次导体

根据其截面按最大工作电流50.4 kA进行设计、制造。

任务 4 整流变压器

❈ 学习目标

1. 掌握整流变压器结构。
2. 掌握整流变压器原理。
3. 掌握整流变压器分类。
4. 掌握整流变压器型号。
5. 掌握整流变压器用途。
6. 掌握整流变压器常见故障及维修方法。

❈ 工作任务

本任务需要学习整流变压器结构；掌握整流变压器原理；掌握整流变压器分类；掌握整流变压器型号；掌握整流变压器用途；掌握整流变压器常见故障及维修方法。首先，回顾生活中涉及整流变压器的场合，引出本次学习任务；再经过本次任务学习后写出学习报告（重点为整流变压器结构；整流变压器原理；整流变压器分类；整流变压器型号；整流变压器用途；整流变压器常见故障及维修方法；最终我们要达到的目标——学会整流变压器的简单维修）。

❈ 任务实施

【一】准备。

一、整流变压器结构

整流变压器是将高电压电网的正弦交流电压变换为整流装置所需相数的低电压，并通过相位角的变换改善交流侧及直流侧的运行特性的一种专用变压器。

1. 绕组

整流变压器绕组一般采用铜导线绕制，分为移相绕组、网侧高压绕组、调压绕组、整变高压绕组、低压绕组、补偿绕组、饱和电抗器绕组。

2. 铁芯

铁芯采用国产或进口优质冷轧取向硅钢片组成。

3. 箱体

箱体由钢板焊接而成，半钟罩式油箱结构，在阀测出线端子周围采取隔离措施。

4. 调压开关

利用有载调压开关调整电压。

5. 饱和电抗器调压

通过调节饱和电抗器控制绕组的电流大小，达到调节电抗器的磁特性从而调节电抗器的电抗大小，达到调节直流电压的目的。

6. 油风冷却器

油风冷却器是换热设备中的一类，用以冷却流体。通常用水或空气为冷却剂以除去热量。

7. 储油柜

储油柜有胶囊式、橡胶隔膜式、波纹膨胀式。

8. 油纸电容式套管

油纸电容式套管作为高压的载流体和高压对变压器外壳及地绝缘之用。

9. 气体继电器

变压器内部故障而使变压器油分解产生气体或油流涌动，使继电器的接点动作，接通指定的控制回路。

10. 压力释放阀

当变压器或分接开关内部发生事故，油箱内部压力一旦达到释放压力，压力释放阀在2毫秒以内开启，及时释放油箱内的过压同时使整流变跳闸及报动作信号，当达到压力释放阀关闭压力时（动作压力的53%～54%）压力释放阀就可靠关闭，保证变压器油不渗漏。

11. 测温装置

整流变压器两侧各有一组温度表，一组用于整流变温高跳闸，另一组用于启停备投风机。

12. 吸湿器

吸湿器用于由于负荷或环境温度的变化而使变压器内油体积发生膨胀，迫使储油柜内的气体通过吸湿器产生呼吸，以清除空气中的杂质或潮气，保持变压器内部变压器油的绝缘强度。

二、整流变压器原理

应用整流变压器最多的化学行业中，大功率整流装置也是二次电压低，电流很大，因此它们在很多方面与电炉变压器是类似的，即前所述的电炉变压器结构特征点，整流变压器也同样具备。整流变压器最大的特点是二次电流不是正弦交流了，由于后续整流元件的单向导通特征，各相线不再同时流有负载电流而是软流导电，单方向的脉动电流经滤波装置变为直流电，整流变压器的二次电压、电流不仅与容量连接组有关，如常用的三相桥式整流线路，双反量带平衡电抗器的整流线路，对于同样的直流输出电压、电流所需的整流变压器的二次电压和电流却不相同，因此整流变压器的参数计算是以整流线路为前提的，一般参数计算都是从二次侧开始向一次侧推算的。

由于整流变压器绕组电流是非正弦的，含有很多高次谐波，为了减小对电网的谐波污染，为了提高功率因数，必须提高整流设备的脉波数，这可以通过移相的方法来解决。移相的目的是使整流变压器二次绕组的同名端线电压之间有一个相位移。

移相方法就是二次侧采用量、角连接的两个绕组，可以使整流电炉的脉波数提高一倍。

对于大功率整流设备，需要脉波数也较多，脉波数为18、24、36等应用的日益增多，这就必须在整流变压器一次侧设置移相绕组来进行移相。移相绕组与主绕组连接方式有三种，即曲折线、六边形和延边三角形。

用于电化学行业的整流变压器的调压范围比电炉变压器要大的多，对于化工食盐电解，整流变压器调压范围通常是56%～105%，对于铝电解来说，调压范围通常是5%～105%。常用的调压方式如电炉变压器一样有变磁通调压，串联变压器调压和自耦调压器调压。另外，由于整流元件的特性，可以在整流电炉的阀侧直接控制硅整流元件导通的相位角度，可以平滑地调整整流电压的平均值，这种调压方式称为相控调压。实现相控调压，一是采用晶阀管，二是采用自饱和电抗器，自饱和电抗器基本上是由一个铁芯和两个绕组组成的，一个是工作绕组，它串联连接在整流变压器二次绕组与整流器之间，流过负载电流；另一个是直流控制绕组，是由另外的直流电源提供直流电流，其主要原理就是利用铁磁材料的非线性变化，使工作绕组电抗值有很大的变化。调节直流控制电流，即可调节相控角α，从而调节整流电压平均值。

三、整流变压器分类

1. 按整流电路形式分类

（1）三相桥式整流变压器。

（2）双反星形带平衡电抗器的整流变压器。

（3）双反星形三相五柱式整流变压器。

2．按调压方式分类

（1）无励磁调压整流变压器结构。

（2）有载调压整流变压器结构。

①单器身变磁通调压结构。

②调变加主变结构。

③串变调压结构。

3．按器身安装方式分类

（1）器身连箱盖结构。

（2）钟罩式结构，其中钟罩式结构分为以下几种：

①钟罩式。

②半钟罩式。

③三节钟罩式。

4．按冷却方式分类

整流变压器按冷却方式可分为自冷、风冷、强油水冷或风冷以及强油导向冷却。

除上述几种分类方式外，变压器还可分为主调共箱式和主调分箱式以及内附饱和电抗器、平衡电抗器和外附饱和电抗器、平衡电抗器等结构。

总而言之，整流变压器的种类繁多，生产商可根据用户的具体要求进行设计制造。

四、整流变压器型号

整流变压器的产品型号由"系列代号""规格代号""特殊使用环境代号"（如有）组成，其间以短横线隔开。

（1）"系列代号"按表3-76所列代表符号组成。

表3-76 整流变压器系列代号

序号	分类	类别	代表符号
1	用途	电化学、电解用	ZH
2	网侧相数	单相	D
		三相	—
3	线圈外绝缘介质	变压器油	—
		空气	G
		成形固体	C

序号	分类	类别	代表符号
4	高压方式	无激磁调压或不调压	—
		由网侧线圈有载调压	Z
		由内附的自耦调压变压器或串联	
		调压变压器有载调压	T
5	线圈导线介质	铜	—
		铝	L
6	内附附属装置	平衡电抗器	K
7	内附附属装置	饱和电抗器（磁放大器）	B

（2）整流变压器"规格代号"组成。

整流变压器型式容量（kV·A）/网侧电压等级（kV）。

（3）"特殊使用环境代号"由表3-77所列符号组成。

表3-77　整流变压器特殊使用环境代号

符号	特殊使用环境	符号	特殊使用环境
CY	船舶用	KB	矿用隔爆型
GY	高海拔地区用	TA	干热带地区用
KY	一般矿用	TH	湿热带地区用

（4）产品型号列举如下：电解用油浸整流变压器，湿热带型，网侧三相，内附平衡电抗器，铜线圈，网侧电压35 kV，有载调压，型式容量为1000 kV·A，型号为：ZHZK-1000/35-TH。

五、整流变压器用途

整流变压器是将交流电网的电压变换成整流装置所需要的电压，并通过相数和相位角的变换，改善交流侧及直流侧的运行特殊性的一种专用变压器。

（1）广泛使用于铝镁电解、食盐电解、水电解以及其他金属电解等负载场合。

（2）整流变压器的使用条件多为户内式，也可腹胀户外式。（详见铭牌）变压器室的建筑就能满足产品的轨距、外形尺寸及吊高，并备有起吊变压器总重及器身的装置，其正常使用条件应符合下列规定：

①海拔高度：整流变压器安装的海拔高度不能超过1000 m。

②冷却介质温度：空气冷却时：周围气温自然变化的最大值不超过＋40 ℃，最低气温不低于－30 ℃，日平均最高气温不超过＋30 ℃，年平均气温不超过＋20 ℃。注：干式变压器允许最低气温为－40 ℃。水冷却时：冷却水温自然变化的最大值不超过＋30 ℃；日平均最高水温不超过＋25 ℃。

③空气最大相对湿度：当空气温度为＋25 ℃，空气最大相对湿度不超过90%。

④安装场所无严重影响变压器绝缘的气体、蒸气、化学性沉积、灰尘、尘垢及其他爆炸性气体和浸蚀性介质。

⑤安装场所应无严重的振动和颠簸，垂直倾斜度应小于5%。

⑥接到整流变压器的交流电网电压应符合以下规定：电压波形为近似正统曲线；幅值波动范围不超过±5%；短暂（1秒钟）波动范围不超过±10%；频率为50赫兹；变动范围不超过±1%；三相电压近似对称。

六、整流变压器常见故障及维修方法

1. 变压器铁芯接地故障诊断与处理

1）铁芯多点接地故障的危害

变压器正常运行时是不允许铁芯多点接地的，因为变压器正常运行中绕组周围存在着交变的磁场，由于电磁感应的作用，高压绕组与低压绕组之间、低压绕组与铁芯之间、铁芯与外壳之间都存在着寄生电容，带电绕组将通过寄生电容的耦合作用，使铁芯对地产生悬浮电位。由于铁芯及其他金属构件与绕组的距离不相等，使各构件之间存在着电位差，当两点之间的电位差达到能够击穿其间的绝缘时，便产生火花放电。这种放电是断续的，长期下去，对变压器油和固体绝缘都有不良影响。为了消除这种现象，把铁芯与外壳可靠地连接起来，使它与外壳等电位，但当铁芯或其他金属构件有两点或多点接地时，接地点就会形成闭合回路，造成环流，引起局部过热，导致油分解，绝缘性能下降，严重时会使铁芯硅钢片烧坏，造成主变发生重大事故，所以主变铁芯只能一点接地。

2）铁芯接地故障类型

（1）安装时疏忽使铁芯碰壳、碰夹件。

（2）穿心螺栓钢座套过长与硅钢片短接。

（3）铁芯绝缘受潮或损伤，导致铁芯高阻多点接地。

（4）潜油泵轴承磨损，产生金属粉末，形成桥路。造成箱底与铁轭多点接地。

3）引起铁芯故障的原因

（1）接地片因加工工艺和设计不良造成短路。

（2）由于附件引起的多点接地。

（3）由遗落在主变内的金属异物和铁芯工艺不良产生毛刺，铁锈与焊渣等因素引起接地。

4）铁芯产生多点接地时的几种处理方法

（1）对于铁芯有外引接地线的，可在铁芯接地回路上串接电阻，以限制铁芯接地电流，此方法只能作为应急措施采用。

（2）由于金属异物造成的铁芯接地故障，一般情况下进行吊罩检查，都可以发现问题。

（3）对于由铁芯毛刺，金属粉末堆积引起的接地故障，用以下方法处理效果较明显。

①电容放电冲击法；

②交流电弧法；

③大电流冲击法，即采用电焊机。

2. 整流变压器油箱内有强烈而不均匀的噪音和放电声音

这可能是由于整流变压器铁芯的穿心螺栓夹得不紧，造成硅钢片之间振动或是变压器线圈引出线对外壳闪络放电，或是铁芯接地线断线，造成铁芯外壳感应而产生电压放电等。

当出现上述现象时，如有条件应把变压器停下来进行检查和处理（因为局部放电电弧会损坏变压器的绝缘，使变压器内部故障进一步扩大）。

3. 整流变压器在正常负荷情况下油温不断升高

这个现象说明变压器内部有故障，可能是线圈匝间短路或铁芯局部过热。铁芯局部过热是由涡流引起或夹紧铁芯用的穿心螺栓绝缘损坏造成。涡流会使铁芯长期过热而引起硅钢片间的绝缘破坏、铁损增大、油温升高，致使油的温度逐渐达到着火点，造成故障范围内的铁芯过热、熔化，甚至熔焊在一起。这时，应立即使整流变压器的电源侧断路器跳闸，避免变压器爆炸或火灾事故。也有可能由于整流柜中有一整流臂断而造成整流变压器负载不平衡运行，造成整流变压器局部过热，应停机检查。

4. 在整流变压器的引出套管上有大的裂纹、表面有放电及电弧的闪络痕迹

这时，由于表面膨胀不均，可能引起套管爆炸事故。

5. 整流变压器的有载开关故障

整流变压器在运行的过程中，由于过渡电阻烧坏，选择开关绝缘杆三相短路，以及有载开关相间短路等，都会造成重瓦斯动作、喷油，断路器跳闸。如发现喷油不跳闸，则立即停运，有载开关吊芯检查。待确认完好后，才能送电。

6. 声音异常

变压器正常运行时，铁芯振动而发出清晰有规律的"嗡嗡"声。但当变压器负荷有变化或变压器本身发生异常及故障时，将产生异常音响。若平时注意多听，对正常的声音比较熟悉，相比较之下就容易察觉出变压器的异常音响。

（1）声音比平时沉重，但无杂音，一般为变压器过负荷引起。变压器长期过负荷是烧坏变压器的主要原因，这是不允许的。当发生变压器过负荷运行时，要设法减少一些次要负荷以减轻变压器的负担。

（2）声音尖，一般为变压器电源电压过高引起，电源电压过高不利于变压器的运行，对用户用电设备也不利，而且会增加变压器的铁损。因此，应及时向有关部门报告处理。

（3）声音嘈杂、混乱，变压器内部结构可能有松动。主要部件松动会影响变压器的正常运行，要注意及时检修。

（4）发出"噼叭"的爆裂声，这可能是变压器绕组或铁芯的绝缘有击穿现象。这种情况会造成严重事故，因此要立即停电检修。

（5）由于系统短路或接地，通过大量短路电流，会使变压器产生很大的噪声。

（6）铁芯谐振会使变压器发出粗细不均的噪声。

7. 油位显著下降

正常时的油位上升或下降是由温度变化造成的，变化不会太大。当油位下降显著，甚至从油位计中看不见油位，则可能是因为变压器出现了漏油、渗油现象，这往往是因为变压器油箱损坏、放油阀门没有拧紧、变压器顶盖没有盖严、油位计损坏等原因造成的。油位太低会加速变压器油的老化、变压器绝缘情况恶化，进而引起严重后果，所以要多巡视，多维护，及时添油，如渗、漏油严重，应及时将变压器停止运行并进行检修。

8. 油色异常，有焦臭味

新变压器油呈微透明、淡黄色，运行一段时间后油色会变为浅红色。如油色变暗，说明变压器的绝缘老化；如油色变黑（油中含有碳质）甚至有焦臭味，说明变压器内部有故障（铁芯局部烧毁、绕组相间短路等），这将会导致严重后果，应将变压器停止运行进行检修，并对变压器油进行处理或换成合格的新油。

9. 变压器着火

变压器在运行中发生火灾的主要原因有：铁芯穿心螺栓绝缘损坏，铁芯硅钢片绝缘损坏，高压或低压绕组层间短路，引出线混线或引线碰油箱及过负荷等。当变压器着火时，应首先切断电源，然后灭火，若是变压器顶盖上部着火，应立即打开下部放油阀，将油放至着火点以下或全部放出，同时用不导电的灭火器（如四氯化碳、二氧化碳、干粉灭火器等）或干燥的沙子灭火，严禁用水或其他导电的灭火器灭火。

【二】学生动手检修一台运行不正常的整流变压器并撰写检修报告。

温馨提示：首先，根据故障现象初步判断故障原因；其次，结合【一】中相关知识进行维修；最后，写出维修报告，进而达到学习、实践、积累的目的。

温馨提示：完成【二】后，进入总结评价阶段。分自评、教师评两种，主要是总结评价本次安装、调试、演示过程中做得好的地方及需要改进的地方等。根据评分的情况和本次任务的结果，填写如表3-78、表3-79所列的表格。

表3-78　学生自评表格

任务完成进度	做得好的方面	不足、需要改进的方面

表3-79　教师评价表格

学生在本次任务中的表现	学生进步的方面	学生不足、需要改进的方面

【三】写总结报告。

温馨提示：报告可涉及内容为本次任务，也可谈谈本次实训的心得体会。

⚒ 任务小结

本次任务主要是学习整流变压器结构、整流变压器原理、整流变压器分类、整流变压器型号、整流变压器用途、整流变压器常见故障及维修方法。

⚒ 问题探究

一、某铝厂整流变压器故障案例

1. 有载分接开关故障

1995年5月21日9时20分，4#整流变压器高压开关突然跳闸，整流停车。原因是有载分接开关触头固定的塑料支架变形后，引起有载分接开关的范围触头动作时，接触不好而拉弧放电造成短路跳闸。

处理：换掉变形塑料支架或整个开关。

2. 整流变压器烧毁

2003年8月13日，2#整流变压器高压开关柜突然跳闸。继电保护显示速断动作，检查变压器后得知变压器高压侧线圈接地，整流变压器已烧毁。绝缘良好，发现低压侧铜排有熔焊痕迹，下部有熔断的铁丝。原来风把屋顶上的铁丝刮到铜排上造成低压侧短路引起。

3. 变压器漏油故障

1993年5月7日9时，3#整流变压器中性点出线端子漏油严重，被迫停车。由于该故障长期存在，因此进行了彻底吊芯检查。原因是整流变压器中性点出线端子瓷瓶底座孔开大了，所以长期得不到解决。

处理：比照瓷瓶，做了4个厚12 mm的不锈钢法兰板，焊接箱盖上后，再装上瓷瓶，漏油问题彻底解决。

二、整流变压器微机保护装置

整流变压器微机保护装置是由高集成度、总线不出芯片单片机、高精度电流电压互感器、高绝缘强度出口中间继电器、高可靠开关电源模块等部件组成。是用于测量、控制、保护、通讯为一体化的一种经济型保护。

整流变压器微机保护装置的优点：

（1）可以满足库存配制有二十几种保护，满足用户对不同电气设备或线路保护的要求。

（2）可根椐实际运行的需要配制相应保护，真正实现用户"量身定制"。

（3）自定义保护功能，可实现标准保护库中未提供的特殊保护，最大限度满足用户要求。

（4）各种保护功能相对独立，保护定值、实现、闭锁条件和保护投退可独立整定和配制。

（5）保护功能实现不依赖于通讯网络，满足电力系统保护的可靠性。

整流变压器微机保护装置具备进线保护、出线保护，分段保护、配变保护、电动机保护、电容器保护、主变后备保护、发电机后备保护、PT监控保护等保护功能。

三、整流变压器的冷却介质种类

要把热量从变频器中带出来，可以借助的介质一般有三种：空气、水、油。高压变频器的发热部件主要是两部分：一是整流变压器，二是功率元件。变压器在早期主要采用油冷却方式,即把变压器浸泡在油箱中,由于油比空气的比热大、绝缘强度高,这种散热方式是大功率变压器的主流散热。但是,由于油品需要维护,引出线处的密封不好解决,随着绝缘材料的进步,在中小功率等级,干式变压器已经占主导地位。干式变压器借助于空气进行冷却。变压器还可以采用水冷的方式,即将变压器的线圈做成中空的,内部通纯净水,利用纯净水带走热量。

四、变压器设计的基本问题

变压器设计的基本问题是磁通和电流密度。变压器的电流与容量成正比,电流密度的大小(即导线的粗细)按照导体的发热量来考虑。对于磁通,电磁学的基本关系式为 $U=4.44fw\Phi$,其中 U 为电压;f 为频率,在这里为50 Hz,定值;w 为线圈的匝数;Φ 是磁通量。由于硅钢片的磁通密度 B 受到材料的限制,一般仅能设计到1.4~1.8 T,而 $\Phi=BS$,所以,要增大 Φ,一般只能增大铁芯的截面积。变压器的铁芯一般为三相柱式,铁芯的截面积按照上述公式可以确定,铁芯窗口的大小则要考虑把线圈放进去为原则。容量越大的变压器,导线越粗,铁芯的窗口就需要越大。

在变压器的设计中,铜和铁的用量可以均衡考虑。因为一旦变压器的容量确定了,电流就确定了,导线的粗细也就确定了,增大匝数 w,磁通 Φ 就可以小一些,铁芯的截面积就可以小一些,但是要把这些匝数绕进去,铁芯的窗口要大一些;相反,减小匝数 w,磁通 Φ 就要大一些,铁芯的截面积要大一些,但是铁芯的窗口可以小一些。

五、变压器的容量和什么有关

铁芯的选择与电压有关,而导线的选择与电流有关,即导线的粗细直接与发热量有关。也就是说,变压器的容量只与发热量有关。对于一个设计好的变压器,如果在散热不好的环境中工作,容量为1000 kV·A,如果增强散热能力,则有可能为1250 kV·A。另外,变压器的标称容量还与允许的温升有关,例如,如果一台1000 kV·A的变压器,允许温升为100 K,如果在特殊的情况下,可以允许其工作到120 K,则其容量就不止1000 kV·A。由此也可以看出,如果改善变压器的散热条件,则可以增大其标称容量,反过来说,对于相同容量的变频器,可以减小变压器柜的体积。

所以在有些投标过程中,竞争对手故意标称较大的变压器容量,给用户设计裕量较大的假象,实际上是没有意义的,关键还要看变压器的体积和散热方式。

六、为什么电流源型变频器需要较大的变压器容量

变压器的设计一般只看额定容量,而不看额定功率,因为其电流只与额定容量有

关。对于电压源型变频器，由于其输入功率因数接近于1，所以额定容量与额定功率几乎相等。电流源型变频器则不然，其输入侧变压器功率因数最多等于负载异步电机的功率因数，所以对于相同的负载电机，其额定容量要比电压源型变频器的变压器大一些。

七、什么是干式变压器的绝缘等级

干式变压器的绝缘等级，并不是绝缘强度的概念，而是允许的温升的标准。比如，B级绝缘允许工作到130 ℃，H级绝缘允许工作到180 ℃，所以，H级绝缘允许导线选得细一些。

八、什么叫"H级绝缘，用B级考核温升"

变压器采用H级绝缘材料，但是各个点的工作温度不允许超过B级绝缘所允许的工作温度。这实际上是对绝缘材料的一种浪费，但是，变压器的过载能力会很强。

九、整流变压器的施工应具备的条件

（1）图纸会审和根据厂家资料编制详细的作业指导书并审批完。

（2）安装箱式变压器有关的建筑工程质量，符合国家现行的建筑工程施工及验收。

（3）预埋件及电缆预埋管等位置符合设计要求，预埋件牢固。

十、整流变压器的施工准备

1．变压器基础检查

（1）会同业主及监理对变压器基础的建筑施工质量进行检查，并填写记录单，由各方签字确认，对发现的问题及时上报，及时处理。

（2）认真核对变压器基础横、纵轴线尺寸及预埋管位置，并与图纸所给尺寸核对，无误后方可进行下一步工作。

2．变压器开箱检查

（1）变压器到货后开箱检查时，应会同业主、监理及厂家的有关人员一同检查。

（2）在卸车前测量和记录冲击记录器的冲击值，这个数值应小于3g。

（3）检查变压器外观无损伤，漆面完好，并记录。

（4）检查变压器内部各器件无移位、污染等情况。

十一、整流变压器的安装就位

（1）将变压器槽钢基础安装在预埋件上，注意找平、找正，槽钢基础与埋件焊接牢固，焊接部位打掉药皮后涂刷防腐油漆。

（2）在风机吊装完后，吊装变压器直接就位于基础上，利用千斤顶进行找平、找正。

（3）按厂家规定的固定方式（螺接或焊接）进行变压器与基础之间的连接。

（4）若为分体到货，在变压器安装找正后，进行外壳的安装。

（5）悬挂标志牌，清扫变压器箱体内部。

（6）在下一道工序前要做好成品保护工作。

十二、线路复测工序

由于工程的需要，为此采用全站仪、GPS定位系统相结合的方式进行复测。仪器观测和记录应分别由二人完成，并做到当天作业当天检查核对。

线路复测需朝一个方向进行，如从两头往中间进行，则交接处至少应超过（一基杆塔）两个C桩。要检查塔位中心桩是否稳固，有无松动现象。如有松动现象，应先钉稳固，而后再测量。对复测校准的塔位桩，必须设置明显稳固的标识，对两施工单位施工分界处，一定要复测到转角处并超过两基以上，与对方取得联系确认无误后，方可分坑开挖。复测施工时及时填写记录，记录要真实、准确。如在复测时遇到与设计不符时立即上报不得自行处理。

十三、跨越电力线路

跨越施工前应由技术负责人按线路施工图中交叉跨越点断面图，对跨越点交叉角度、被跨越不停电电力线路架空地线在交叉点的对地高度、下导线在交叉点的对地高度、导线边线间宽度、地形情况进行复测。根据复测结果，选择跨越施工方案。

（1）跨越不停电电力线，在架线施工前，施工单位应向运行单位书面申请该带电线路"退出重合闸"，待落实后方可进行不停电跨越施工。施工期间发生故障跳闸时，在未取得现场指挥同意前，严禁强行送电。

（2）跨越架搭设过程中，起重工具和临时地锚应根据其重要程度将安全系数提高20%～40%。

（3）在跨越档相邻两侧杆塔上的放线滑车均应采取接地保护措施。在跨越施工前，所有接地装置必须安装完毕且与铁塔可靠连接。

（4）跨越不停电线路架线施工应在良好天气下进行，遇雷电、雨、雪、霜、雾相对湿度大于85%或5级以上大风时，应停止作业。如施工中遇到上述情况，则应将己展放好的网、绳加以安全保护。

（5）越线绳使用前均需经烘干处理，还需用5000 V摇表测量其单位电阻。

（6）如当天未完成全部索道绳及绝缘杆固定绳的过线，应将过线绳及引绳收回并妥善保管，不得在露天过夜。

（7）铺放过线引绳及绝缘绳未完全脱离带电线路的过程中，拉绳、绑扎等操作人员必须穿绝缘靴子，戴绝缘手套进行操作。

任务 5　工频试验变压器

❖ 学习目标

1. 掌握工频试验变压器结构。
2. 掌握工频试验变压器原理。
3. 掌握工频试验变压器分类。
4. 掌握工频试验变压器型号。
5. 掌握工频试验变压器用途。
6. 掌握工频试验变压器常见故障及维修方法。

❖ 工作任务

本任务要求学习工频试验变压器结构；掌握工频试验变压器原理；掌握工频试验变压器分类；掌握工频试验变压器型号；掌握工频试验变压器用途；掌握工频试验变压器常见故障及维修方法。首先，回顾生活中涉及工频试验变压器的场合，引出本次学习任务；再经过本次任务学习后写出学习报告（重点为工频试验变压器结构；工频试验变压器原理；工频试验变压器分类；工频试验变压器型号；工频试验变压器用途；工频试验变压器常见故障及维修方法；最终我们要达到的目标——学会工频试验变压器的简单维修）。

❖ 任务实施

【一】准备。

一、工频试验变压器结构

工频试验变压器的高压线圈为圆筒多层塔式，由优质聚酯漆包线及高耐压值绝缘材料绕制而成。低压线圈在外，仪表线圈为一独立绕组，一般情况下为1TBL_0TBL_0V。

壳体为八角形，1TBL_0KVA以上的试验变压器装有可移动的铁轮。具有重量轻、体积小、移动方便、性能优越等特点。

二、工频试验变压器原理

全套装置由YD系列油浸式高压试验变压器和试验变压器配套控制台组成。试验变压器配套控制台是由接触式调压器（50 kV·A以上为电动柱式调压器）及其控制、保护、测量、信号电路组成。它是通过接入220 V工频电源，调节调压器（即试验变压器的输入电压），接入高压试验变压器的初级绕组，根据电磁感应原理，以获得所需要的试验高压电压值。

其工作原理如图3-133所示。

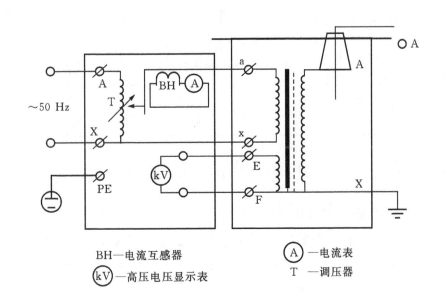

BH—电流互感器　　　　　Ⓐ—电流表
ⓚⓥ—高压电压显示表　　　　T—调压器

图3-133　工频试验变压器工作原理

1．串级试验变压器原理

比如三台试验变压器串级可获得更高的试验电压（见图3-134）。串级高压试验变压器有很大的优越性，因为整个试验装置由几台单台试验变压器组成，单台试验变压器容量小、电压低、重量轻，便于运输和安装。它既可串接成高出几倍的单台试验变压器输出电压组合使用，又可分开成几套单台试验变压器单独使用。整套装置投资小，经济实惠。图3-134中，在第一级和第二级的每个单元试验变压器中都有一个励磁绕组A_1、C_1和A_2、C_2。在三台串级试验变压器基本原理中，低压电源加在试验变压器Ⅰ的初级绕组a_1x_1上，单台试验变压器Ⅰ、Ⅱ、Ⅲ的输出电压都是V。励磁绕组A_1、C_1给第二级试验变压器Ⅱ的初级绕组供电；第二级试验变压器Ⅱ的励磁绕组A_2、C_2给第三级试验变压器Ⅲ的初级绕组供电。第二级试验变压器Ⅱ和第三级试验变压器Ⅲ的箱体分别处在对地为1U和2U的高电位上，所以箱体对地是绝缘的，试验变压器 I 的箱体是接地的。这样第一级、第二级、第三级试验变压器对地的额定输出电压分别为1U、2U、3U；其额定容量分别为3P、2P、1P。

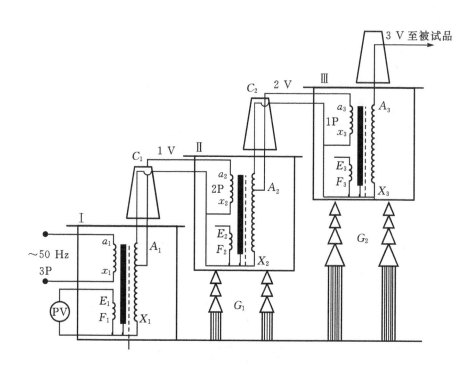

图3-134　串级试验变压器原理

2．油浸式高压试验变压器产品结构

如图3-135所示，高压试验变压器采用单框芯式铁芯结构。初级绕组D在铁芯上，高压绕组在外，这种同轴布置减少了漏磁通，因而增大了绕组间的耦合。产品的外壳制成与器芯配合较佳的八角形结构，整体外形显得美观大方。

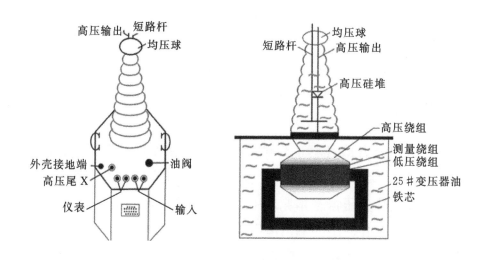

图3-135　油浸式高压试验变压器产品结构

3. 操作要点

（1）试验前，应了解被试品的试验电压，同时了解被试品的其他试验项目及以前的试验结果。若被试品有缺陷或异常，应在消除后再进行耐压试验。

（2）试验现场应围好遮拦或围绳，挂好标示牌，并派专人监护。

（3）试验前，被试品表面应擦拭干净，将被试品的外壳和非被试绕组可靠接地。被试品为新冲油设备时，应按《规程》规定使油静止一定时间再升压，对110 kV及以下的充油电力设备，在注满油后静置时间应不少于24小时，对220 kV及330 kV的充油电力设备，静置时间应不少于48小时。

（4）接好试验接线后，应由有经验的人员检查，确认无误后方可升压。

（5）升压前，首先检查调压器是否在零位。调压器在零位方可升压，升压时应呼唱。

（6）升压过程中不仅要监视电压表的变化，还应监视电流表的变化，以及被试品电流的变化。升压时要均匀升压，不能太快。升至规定试验电压时，开始计算时间，时间到后，缓慢均匀降下电压。绝不允许不降压就先跳开电源开关。

（7）试验中发现表针摆动或被试品有异常声响、冒烟等应立即降下电压，拉开电源，在高压侧挂上接地线后，再查明原因。

（8）耐压试验前后均应测量被试品的绝缘电阻。

4. 操作步骤

（1）按试验要求正确接线，如图3-136所示。

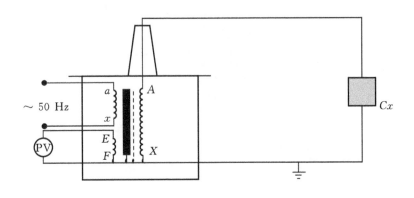

图3-136 接线图

（2）根据试验的要求，整定"时间继电器"及"过流继电器"。过流动作设定值＝过流继电器刻度盘读数×K，其中K为电流倍率转换/切除开关的状态值，分别为1、2、∞，开关处于×1、×2位置的K值分别为1、2，切除位置为＋∞。过流继电器整定的是一次电流值，变比为25。（注：不要使用＋∞挡，因为会使变压器失去过流保护功能而导致设备损坏）。

（3）接入电源，打开电源开关，此时，"电源指示灯（绿灯）"亮，表示外部电源已引入。如"零位指示灯（黄灯）"亮，表示调压器在零位。如"零位指示灯"不亮，应逆时针旋转调节调压器手柄至"零位指示灯"亮，表示可进行调压操作。

（4）按"启动按钮"。此时，"工作指示灯（红灯）"亮，"电源指示灯"和"零位指示灯"灭；进入送电状态且语言提醒"有电危险，请勿靠近！"。

（5）以2kV/s匀速顺时针旋转调压器手柄至被试品规定的耐压值，并密切注视电流表。

（6）启动"计时开关"，当"计时报警闪光灯"闪烁且"计时报警"响时，表示试验时间已到；试验完成。

（7）逆时针旋转调压器手柄至"零位指示灯"亮。

（8）按"停止按钮"，此时，"电源指示灯"亮，"工作指示灯"灭。

（9）关闭电源开关，拔掉电源线，拆除接线，试验结束。

（10）在升压或耐压过程中，应密切监视被试品。如发生短路、闪络、击穿过流时，过流继电器动作，切断主回路。此时应将调压器逆时针旋转至零位，切断电源，并查明原因，详细记录。

（11）试验完毕，降压，切断电源后应将被试品及试验装置本身充分放电（如图3-137所示）。

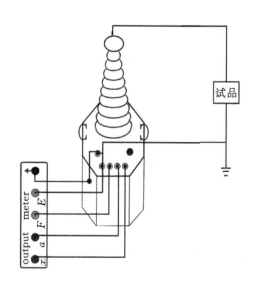

图3-137　放电

三、工频试验变压器分类

（1）交流串激试验变压器（如图3-138所示）。

图3-138 交流串激试验变压器

（2）油浸式高压试验变压器（如图3-139所示）。

图3-139 油浸式高压试验变压器

（3）耐高压试验仪（如图3-140所示）。

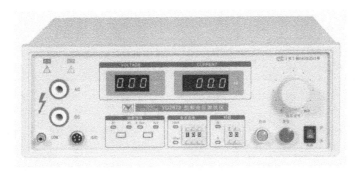

图3-140 耐高压试验仪

四、工频试验变压器型号

工频试验变压器型号如图3-141和表3-80所示。

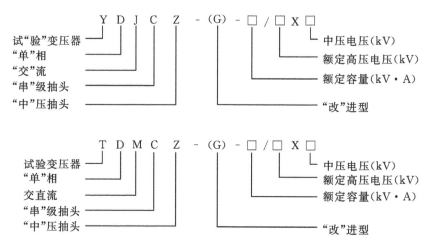

图3-141　工频试验变压器型号

表3-80　工频试验变压器型号参数

型号规格	额定容量/（kV·A）	低压输入		交流高压输出		直流高压输出/kV	测量变比
		电压/V	电流/A	电压/kV	电流/mA		
YDJ-1.5/50	1.5	200	7.5	50	30	70	500
YDJ-3/50	3	200	15	50	60	70	500
YDJ-5-50	5	200	25	50	100	70	500
YDJ-10/50	10	200	50	50	200	70	500
YDJ-20/50	20	400	28	50	400	70	500
YDJ-30/50	30	400	43	50	600	70	500
YDJ-50/50	50	400	72	50	1000	70	500
YDJ-10/100	10	200	50	100	100	140	1000
YDJ-20/100	20	400	28	100	200	140	1000
YDJ-30/100	30	400	43	100	300	140	1000
YDJ-50/100	50	400	72	100	500	140	1000
YDJ-100/100	100	400	144	100	1000	140	1000
YDJ-20/150	20	400	28	150	133	210	1000

续表

型号规格	额定容量/（kV·A）	低压输入		交流高压输出		直流高压输出/kV	测量变比
		电压/V	电流/A	电压/kV	电流/mA		
YDJ-30/150	30	400	43	150	200	210	1000
YDJ-50/150	50	400	72	150	333	210	1000
YDJ-100/150	100	400	144	150	666	210	1000
YDJ-150/150	150	400	216	150	1000	210	1000
YDJ-50/200	50	400	72	200	250		1000
YDJ-100/200	100	400	144	200	500		1000
YDJ-200/200	200	400	288	200	1000		1000
YDJ-50/300	50	400	72	300	166		1000
YDJ-100/300	100	400	144	300	333		1000
YDJ-200/300	200	400	288	300	666		1000
YDJ-300/300	300	400	433	300	1000		1000

五、工频试验变压器用途

工频试验变压器主要用于检验各种绝缘材料、绝缘结构和电工产品等耐受工频电压的绝缘水平，也作为变压器、互感器、避雷器等试品的无局部放电工频试验电源。

【二】学生动手检修一台运行不正常的工频试验变压器并撰写检修报告。

温馨提示：首先，根据故障现象初步判断故障原因；其次，结合【一】中相关知识进行维修；最后，写出维修报告，进而达到学习、实践、积累的目的。

温馨提示：完成【二】后，进入总结评价阶段。分自评、教师评两种，主要是总结评价本次安装、调试、演示过程中做得好的地方及需要改进的地方等。根据评分的情况和本次任务的结果，填写如表3-81、表3-82所列的表格。

表3-81 学生自评表格

任务完成进度	做得好的方面	不足、需要改进的方面

表3-82 教师评价表格

学生在本次任务中的表现	学生进步的方面	学生不足、需要改进的方面

【三】写总结报告。

温馨提示：报告可涉及内容为本次任务，也可谈谈本次实训的心得体会。

✖ 任务小结

本次任务主要是学习工频试验变压器结构、工频试验变压器原理、工频试验变压器分类、工频试验变压器型号、工频试验变压器用途、工频试验变压器常见故障及维修方法。

✖ 问题探究

一、工频试验变压器的维护

（1）开箱验收时，应检查主控回路接线是否松动，调压器电刷是否接触良好。

（2）长期不用时，使用前应用500 V兆欧表测量绝缘电阻，其阻值不低于0.5 MΩ。

（3）电源电压应符合箱（台）铭牌上的输入电压值。

（4）本箱（台）设有过电流保护，出厂已调整为额定电流的50%。用于小负载时，应根据被试品的额定容量电流重新设定。

（5）使用完毕后，应关好箱（台）门盖，以保持箱（台）内部清洁。

二、工频试验变压器的注意事项

（1）做高压试验时，必须由2个或2个以上人员参加，并明确做好分工，明确相互间的联系方法。并有专人监护现场安全及观察试品的试验状态。

（2）变压器和控制箱应有可靠的接地。

（3）试验过程中，升压速度不能太快，也决不允许突然全电压通电或断电。

（4）在升压或耐压试验过程中，如发现下列不正常情况时，应立即降压，并切断电源，停止试验，查明原因后再做试验。

①电压表指针摆动很大；

②发现绝缘烧焦的异味、冒烟现象；

③被测试品内有不正常的声音。

（5）试验中，如果试品短路或故障击穿，控制箱中的过流继电器工作，此时，将调压器回至零位，并切断电源后，方可将试品取出。

（6）进行电容试验或进行直流高压泄漏试验时，试验完毕后，将调压器降至零位，并切断电源，然后，应用放电棒将试品或电容器的高压端对地进行放电，以免存留在电容中的电势使人接触而发生触电危险。

三、试验变压器的容量选择

标称试验变压器容量P_n的确定公式：

$$P_n = kV_n^2 W C_t \times 10^{-9}$$

式中：P_n——标称试验变压器容量（kV·A）；

k——安全系数；

V_n——试验变压器的额定输出高压的有效值（kV）；

W——角频率，$W = 2\pi f$，f为试验电源的频率；

C_t——被试品的电容量（pF）。

对于不同的试验电压V_n，选择适当的安全系数k，标称试验电压较低时，k值可取高一些；以下列出不同的试验电压V_n，所选用的安全系数k值仅供参考：

$V_n = 50 \sim 100 \text{ kV}$、$k = 4$；

$V_n = 150 \sim 300 \text{ kV}$、$k = 3$；

$V_n \geq 300 \text{ kV}$、$k = 2$；

$V_n \geq 1 \text{ MV}$、$k = 1$。

被测试设备的电容量C_t可由交流电桥测出。C_t的变化很大，应由设备的类型而定。典型数据如下。

棒形或悬式绝缘子：几十微法；

电压互感器：200～500 pF；

分级套管：100～1000 pF；

电力变压器小于1000 kV·A：1000 pF以下；

电力变压器大于1000 kV·A：1000～10000 pF；

高压电力电缆和油浸纸绝缘：250～300 pF/m；

气体绝缘：60 pF/m以下；

封闭变电站，SF_6气体绝缘：100～10000 pF。

项目知识链接

一、磁现象

磁现象是磁体能够吸引钢铁一类物质的现象。中国是世界上最早发现磁现象的国家，早在战国末年就有磁铁的记载，中国古代的四大发明之一的指南针就是其中之一，指南针的发明为世界的航海业做出了巨大的贡献。人类通过对磁现象不断的研究和发现并把其成果不断地应用到生活、科技、工业等各个领域，对世界产生了巨大的影响。

二、磁铁

磁铁是可以产生磁场的物体，为一磁偶极子，能够吸引铁磁性物质如铁、镍、钴等金属。磁极的判定是以细线悬挂一磁铁，指向北方的磁极称为指北极或N极，指向南方的磁极为指南极或S极。（如果将地球想成一大磁铁，则目前地球的地磁北极是N极，地磁南极则是S极。）磁铁异极则相吸，同极则排斥。指南极与指北极相吸，指南极与指南极相斥，指北极与指北极相斥。

磁铁可分作"永久磁铁"与"非永久磁铁"。永久磁铁可以是天然产物，又称天然磁石，也可以由人工制造（最强的磁铁是钕磁铁）。而非永久性磁铁，只有在某些条件下会有磁性，通常是以电磁铁的形式产生，也就是利用电流来强化其磁场。

软磁包括硅钢片和软磁铁芯；硬磁包括铝镍钴、钐钴、铁氧体和钕铁硼，这其中，最贵的是钐钴磁钢，最便宜的是铁氧体磁钢，性能最高的是钕铁硼磁钢，但是性能最稳定，温度系数最好的是铝镍钴磁钢，我们所说的磁铁，一般都是指永磁磁铁。

永磁磁铁又分二大分类。第一大类为金属合金磁铁，包括钕铁硼磁铁（$Nd_2Fe_{14}B$）、钐钴磁铁（SmCo）、铝镍钴磁铁（AlNiCo），第二大类为铁氧体永磁材料（Ferrite）。

1. 钕铁硼磁铁

钕铁硼磁铁它是目前发现商品化性能最高的磁铁，被人们称为磁王。它拥有极高的磁性能，最大磁能积（BH_{max}）高过铁氧体（Ferrite）10倍以上。其本身的机械加工性能亦相当好。工作温度最高可达200 ℃。而且其质地坚硬，性能稳定，有很好的性价比，故其应用极其广泛。但因为其化学活性很强，所以必须对其表面涂层处理（如镀Zn、Ni，电泳涂装钝化处理等）。

2. 铁氧体磁铁

它主要原料包括$BaFe_{12}O_{19}$和$SrFe_{12}O_{19}$。通过陶瓷工艺法制造而成，质地比较硬，属脆性材料，由于铁氧体磁铁有很好的耐温性、价格低廉、性能适中，已成为应用最为广泛的永磁体。

3. 铝镍钴磁铁

它是由铝、镍、钴、铁和其他微量金属元素构成的一种合金。铸造工艺可以加工生产成不同的尺寸和形状，可加工性很好。铸造铝镍钴永磁有着最低可逆温度系数，工作温度可高达600 ℃以上。铝镍钴永磁产品广泛应用于各种仪器仪表和其他应用领域。

4. 钐钴（SmCo）

根据成份的不同钐钴可分为$SmCo_5$和Sm_2Co_{17}。由于其材料价格昂贵而使其发展受到限制。钐钴（SmCo）作为稀土永磁铁，不但有着较高的磁能积（14-28MGOe）、可靠的矫顽力和良好的温度特性。与钕铁硼磁铁相比，钐钴磁铁更适合工作在高温环境中。

三、磁性

磁性是物质在磁场作用时，其原子或次原子水平所起的反应的性质。根据其反应，物质的磁性大约可分为以下几种：

1. 抗磁性

当磁化强度M为负时固体表现为抗磁性。Bi、Cu、Ag、Au等金属具有这种性质。在外磁场中这类磁化了的介质内部的磁感应强度小于真空中的磁感应强度M。抗磁性物质的原子离子的磁矩应为零即不存在永久磁矩。当抗磁性物质放入外磁场中外磁场使电子轨道改变感生一个与外磁场方向相反的磁矩表现为抗磁性。所以抗磁性来源于原子中电子轨道状态的变化。抗磁性物质的抗磁性一般很微弱，磁化率H一般约为-10^{-5}，为负值。

2. 顺磁性

顺磁性物质的主要特征是不论外加磁场是否存在，原子内部存在永久磁矩。但在无外加磁场时由于顺磁物质的原子做无规则的热振动宏观看来没有磁性，在外加磁场作用下每个原子磁矩比较规则地取向物质显示极弱的磁性。磁化强度与外磁场方向一致为正而且严格地与外磁场H成正比。顺磁性物质的磁性除了与H有关外还依赖于温度。其磁化率H与绝对温度T成反比。一般含有奇数个电子的原子或分子电子未填满壳层的原子或离子如过渡元素、稀土元素、钢系元素还有铝铂等金属都属于顺磁物质。

3. 铁磁性

对诸如Fe、Co、Ni等物质的磁性为铁磁性。铁磁性物质即使在较弱的磁场内也可得到极高的磁化强度而且当外磁场移去后仍可保留极强的磁性。其磁化率为正值但当外场增大时由于磁化强度迅速达到饱和，其H变小。铁磁性物质具有很强的磁性主要起因于它们具有很强的内部交换场。铁磁物质的交换能为正值而且较大使得相邻原子的磁矩平行取向相应于稳定状态在物质内部形成许多小区域——磁畴。每个磁畴大约有10^{15}个原子。这些原子的磁矩沿同一方向排列，假设晶体内部存在很强的称为"分子场"的内场，"分子场"足以使每个磁畴自动磁化达饱和状态。这种自生的磁化强度叫自发磁化强度。由于它的存在，铁磁物质能在弱磁场下强列地磁化。因此自发磁化是铁磁物质的基本特征也是铁磁物质和顺磁物质的区别所在。铁磁体的铁磁性只在某一温度以下才表现出来，超过这一温度由于物质内部热骚动破坏电子自旋磁矩的平行取向因而自发磁化强度变为0，铁磁性消失。这一温度称为居里点。在居里点以上材料表现为强顺磁性，其磁化率与温度的关系服从居里-外斯定律。

4. 反铁磁性

反铁磁性是指由于电子自旋反向平行排列。在同一子晶格中有自发磁化强度电子磁矩是同向排列的，在不同子晶格中电子磁矩反向排列。两个子晶格中自发磁化强度大小相同，方向相反。反铁磁性物质大都是非金属化合物如MnO。不论在什么温度下都不能观察到反铁磁性物质的任何自发磁化现象，因此其宏观特性是顺磁性的，M与H处于同一方向，磁化率为正值。温度很高时极小，温度降低时逐渐增大，在一定温度时达最大值。这个温度最大值称为反铁磁性物质的奈尔温度。对奈尔点存在的解释是，在极低温度下由于相邻原子的自旋完全反向，其磁矩几乎完全抵消，故磁化率几乎接近于0。当温度上升时使自旋反向的作用减弱增加。当温度升至奈尔点以上时热骚动的影响较大，此时反铁磁体与顺磁体有相同的磁化行为。

5. 亚铁磁性

亚铁磁性是指有两套子晶格形成的磁性材料。不同子晶格的磁矩方向和反铁磁一样，但是不同子晶格的磁化强度不同，不能完全抵消掉，所以有剩余磁矩称为亚铁磁。反铁磁性物质大都是合金，例如TbFe合金。亚铁磁也有从亚铁磁变为顺磁性的临界温度，称为居里温度。

6. 超顺磁性和其他类型的磁性

注意：物质的磁性（状态）和温度（及其他如压力或磁场等）有关，因此，某种物质由温度和其他因素决定，可能显出多种磁性。

四、磁化

一些物体在磁体或电流的作用下会获得磁性，这种现象叫做磁化。

1. 磁化方法

（1）将物体烧到红炽状态，放在南北方向上自然冷却。

（2）用磁体的南极或北极，沿物体向一个方向摩擦几次。

（3）在物体上绕上绝缘导线，通入直流电，经过一段时间后取下即可。

（4）使物体与磁体吸引，一段时间后物体将具有磁性。

2. 磁化原理

磁性材料里面分成很多微小的区域，每一个微小区域就叫一个磁畴，每一个磁畴都有自己的磁距（即一个微小的磁场）。一般情况下，各个磁畴的磁距方向不同，磁场互相抵消，所以整个材料对外就不显磁性。当各个磁畴的方向趋于一致时，整块材料对外就显示出磁性。

所谓的磁化就是要让磁性材料中磁畴的磁距方向变得一致。当对外不显磁性的材料被放进另一个强磁场中时，就会被磁化，但是，不是所有材料都可以磁化的，只有少数金属及金属化合物可以被磁化。

五、磁畴

磁畴（Magnetic Domain）理论是用量子理论从微观上说明铁磁质的磁化机理。所谓磁畴，是指铁磁体材料在自发磁化的过程中为降低静磁能而产生分化的方向各异的小型磁化区域，每个区域内部包含大量原子，这些原子的磁矩都像一个个小磁铁那样整齐排列，但相邻的不同区域之间原子磁矩排列的方向不同。各个磁畴之间的交界面称为磁畴壁。宏观物体一般总是具有很多磁畴，这样，磁畴的磁矩方向各不相同，结果相互抵消，矢量和为零，整个物体的磁矩为零，它也就不能吸引其他磁性材料。也就是说磁性材料在正常情况下并不对外显示磁性。只有当磁性材料被磁化以后，它才能对外显示出磁性。

六、磁矩

磁矩是描述载流线圈或微观粒子磁性的物理量，如图3-142所示。平面载流线圈的磁矩定义为

$$m = iSn$$

式中，i为电流强度；S为线圈面积；n为与电流方向成右手螺旋关系的单位矢量。在畴壁中磁矩分布示意图如图3-142所示，均匀外磁场中，平面载流线圈不受力而受力矩，该力

矩使线圈的磁矩m转向外磁场B的方向；在均匀径向分布外磁场中，平面载流线圈受力矩偏转。许多电机和电学仪表的工作原理即基于此。

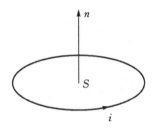

图3-142 磁矩

七、磁能积

磁能积单位为兆高·奥（MGOe）或焦每立方米（J/m³），退磁曲线上任何一点的B和H的乘积即$B×H$称为磁能积，而$B×H$的最大值称之为最大磁能积，为退磁曲线上的D点。磁能积是衡量磁体所储存能量大小的重要参数之一。在磁体使用时对应于一定能量的磁体，要求磁体的体积尽可能小。

八、磁力线

为了形象而方便地表示出磁场中各点对小磁针北极施力的情况，在磁场中画出一些有方向的曲线，任何一点的曲线方向都跟这一点的磁场方向一致，这样的曲线叫磁感应线，简称磁感线或磁力线，如图3-143所示。磁感线是为了形象地研究磁场而人为假想的曲线，并不是客观存在于磁场中的真实曲线。

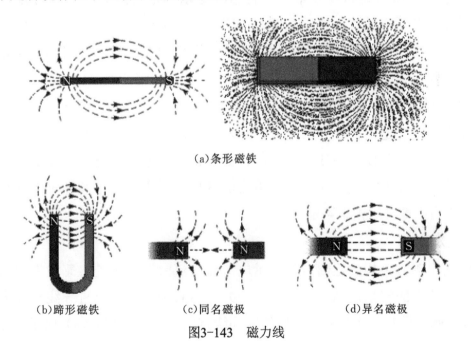

（a）条形磁铁

（b）蹄形磁铁　　　　　（c）同名磁极　　　　　（d）异名磁极

图3-143 磁力线

九、磁力线特点

（1）磁力线是人为假想的曲线。

（2）磁力线有无数条。

（3）磁力线是立体的。

（4）所有的磁力线都不交叉。

（5）磁力线的相对疏密表示磁性的相对强弱，即磁力线疏的地方磁性较弱，磁力线密的地方磁性较强。

（6）磁力线总是从N极出发，进入与其最邻近的S极，并形成回路。闭合回路这一现象在电磁学中称为磁通连续性定理。

（7）磁力线总是走磁阻最小（磁导率最大）的路径，因此磁力线通常呈直线或曲线，不存在呈直角拐弯的磁力线。

（8）任意二条同向磁力线之间相互排斥，因此不存在相交的磁力线。

（9）当铁磁材料未饱和时，磁力线总是垂直于铁磁材料的极性面。当铁磁材料饱和时，磁力线在该铁磁材料中的行为与在非铁磁性介质（如空气、铝、铜等）中一样。

十、磁力线方向判断方法

1．条形磁铁和蹄形磁铁的磁感线

在磁铁外部，磁感线从N极出来，进入S极；反之，在内部由S极到N极。

2．直线电流磁场的磁感线

在直线电流磁场的磁感线分布中，磁感线是以通电直线导线为圆心作无数个同心圆，同心圆环绕着通电导线。实验表明，如果改变电流的方向，各点磁场的方向都变成相反的方向，也就是说磁感线的方向随电流的方向而改变。直线电流的方向跟磁感线方向之间的关系可以用安培定则（也叫右手螺旋定则）来判定。

3．环形电流磁场的磁感线

流过环形导线的电流简称环形电流，从环形电流磁场的磁感线分布可以看出，环形电流的磁感线也是一些闭合曲线，这些闭合曲线也环绕着通电导线。环形电流的磁感线方向也随电流的方向而改变。研究环形电流的磁场时，主要关心圆环轴上各点的磁场方向，这可以用右手螺旋定则来判定。

4．安培定则

安培定则也叫右手螺旋定则，是表示电流和电流激发磁场的磁感线方向间关系的定则。通电直导线中的安培定则（安培定则一）：用右手握住通电直导线，让大拇指指向电流的方向，那么四指的指向就是磁感线的环绕方向，如图3-144（a）所示；通电螺线管中的安培定则（安培定则二）：用右手握住通电螺线管，使四指弯曲与电流方向一致，那么大拇指所指的那一端是通电螺线管的N极，如图3-144（b）所示。

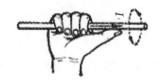

(a)直导线产生的磁感线环绕方向

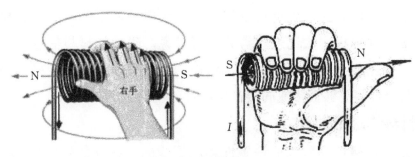

(b)通电螺线管的磁场方向

图3-144　安培定则

5．左手定则

伸开左手，使拇指与其余四个手指垂直，并且都与手掌在同一平面内；让磁感线从掌心进入，并使四指指向电流的方向，这时拇指所指的方向就是通电导线在磁场中所受安培力的方向，如图3-145所示。

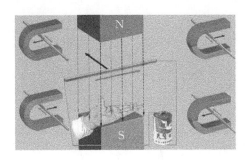

图3-145　左手定则

6．通电螺线管磁场的磁感线

螺线管是由导线一圈挨一圈地绕成的。导线外面涂着绝缘层，因此电流不会由一圈跳到另一圈，只能沿着导线流动，这种导线叫做绝缘导线。通电螺线管可以看成是放在一起的许多通电环形导线，我们自然会想到二者的磁场分布也一定是相似的。实际上的确如此。要判断通电螺线管内部磁感线的方向，就必须知道螺线管的电流方向。螺线管的电流方向跟它内部磁感线的方向也可以用右手螺旋定则来判定：用右手握住螺线管，让弯曲的四指所指的方向跟电流的方向一致，伸直的拇指所指的方向就是螺线管内部磁感线的方向（即N级）。通电螺线管外部的磁感线和条形磁铁外部的磁感线相似，并和内部的磁感线连接，形成一条条闭合曲线。

十一、磁性材料

磁性材料，是古老而用途十分广泛的功能材料，而物质的磁性早在3000年以前就被人们所认识和应用，例如中国古代用天然磁铁作为指南针。现代磁性材料已经广泛地用在我们的生活之中，例如将永磁材料用作马达，应用于变压器中的铁芯材料，作为存储器使用的磁光盘，计算机用磁记录软盘等。可以说，磁性材料与信息化、自动化、机电一体化、国防、国民经济的方方面面紧密相关。而通常认为，磁性材料是指由过度元素铁、钴、镍及其合金等能够直接或间接产生磁性的物质。

1. 磁性材料的磁化曲线

磁性材料是由铁磁性物质或亚铁磁性物质组成的，在外加磁场H作用下，必有相应的磁化强度M或磁感应强度B，它们随磁场强度H的变化曲线称为磁化曲线（M-H或B-H曲线），如图3-146所示。磁化曲线一般来说是非线性的，具有2个特点：磁饱和现象及磁滞现象。即当磁场强度H足够大时，磁化强度M达到一个确定的饱和值M_{max}，继续增大H，M_{max}保持不变；以及当材料的M值达到饱和后，外磁场H降低为零时，M并不恢复为零，而是沿$M_{max}M_1$曲线变化。材料的工作状态相当于M-H曲线或B-H曲线上的某一点，该点常称为工作点。

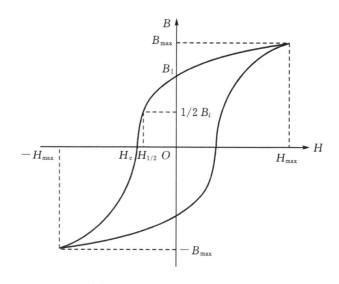

图3-146 磁性材料的磁化曲线

2. 软磁材料的常用磁性能参数

饱和磁感应强度B_s：其大小取决于材料的成分，它所对应的物理状态是材料内部的磁化矢量整齐排列。

剩余磁感应强度B_1：是磁滞回线上的特征参数，H回到0时的B值。

矩形比：B_1/B_s。

矫顽力H_c：是表示材料磁化难易程度的量，取决于材料的成分及缺陷（杂质、应力等）。

磁导率μ：是磁滞回线上任何点所对应的B与H的比值，与器件工作状态密切相关。

磁导率有初始磁导率μ_i、最大磁导率μ_m、微分磁导率μ_d、振幅磁导率μ_a、有效磁导率μ_e、脉冲磁导率μ_p。

居里温度T_C：铁磁物质的磁化强度随温度升高而下降，达到某一温度时，自发磁化消失，转变为顺磁性，该临界温度为居里温度。它确定了磁性器件工作的上限温度。

损耗P：磁滞损耗P_h及涡流损耗P_e，$P=P_h+P_e=af+bf_2+c_{Pe}\propto f_2t_2/\rho$，降低磁滞损耗$P_h$的方法是降低矫顽力$H_c$；降低涡流损耗$P_e$的方法是减薄磁性材料的厚度$t$及提高材料的电阻率$\rho$。在自由静止空气中磁芯的损耗与磁芯的温升关系为：总功率耗散（W）/表面积（cm^2）。

3. 软磁材料的磁性参数与器件的电气参数之间的转换

在设计软磁器件时，首先要根据电路的要求确定器件的电压-电流特性。器件的电压-电流特性与磁芯的几何形状及磁化状态密切相关。设计者必须熟悉材料的磁化过程并掌握材料的磁性参数与器件电气参数的转换关系。设计软磁器件通常包括三个步骤：

①正确选用磁性材料；

②合理确定磁芯的几何形状及尺寸；

③根据磁性参数要求，模拟磁芯的工作状态得到相应的电气参数。

十二、磁场强度

磁场强度是描述磁场的一个物理量，符号为H。磁场强度是线圈安匝数的一个表征量，反映磁场的源强弱。磁感应强度则表示磁场源在特定环境下的效果。

磁场强度符号为H，它为磁通密度B除以真空磁导率μ_0再减去磁化强度M，即

$$H=\frac{B}{\mu_0}-M$$

式中，H为矢量。这样，在恒定磁场中磁场强度的闭合环路积分仅与环路所链环的传导电流I_c有关而不含束缚分子电流，即

$$fH\cdot dl=\Sigma I_c$$

真空中的磁场强度：

$$H=\frac{B}{\mu_0}$$

当有磁介质时的磁场强度：

$$H = \frac{B}{\mu_0} - M$$

当有磁介质时在其内部的磁场强度：

$$H = \frac{B}{\mu}$$

而 $\mu = \chi_m H$，故式中，χ_m 为磁化率；μ 为磁导率，$\mu = \mu_0(1 + \chi_m)$。在时变电磁场中，磁场强度的闭合环路积分与环路所链环的全电流有关，但仍不包括束缚分子电流，即

$$f H \cdot dl = \Sigma I_{c+} \Sigma I_D$$

全电流由传导电流 I_c 与位移电流 I_D 组成。此式的微分形式为

$$\nabla \times H = J + \frac{\partial D}{\partial t}$$

式中，J 为传导电流密度；$a_{ij} = K_i / K_j$ 为电位移矢量 D 的时间变化率，即位移电流密度，其面积积分为 I_D。

磁场强度的计算公式：

$$H = N \times I / L_e$$

式中，H 为磁场强度，单位为A/m；N 为励磁线圈的匝数；I 为励磁电流（测量值），单位位A；L_e 为测试样品的有效磁路长度，单位为m。

十三、电磁力

电磁力是一种相当强的作用力，在宇宙的四个基本的作用力（万有引力、电磁力、强核作用力、弱核作用力）中，它的强度仅次于强核作用力，是电荷、电流在电磁场中所受力的总称。也有称载流导体在磁场中受的力为电磁力，而称静止电荷在静电场中受的力为静电力。电工中所关注的电介质在电磁场中受到的有质动力也是电磁力。

电机中起主要作用的力通常是磁场作用在铁质电枢上的有质动力，而不是载流导体上受的力。电枢上受的有质动力可以运用虚位移方法由外源供能、场能、机械功的平衡式导出。

十四、匀强磁场

如果磁场的某一区域里，磁感应强度的大小和方向处处相同，这个区域的磁场叫匀强磁场。匀强磁场的磁感线是一些间隔相同的平行直线。

十五、电磁感应

电磁感应是指放在变化磁通量中的导体，会产生电动势。法拉第发现产生在闭合回路上的电动势（electromotive force，简称EMF）和通过任何该路径所包围的曲面上磁通量的变化率成正比，这意味着当通过导体所包围的曲面的磁通量变化时电流会在任何闭合导体内流动。这适用于当电磁场本身变化时或者导体在场内运动时。电磁感应是发电机、感应马达、变压器和大部分其他电力设备的操作的基础。

1. 磁通量

设在匀强磁场中有一个与磁场方向垂直的平面，磁场的磁感应强度为B，平面的面积为S。

（1）定义：在匀强磁场中，磁感应强度B与垂直磁场方向的面积S的乘积，叫做穿过这个面的磁通量。

（2）公式：$\Phi=BS$

当平面与磁场方向不垂直时：

$$\Phi=BS_\perp=BS\cos\theta$$

（θ为两个平面的二面角。）

（3）物理意义：穿过某个面的磁感线条数表示穿过这个面的磁通量。

（4）单位：在国际单位制中，磁通量的单位是韦伯，简称韦，符号是Wb，

$$1\ Wb=1\ T\cdot m^2=1\ V\cdot s$$

2. 电磁感应现象

（1）电磁感应现象：闭合电路中的一部分导体做切割磁感线运动。

（2）感应电流：在电磁感应现象中产生的电流。

（3）产生电磁感应现象的条件。

①两种不同表述。

a. 闭合电路中的一部分导体与磁场发生相对运动。

b. 穿过闭合电路的磁场发生变化。

②两种表述的比较和统一。

a. 两种情况产生感应电流的根本原因不同。

闭合电路中的一部分导体与磁场发生相对运动时，是导体中的自由电子随导体一起运动，受到的洛伦兹力的一个分力使自由电子发生定向移动形成电流，这种情况产生的电流有时称为动生电流。

穿过闭合电路的磁场发生变化时，根据电磁场理论，变化的磁场周围产生电场，电场使导体中的自由电子定向移动形成电流，这种情况产生的电流有时称为感生电流。

b. 两种表述的统一。

{}

两种表述可统一为穿过闭合电路的磁通量发生变化。

③产生电磁感应现象的条件。

不论用什么方法，只要穿过闭合电路的磁通量发生变化，闭合电路中就有电流产生。

产生电弧感应的条件如下：

a．闭合电路；

b．一部分导体；

c．做切割磁感线运动。

3．感应电动势

（1）定义：在电磁感应现象中产生的电动势，叫做感应电动势。方向是由低电势指向高电势。

（2）产生感应电动势的条件：穿过回路的磁通量发生变化。

（3）物理意义：感应电动势是反映电磁感应现象本质的物理量。

（4）方向规定：内电路中的感应电流方向，为感应电动势方向。

（5）反电动势：在电动机转动时，线圈中也会产生感应电动势，这个感应电动势总要削弱电源电动势的的作用，这个电动势称为反电动势。

4．楞次定律

（1）1834年德国物理学家楞次通过实验总结出：感应电流的方向总是要使感应电流的磁场阻碍引起感应电流的磁通量的变化。即磁通量变化产生感应电流，感应电流阻碍磁场磁通量变化。

（2）当闭合电路中的磁通量发生变化引起感应电流时，用楞次定律判断感应电流的方向。楞次定律的内容：感应电流的磁场总是阻碍引起感应电流的磁通量变化。

楞次定律是判断感应电动势方向的定律，但它是通过感应电流方向来表述的。按照这个定律，感应电流只能采取这样一个方向，在这个方向下的感应电流所产生的磁场一定是阻碍引起这个感应电流的那个变化的磁通量的变化。我们把"引起感应电流的那个变化的磁通量"叫做"原磁通"。因此楞次定律可以简单表达为：感应电流的磁场总是阻碍原磁通的变化。所谓阻碍原磁通的变化是指：当原磁通增加时，感应电流的磁场（或磁通）与原磁通方向相反，阻碍它的增加；当原磁通减少时，感应电流的磁场与原磁通方向相同，阻碍它的减少。从这里可以看出，正确理解感应电流的磁场和原磁通的关系是理解楞次定律的关键。要注意理解"阻碍"和"变化"这四个字，不能把"阻碍"理解为"阻止"，原磁通如果增加，感应电流的磁场只能阻碍它的增加，而不能阻止它的增加，而原磁通还是要增加的。更不能感应电流的"磁场"阻碍"原磁通"，尤其不能把阻碍理解为感应电流的磁场和原磁通方向相反。正确的理解应该是：通过感应电流的磁场方向和原磁通的方向的相同或相反，来达到"阻碍"原磁通的"变化"即减或增。楞次定律所反映的是这样一个物理过程：原磁通变化时（原变），产生感应电流（I感），这是属于电磁感应的条件问题；感应电流一经产生就在其周围空间激发磁场（感），这就是电流的磁效应问题；而且I感的方向就决定了感应磁通的方向（用安培右手螺旋定则判定）；感应磁通阻碍原磁通的变化——这正是楞次定律所解决的问题。

楞次定律也可以理解为：感应电流的效果总是要反抗（或阻碍）产生感应电流的原因，即只要有某种可能的过程使磁通量的变化受到阻碍，闭合电路就会努力实现这种过程：

①阻碍原磁通的变化（原始表述）；

②阻碍相对运动，可理解为"来拒去留"，具体表现为：若产生感应电流的回路或其某些部分可以自由运动，则它会以它的运动来阻碍穿过路的磁通的变化；若引起原磁通变化为磁体与产生感应电流的可动回路发生相对运动，而回路的面积又不可变，则回路得以它的运动来阻碍磁体与回路的相对运动，而回路将发生与磁体同方向的运动；

③使线圈面积有扩大或缩小的趋势；

④阻碍原电流的变化（自感现象）。

应用楞次定律判断感应电流方向的具体步骤：

①查明原磁场的方向及磁通量的变化情况；

②根据楞次定律中的"阻碍"确定感应电流产生的磁场方向；

③由感应电流产生的磁场方向用安培表判断出感应电流的方向。

（3）当闭合电路中的一部分导体做切割磁感线运动时，用右手定则可判定感应电流的方向。

运动切割产生感应电流是磁通量发生变化引起感应电流的特例，所以判定电流方向的右手定则也是楞次定律的特例。用右手定则能判定的，一定也能用楞次定律判定，只是不少情况下，不如用右手定则判定的方便简单。反过来，用楞次定律能判定的，并不是用右手定则都能判定出来。闭合图形导线中的磁场逐渐增强，因为看不到切割，用右手定则就难以判定感应电流的方向，而用楞次定律就很容易判定。

要注意左手定则与右手定则应用的区别，两个定则的应用可简单总结为："因电而动"用左手，"因动而电"用右手，因果关系不可混淆。

5. 感应电动势的大小计算公式

$$E = n\Delta\Phi/\Delta t$$

式中，E为感应电动势（V）；n为感应线圈匝数；$n\Delta\Phi/\Delta t$为磁通量的变化率。

$$E = BLv\sin A$$

式中，$\sin A$为v或L与磁感线的夹角；L为有效长度（m）；v为速度（m/s）。

注意：该公式适用于切割磁感线运动，$E = BLv$中的v和L不可以和磁感线平行，但可以不和磁感线垂直。

$$E_m = nBS\omega$$

式中，E_m为感应电动势峰值。

$$E = BL^2\omega/2$$

式中，ω为角速度（rad/s）。

注意：该公式适用于导体一端固定以ω旋转切割。

6. 磁通量

$$\Phi = BS$$

式中，Φ为磁通量（Wb）；B为匀强磁场的磁感应强度（T）；S为正对面积（m²）。

计算公式

$$\Delta\Phi = \Phi_1 - \Phi_2 , \quad \Delta\Phi = B\Delta S = BLv\Delta t$$

7. 感应电动势的正负极可利用感应电流方向判定

注意：电源内部的电流方向是由负极流向正极。

8. 自感电动势

$$E_{自} = n\Delta\Phi/\Delta t = L\Delta I/\Delta t$$

式中，L为自感系数（H）（线圈L有铁芯比无铁芯时要大）；ΔI为变化电流；Δt为所用时间；$\Delta I/\Delta t$为自感电流变化率（变化的快慢）。

注意：Φ，$\Delta\Phi$，$\Delta\Phi/\Delta t$无必然联系，E与电阻无关，$E = n\Delta\Phi/\Delta t$。电动势的单位是伏（V），磁通量的单位是韦伯（Wb），时间单位是秒（s）。

十六、右手定则

右手平展，使大拇指与其余四指垂直，并且都跟手掌在一个平面内。把右手放入磁场中，若磁力线垂直进入手心（当磁感线为直线时，相当于手心面向N极），大拇指指向导线运动方向，则四指所指方向为导线中感应电流的方向。

项目四
电子线路安装与调试

任务 1 手工焊接的常用工具

❖ 学习目标

1. 熟悉多种电烙铁。
2. 掌握电烙铁的选用方法。
3. 掌握电烙铁的使用方法。
4. 掌握尖嘴钳、平嘴钳、斜口钳、镊子、剥线钳、平头钳、钢板尺、卷尺、扳手、小刀、螺丝刀、锥子、针头的使用方法。

❖ 工作任务

本任务要求学习手工焊接的常用工具；了解电烙铁的种类；掌握电烙铁的选用方法；掌握电烙铁的使用方法；理解本课程的性质、内容、任务和要求。先回顾以前学过的常用电工工具的使用，与手工焊接的常用工具进行对比，引出本次学习任务；再经过本次任务学习后写出学习报告（重点为手工焊接的常用工具的使用方法）。

❖ 任务实施

【一】准备。

一、电烙铁的种类

（1）按结构分，可分为内热式电烙铁和外热式电烙铁。内热式电烙铁外形如图4-1所示。

外热式特点：绝缘电阻低，漏电大，热效率低，升温慢，体积大，结构简单，价格便宜。

外热式用途：用于导线、接地线、形状较大的器件的焊接。

内热式特点：绝缘电阻高，漏电小，热效率高，升温快，发热体制造复杂，烧断后无法修复。一把标称为20 W的内热式电烙铁，相当于25 W～45 W的外热式电烙铁产生的温度。

内热式用途：印刷电路板上元器件的焊接。

图4-1　普通内热式电烙铁

（2）按功能分，可分为焊接用电烙铁和吸锡用电烙铁。吸锡电烙铁常用于拆换元器件。

（3）根据用途不同，可分为大功率电烙铁和小功率电烙铁。

（4）恒温电烙铁通过内部的磁控开关自动控制通电时间而达到恒温的目的。优点：比普通电烙铁省二分之一，焊料不易氧化，能防止元器件因温度过高而损坏，外形如图4-2所示。

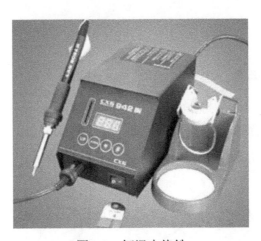

图4-2　恒温电烙铁

二、电烙铁的选用及使用方法

1. 电烙铁的选用

从总体上考虑，电烙铁的选用应遵循四个原则：

（1）烙铁头的形状要适应被焊面的要求和焊点及元器件密度。

（2）烙铁头顶端温度应能适应焊锡的熔点。

（3）电烙铁的热容量应能满足被焊件的要求。

（4）烙铁头的温度恢复时间能满足焊件的热要求。

2．电烙铁功率的选择

（1）焊接较精密的元器件和小型元器件，选用20 W内热式电烙铁或者是25 W～45 W外热式电烙铁。

（2）对连续焊接、热敏元件（如：晶振等）焊接，应选用功率偏大的电烙铁，如45 W～75 W。

（3）对大型焊点及金属底板的接地焊片，选用100 W或以上的外热式电烙铁。

3．电烙铁温度的设定

电烙铁使用可调式的恒温烙铁较好。不同的焊接对象，要求烙铁头的温度不同：

（1）温度由实际使用决定，以焊接一个锡点1.5～3秒最为合适，最大不超过4秒，平时观察烙铁头，当其发紫时候，温度设置过高。

（2）一般直插电子料，将烙铁头的实际温度设置为350～370 ℃；表面贴装物料（SMC）物料，将烙铁头的实际温度设置为330～350 ℃。

（3）特殊物料，需要特别设置烙铁温度。用含银锡线，温度一般在290 ℃到310 ℃之间。

（4）焊接大的元件脚以及导线端头加工，温度不要超过380 ℃，可增大烙铁功率到45 W～75 W。

4．电烙铁的使用

1）电烙铁的握法

电烙铁拿法常用的有两种：

（1）握笔法。适用于轻巧型的烙铁如30 W的内热式。它的烙铁头是直的，头端锉成一个斜面或圆锥状的，适宜焊接面积较小的焊盘，如图4-3（a）所示。

（2）握拳法。适用于功率较大的烙铁，如图4-3（b）所示。

（a)握笔法　　　　　　　（b)握拳法

图4-3　握法

2）电烙铁的使用方法

（1）进行焊接工作前必须先把清洁烙铁头用的海绵湿水，再挤干多余水份，使海绵处于湿润状态。这样才可以使烙铁头得到最好的清洁效果。如果使用非湿润的海绵，会使烙铁头受损而导致不上锡。

（2）进行焊接工作时，按照图4-4所示焊接的顺序可以使烙铁头得到焊锡的保护以及减低氧化速度。焊接的要点：①控制焊锡用量；②控制加热时间。焊接示意图如图4-5所示。

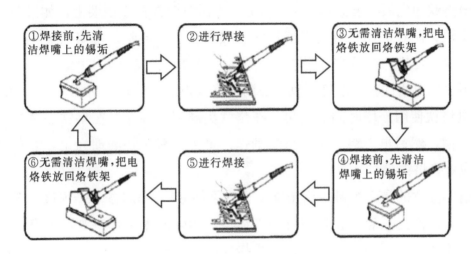

①焊接前，先清洁焊嘴上的锡垢 → ②进行焊接 → ③无需清洁焊嘴，把电烙铁放回烙铁架

⑥无需清洁焊嘴，把电烙铁放回烙铁架 ← ⑤进行焊接 ← ④焊接前，先清洁焊嘴上的锡垢

图4-4　焊接的顺序

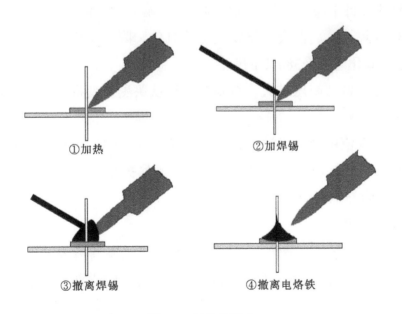

①加热　　②加焊锡

③撤离焊锡　　④撤离电烙铁

图4-5　焊接的要点

（3）完成焊接工作后，先把温度调到约250 ℃，然后清洁烙铁头，加上一层新锡作保护，再切断电源。如果使用非控温烙铁，先把电源切断，让烙铁头温度稍微降低后再上锡。最后把电烙铁放在烙铁架上。

5. 电烙铁使用注意事项

（1）新买的烙铁在使用之前必须先给它蘸上一层锡（给烙铁通电，然后在烙铁加热到一定的时候就用锡条靠近烙铁头），使用久了的烙铁将烙铁头部锉亮，然后通电加热升温，并将烙铁头蘸上一点松香，待松香冒烟时再上锡，使在烙铁头表面先镀上一层锡。

（2）电烙铁通电后温度高达250 ℃以上，不用时应放在烙铁架上，如果超过15分钟不用应切断电源，防止高温"烧死"烙铁头（被氧化）。要防止电烙铁烫坏其他元器件，尤其是电源线，若其绝缘层被烙铁烧坏而不注意便容易引发安全事故。

（3）不要把电烙铁猛力敲打，以免震断电烙铁内部电热丝或引线而产生故障。

（4）电烙铁使用一段时间后，可能在烙铁头部留有锡垢，在烙铁加热的条件下，用湿润海绵轻擦，然后再上锡。不断重复动作，直到把氧化物清理为止。如有出现凹坑或氧化块，应更换烙铁头。

（5）值得注意的是，焊接时间不能太长也不能太短，以1.5～3 s焊接一个焊点或者线头最为合适，时间过长容易损坏器件或者线皮，而时间太短焊锡则不能充分熔化，造成焊点不光滑不牢固，还可能产生虚焊。焊接较细线路和热敏元件时，焊接时间应尽可能的短。如果一次焊接不成功，等几秒钟再重新焊，不能连续焊接。

（6）电烙铁应保持干燥，不应在过分潮湿或淋雨环境下使用。

（7）使用低温焊接。高温会使烙铁头加速氧化，降低烙铁头寿命。如果烙铁头温度超过470 ℃，它的氧化速度是380 ℃的两倍。

（8）在焊接时，请勿施压过大，否则会使烙铁头受损变形。只要烙铁头能充分接触焊点，热量就可以传递。

（9）焊接线路板使用的电烙铁需带防静电接地线，焊接时接地线必须可靠接地，防静电恒温电烙铁插头的接地端必须可靠接交流电源保护地。焊接IGBT栅极信号时，电烙铁应断电，并且带防静电腕带。

6. 焊接后的检查

焊接结束后必须检查有无漏焊、虚焊以及由于焊锡流淌造成的元件短路。虚焊较难发现，可用镊子夹住元件引脚轻轻拉动，如发现摇动应立即补焊。焊接图例如图4-6所示。

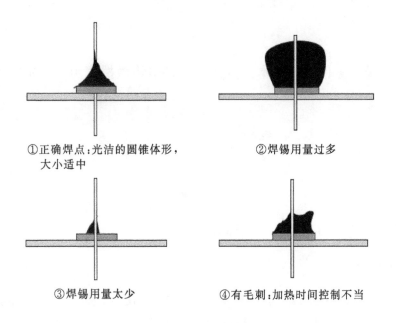

①正确焊点:光洁的圆锥体形,
　大小适中

②焊锡用量过多

③焊锡用量太少

④有毛刺:加热时间控制不当

图4-6　焊接图

三、焊接其他工具的使用方法

1.尖嘴钳

1）用途

尖嘴钳的头部尖细,适用于在狭小的工作空间操作。尖嘴钳有裸柄和绝缘柄两种,绝缘柄的耐压为500 V。主要用来夹持零件、导线及零件脚弯折;内部有一剪口,用来剪断1 mm以下细小的电线;配合斜口钳做剥线用。

2）使用注意事项

注意不可以当做扳手,否则会损坏钳子。不可用来敲打,在焊接的时候夹持元件可以防止元件因过热而损伤。

3）握法

握法如图4-7所示。

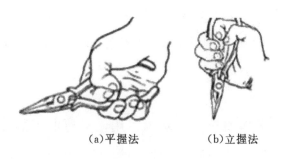

(a)平握法　　　　(b)立握法

图4-7　尖嘴钳握法

2．斜口钳

1）用途

常用来剪断导线、零件脚的基本工具；配合尖嘴钳做拨线用，外形如图4-8所示。

图4-8　斜口钳

2）使用注意事项

斜口钳剪断时，应将线头朝向下，以防止断线时伤及眼睛或其他同学；不可用来剪断铁丝或其他金属的物体，以免损伤器件口，超过 1.6 mm 的电线不可用斜口钳剪断。

3．剥线钳

1）用途

剥线钳为内线电工，电动机修理、仪器仪表电工常用的工具之一，专供电工剥除电线头部的表面绝缘层用，外形如图4-9所示。

图4-9　剥线钳

2）使用方法

要根据导线直径，选用剥线钳刀片的孔径。

（1）根据缆线的粗细型号，选择相应的剥线刀口；

（2）将准备好的电缆放在剥线工具的刀刃中间，选择好要剥线的长度；

（3）握住剥线工具手柄，将电缆夹住，缓缓用力使电缆外表皮慢慢剥落；

（4）松开工具手柄，取出电缆线，这时电缆金属整齐露出外面，其余绝缘塑料完好无损。

4．平嘴钳

平嘴钳钳口平直，外形如图4-10所示，可用于夹弯曲元器件管脚与导线。因它钳口无纹路，所以，对导线拉直、整形比尖嘴钳适用。但因钳口较薄，不易夹持螺母或需施力较大部位。

图4-10　平嘴钳

5．平头钳

平头钳又称为克丝钳或老虎钳，其头部较平宽，如图4-11所示。常用的规格有175 mm和200 mm两种，平头钳一般都带有塑料套柄，使用方便，且能绝缘。它适用于螺母、紧固件的装配操作。一般适用紧固M5螺母，电工常用平头钳剪切或夹持导线、金属线等，但不能代替锤子敲打零件。

平头钳的使用见图4-11。按图4-11（a）所示的方法，可用平头钳的齿口进行旋紧或松动螺母；按图4-11（b）所示的方法，可用平头钳的刀口进行导线断切；按图4-11（c）所示方法，侧切钢丝。

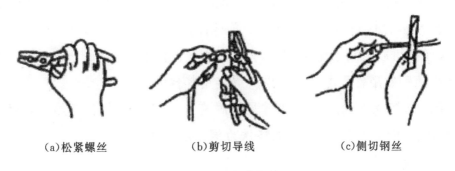

(a)松紧螺丝　　　　　　(b)剪切导线　　　　　　(c)侧切钢丝

图4-11　平头钳的使用

6．镊子

1）用途

镊子有尖嘴镊子和圆嘴镊子两种。尖嘴镊子用于夹持较细的导线，以便于装配焊接。圆嘴镊子用于弯曲元器件引线和夹持元器件焊接等，用镊子夹持元器件焊接还起散热作用。

2）使用注意事项

不可使其受热，不可夹酸性药品，用完后必须使其保持清洁。

7．螺丝刀

1）种类

（1）普通螺丝刀。普通的螺丝刀就是头柄造在一起的螺丝批，容易准备，只要拿出来就可以使用，但由于螺丝有很多种不同长度和粗度，有时需要准备很多支不同的螺丝批。

（2）组合型螺丝刀。一种把螺丝批头和柄分开的螺丝批，要安装不同类型的螺丝时，只需把螺丝批头换掉就可以，不需要带备大量螺丝批。好处是可以节省空间，却容易遗失螺丝批头。

（3）电动螺丝刀。电动螺丝批，顾名思义就是以电动马达代替人手安装和移除螺丝，通常是组合螺丝批。

（4）钟表起子。属于精密起子，常用在修理手带型钟表，故有此一称。

（5）小金刚螺丝起子。头柄及身长尺寸比一般常用之螺丝起子小，非钟表起子。

从其结构形状来说，通常有以下几种：

（1）直形。这是最常见的一种。头部型号有一字、十字、米字、T型（梅花型）、H型（六角）等。

（2）L形。多见于六角螺丝刀，利用其较长的杆来增大力矩，从而更省力。

（3）T形。汽修行业应用较多。

2）使用方法

将螺丝刀拥有特化形状的端头对准螺丝的顶部凹坑，固定，然后开始旋转手柄。根据规格标准，顺时针方向旋转为嵌紧；逆时针方向旋转则为松出（极少数情况下则相反）。一字螺丝批可以应用于十字螺丝，这是因为十字螺丝拥有较强的抗变形能力。

【二】学生动手使用常用电烙铁，以及焊接用其他的工具。

焊接提示：电烙铁在使用过程中常见故障有：电烙铁通电后不热，烙铁头不吃锡、烙铁带电等故障。下面以内热式20 W电烙铁为例加以说明。

1. 电烙铁通电后不热

遇到此故障时可以用万用表的欧姆挡测量插头的两端，如果表针不动，说明有断路故障。当插头本身没有断路故障时，即可卸下胶木柄，再用万用表测量烙铁芯的两根引线，如果表针仍不动，说明烙铁芯损坏，应更换新的烙铁芯。如果测量铁芯两根引线电阻值为2.5 kΩ左右，说明烙铁芯是好的，故障出现在电源引线及插头上，多数故障为引线断路，插头中的接点断开。可进一步用万用表的$R \times 1$挡测量引线的电阻值，便可发现问题。

更换烙铁芯的方法是：将固定烙铁芯引线螺丝松开，将引线卸下，把烙铁芯从连接杆中取出，然后将新的同规格烙铁芯插入连接杆，将引线固定在螺丝上，并注意将烙铁芯多余引线头剪掉，以防止两根引线短路。

当测量插头的两端时，如果万用表的表针指示接近零欧姆，说明有短路故障，故障点多为插头内短路，或者是防止电源引线转动的压线螺丝脱落，致使接在烙铁芯引线柱上的电源线断开而发生短路。当发现短路故障时，应及时处理，不能再次通电，以免烧坏保险丝。

2. 烙铁头带电

烙铁带电除前边所述的电源线错接在接地线的接线柱上的原因外，还有就是，当电源线从烙铁芯接线螺丝上脱落后，又碰到了接地线的螺丝上，从而造成烙铁头带电。这种故障最容易造成触电事故，并损坏元器件，因此，要随时检查压线螺丝是否松动或丢失。如有丢失、损坏应及时配好（压线螺丝的作用是防止电源引线在使用过程中的拉伸、扭转而造成的引线头脱落）。

3. 烙铁头不"吃锡"

烙铁头经长时间使用后，就会因氧化而不沾锡，这就是"烧死"现象，也称作不"吃锡"。

当出现不"吃锡"的情况时，可用细砂纸或锉刀将烙铁头重新打磨或挂出新茬，然后重新镀上焊锡就可继续使用。

4. 烙铁头出现凹坑

当电烙铁使用一段时间后，烙铁头就会出现凹坑或氧化腐蚀层，使烙铁头的刃面形状发生了变化。遇到此种情况时，可用挫刀将氧化层及凹坑挫掉，并挫成原来的形状，然后镀上锡，就可以重新使用了。

5. 延长烙铁头使用寿命的几点注意事项

（1）经常用湿布、浸水海绵擦拭烙铁头，以保持烙铁头良好的挂锡，并可防止残留助焊剂对烙铁头的腐蚀。

（2）进行焊接时，应采用松香或弱酸性助焊剂。

（3）焊接完毕时，烙铁头上的残留焊锡应该继续保留，以防止再次加热时出现氧化层。

【三】教师演示使用常用电烙铁，以及焊接用其他的工具。

演示提示：教师演示时，动作要慢，要让学生记住每一个使用工具的动作要领。

【四】观察并记录。

温馨提示：

（1）记住动作要领。

（2）注意动作细节。

温馨提示：完成【二】【三】【四】后，进入总结评价阶段。分自评、教师评两种，主要是总结评价本次安装、调试、演示过程中做得好的地方及需要改进的地方等。根据评分的情况和本次任务的结果，填写如表4-1、表4-2所列的表格。

表4-1 学生自评表格

任务完成进度	做得好的方面	不足、需要改进的方面

表4-2 教师评价表格

学生在本次任务中的表现	学生进步的方面	学生不足、需要改进的方面

【五】写总结报告。

报告可涉及内容为本次任务设计要求、电烙铁的种类、常用电烙铁的使用方法，焊接用其他的工具的使用方法等，并可谈谈本次实训的心得体会。

任务小结

本次任务主要是了解电烙铁的种类，掌握常用电烙铁的使用方法，掌握焊接用其他的工具的使用方法。

任务 2　手工焊接的焊料和焊剂

✄ 学习目标

1. 掌握焊料、焊剂的定义、作用及特点。
2. 掌握焊料、焊剂的成份。
3. 掌握焊料、焊剂的分类及选用。

✄ 工作任务

本任务要求学习手工焊接的焊料、焊剂，掌握焊料、焊剂的成份；掌握焊料、焊剂的分类及选用；理解本课程的性质、内容、任务和要求。先回顾以前学过的电烙铁的使用，与手工焊接的焊料、焊剂进行对照，引出本次学习任务；再经过本次任务学习后写出学习报告（重点为手工焊接的常用工具的焊料和焊剂）。

✄ 任务实施

【一】准备。

一、焊料

焊料是指易熔金属及其合金，它能使元器件引线与印制电路板的连接点连接在一起。焊料的选择对焊接质量有很大的影响。在锡（Sn）中加入一定比例的铅（Pb）和少量其他金属可制成熔点低、抗腐蚀性好、对元件和导线的附着力强、机械强度高、导电性好、不易氧化、抗腐蚀性好、焊点光亮美观的焊料，故焊料常称作焊锡。

1. 焊锡的种类及选用

焊锡按其组成的成分可分为锡铅焊料、银焊料、铜焊料等，熔点在450 ℃以上的称为硬焊料，450 ℃以下的称为软焊料。锡铅焊料的材料配比不同，性能也不同。

市场上出售的焊锡，由于生产厂家不同，配制比有很大的差别，但熔点基本在140～180 ℃之间。在电子产品的焊接中一般采用Sn62.7%＋Pb37.3%配比的焊料，其优点是熔点低、结晶时间短、流动性好、机械强度高。

2．焊锡的形状

常用的焊锡有五种形状：

①块状（符号：I）；

②棒状（符号：B）；

③带状（符号：R）；

④丝状（符号：W）：焊锡丝的直径（单位为mm）有0.5、0.8、0.9、1.0、1.2、1.5、2.0、2.3、2.5、3.0、4.0、5.0等；

⑤粉末状（符号：P）。

块状及棒状焊锡用于浸焊、波峰焊等自动焊接机。丝状焊锡主要用于手工焊接。常用的锡铅焊料及其用途如表4-3所示。

表4-3　常用的锡铅焊料及其用途

名　称	牌　号	熔点温度/℃	用　途
10#锡铅焊料	HlSnPb10	220	焊接食品器具及医疗方面物品
39#锡铅焊料	HlSnPb39	183	焊接电子电气制品
50#锡铅焊料	HlSnPb50	210	焊接计算机、散热器、黄铜制品
58-2#锡铅焊料	HlSnPb58-2	235	焊接工业及物理仪表
68-2#锡铅焊料	HlSnPb68-2	256	焊接电缆铅护套、铅管等
80-2#锡铅焊料	HlSnPb80-2	277	焊接油壶、容器、大散热器等
90-6#锡铅焊料	HlSnPb90-6	265	焊接铜件
73-2#锡铅焊料	HlSnPb73-2	265	焊接铅管件

二、焊剂

根据焊剂的作用不同可分为助焊剂和阻焊剂两大类。

1．助焊剂

在锡铅焊接中助焊剂是一种不可缺少的材料，它有助于清洁被焊面，防止焊面氧化，增加焊料的流动性，使焊点易于成型。常用助焊剂分为：无机助焊剂、有机助焊剂和树脂助焊剂。焊料中常用的助焊剂是松香，在较高的要求场合下使用新型助焊剂——氧化松香。

1）对焊接中的助焊剂要求

常温下必须稳定，其熔点要低于焊料，在焊接过程中焊剂要具有较高的活化性、较低的表面张力，受热后能迅速而均匀地流动。

不产生有刺激性的气体和有害气体，不导电，无腐蚀性，残留物无副作用，施焊后的残留物易于清洗。

2）使用助焊剂时应注意

当助焊剂存放时间过长时，会使助焊剂活性变坏而不宜于适用。常用的松香助焊剂在温度超过60 ℃时，绝缘性会下降，焊接后的残渣对发热元件有较大的危害，故在焊接后要清除助焊剂残留物。

3）几种助焊剂简介

（1）松香酒精助焊剂。这种助焊剂是将松香融于酒精之中，重量比为1∶3。

（2）消光助焊剂。这种助焊剂具有一定的浸润性，可使焊点丰满，防止搭焊、拉尖，还具有较好的消光作用。

（3）中性助焊剂。这种助焊剂适用于锡铅料对镍及镍合金、铜及铜合金、银和白金等的焊接。

（4）波峰焊防氧化剂。它具有较高的稳定性和还原能力，在常温下呈固态，在80 ℃以上呈液态。

2. 阻焊剂

阻焊剂是一种耐高温的涂料，可使焊接只在所需要焊接的焊点上进行，而将不需要焊接的部分保护起来。以防止焊接过程中的桥连，减少返修，节约焊料，使焊接时印制板受到的热冲击小，板面不易起泡和分层。阻焊剂的种类有热固化型阻焊剂、光敏阻焊剂及电子束辐射固化型等几种，目前常用的是光敏阻焊剂。

【二】学生动手使用手工焊接的焊料和焊剂。

温馨提示：当助焊剂存放时间过长时，会使助焊剂活性变坏而不宜于适用。常用的松香助焊剂在温度超过60 ℃时，绝缘性会下降，焊接后的残渣对发热元件有较大的危害，故在焊接后要清除助焊剂残留物。

【三】教师演示使用常用电烙铁，以及焊接用其他的工具。

演示提示：教师演示时，动作要慢，要让学生记住每一个使用工具的动作要领。

【四】观察并记录。

温馨提示：完成【二】【三】【四】后，进入总结评价阶段。分自评、教师评两种，主要是总结评价本次安装、调试、演示过程中做得好的地方及需要改进的地方等。根据评分的情况和本次任务的结果，填写如表4-4、表4-5所列的表格。

表4-4　学生自评表格

任务完成进度	做得好的方面	不足、需要改进的方面

表4-5　教师评价表格

学生在本次任务中的表现	学生进步的方面	学生不足、需要改进的方面

【五】写总结报告。

报告可涉及内容为本次任务设计要求，焊料、焊剂的定义、作用及特点，焊料、焊剂的成份，焊料、焊剂的分类及选用等，并可谈谈本次实训的心得体会。

任务小结

本次任务主要是掌握焊料、焊剂的定义、作用及特点；掌握焊料、焊剂的成份；掌握焊料、焊剂的分类及选用。

手工焊接工艺

✖ 学习目标

1. 掌握手工焊接要点。
2. 掌握焊接前的准备工作。
3. 掌握焊接的要求。
4. 掌握焊接温度与加热时间。
5. 掌握焊接操作手法。

✖ 工作任务

本任务要求学习手工焊接的工艺；掌握手工焊接要点；掌握焊接前的准备工作；掌握焊接的要求；掌握焊接温度与加热时间；掌握焊接操作手法；理解本课程的性质、内容、任务和要求。先回顾以前学过的电烙铁的使用以及手工焊接的焊料、焊剂，与手工焊接工艺进行对照，引出本次学习任务；再经过本次任务学习后写出学习报告（重点为手工焊接的工艺）。

✖ 任务实施

【一】准备。

一、手工焊接要点

焊接材料、焊接工具、焊接方式方法和操作者俗称焊接四要素。这四要素中最重要的是操作者。没有相当时间的焊接实践和用心领会，不断总结，即使是长时间从事焊接工作者也难保证每个焊点的质量。下面讲述的一些具体方法和注意点，都是实践经验的总结。

1．焊接操作与卫生

电烙铁的操作法前面已介绍。

焊接加热挥发出的化学物质对人体是有害的，如果操作时鼻子距离烙铁头太近，则很容易将有害气体吸入，一般烙铁与鼻子的距离应至少不少于20 cm～40 cm，通常以30 cm为宜。

焊锡丝一般有两种拿法，如图4-12所示。经常使用烙铁进行锡焊的人，一般把成卷的焊锡丝拉直，然后截成一尺长左右的一段。在连续进行焊接时，锡丝的拿法应用左手的拇指、食指和中指夹住锡丝，用拇指和食指配合就能把锡丝连续向前送进，如图4-12（a）所示。若不是连续焊接，即断续焊接时，锡丝的拿法也可采用如图4-12（b）所示的形式。

(a)连接锡焊时锡丝的拿法　　(b)断续焊接时锡丝的拿法

图4-12　焊丝拿法

由于焊丝成分中铅占一定比例，众所周知铅是对人体有害的重金属，因此，操作时应戴上手套或操作后洗手，避免食入。电烙铁用后一定要稳妥放于烙铁架上，并注意导线等物不要碰烙铁。

焊接操作的基本步骤采取下面介绍的五步操作法，如图4-13所示。

（1）施焊：首先把被焊件、锡丝和烙铁准备好，处于随时可焊的状态。即右手拿烙铁（烙铁头应保持干净，并吃上锡），左手拿锡丝处于随时可施焊状态，如图4-13（a）所示。

（2）加热焊件：把烙铁头放在接线端子和引线上进行加热。应注意加热整个焊件全体，例如，图中导线和接线都要均匀受热，如图4-13（b）所示。

（3）送入焊丝：被焊件经加热达到一定温度后，立即将手中的锡丝触到被焊件上使之熔化适量的焊料，如图4-13（c）所示。注意焊锡应加到被焊件上与烙铁头对称的一侧，而不是直接加到烙铁头上。

（4）移开焊丝：当锡丝熔化一定量后（焊料不能太多），迅速移开锡丝，如图4-13（d）所示。

（5）移开烙铁：当焊料的扩散范围达到要求，即焊锡浸润焊盘或焊件的施焊部位后移开电烙铁，如图4-13（e）所示。撤离烙铁的方向和速度的快慢与焊接质量密切有关，操作时应特别留心仔细体会。

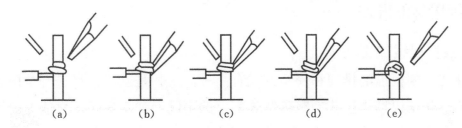

图4-13 焊锡五步操作法

对于热容量小的焊件，例如，印制板与较细导线的连接，可简化为三步操作：

（1）准备：同上文步骤（1）。

（2）加热与送丝：烙铁头放在焊件上后即放入焊丝。

（3）去丝移烙铁：焊锡在焊接面上扩散达到预期范围后，立即拿开焊丝并移开烙铁，注意去丝时间不得滞后于移开烙铁的时间。

对于小热容量焊件而言，上述整个过程不过2 s～4 s时间，各步时间的控制，时序的准确掌握，动作的协调熟练，这些都是应该通过实践用心体会解决的问题。有人总结出了五步骤操作法，用数数的办法控制时间，即烙铁接触焊点后数1、2（约2 s），送入焊丝后数3、4即移开烙铁。焊丝熔化量要靠观察决定，这个办法可以参考。但显然由于烙铁功率、焊点热容量的差别等因素，实际掌握焊接火候无定章可循，必须根据具体条件具体对待。

3．焊接注意事项

在焊接过程中除应严格按照以上步骤操作外，还应特别注意以下几个方面：

（1）烙铁的温度要适当：可将烙铁头放到松香上去检验，一般以松香熔化较快又不冒大烟的温度为适宜。

（2）焊接的时间要适当：从加热焊料到焊料熔化并流满焊接点，一般应在三秒钟之内完成。若时间过长，助焊剂完全挥发，就失去了助焊的作用，会造成焊点表面粗糙，且易使焊点氧化。但焊接时间也不宜过短，时间过短则达不到焊接所需的温度，焊料不能充分熔化，易造成虚焊。

（3）焊料与焊剂的使用要适量：若使用焊料过多，则多余的会流入管座的底部，降低管脚之间的绝缘性；若使用的焊剂过多，则易在管脚周围形成绝缘层，造成管脚与管座之间的接触不良。反之，焊料和焊剂过少易造成虚焊。

（4）焊接过程中不要触动焊接点：在焊接点上的焊料未完全冷却凝固时，不应移动被焊元件及导线，否则焊点易变形，也可能造成虚焊现象。焊接过程中也要注意不要烫伤周围的元器件及导线。

二、焊接前的准备

1. 元器件引线加工成型

元器件在印刷板上的排列和安装方式有两种，一种是立式，另一种是卧式。元器件引线弯成的形状是根据焊盘孔的距离及装配上的不同而加工成型。引线的跨距应根据尺寸优选2.5的倍数。加工时，注意不要将引线齐根弯折，并用工具保护引线的根部，以免损坏元器件。表4-6列出了常用的几种引线成型尺寸的要求。

成型后的元器件，在焊接时，尽量保持其排列整齐，同类元件要保持高度一致。各元器件的符号标志向上（卧式）或向外（立式），以便于检查。

表4-6　元器件引线成型尺寸

名称	图例	说明
直角紧卧式		$H \geqslant 2$　　$R \geqslant 2D^{①}$ $B \leqslant 0.5$　$L = 2.5n^{②}$ $C \geqslant 2$
折弯浮卧式		$H \geqslant 2$　　$R \geqslant 2D$ $B \geqslant 4$　　$L = 2.5n$ $C \geqslant 2$
垂直安装式		$H \geqslant 2$　　$R \geqslant 20$ $L = 2.5n$　$C \geqslant 2$
垂直浮式		$H \geqslant 2$　　$R \geqslant 20$ $B \geqslant 2$　　$L = 2.5n$ $C \geqslant 2$

注：①D为引线直径；
　　②n为自然数。

2. 镀锡

元器件引线一般都镀有一层薄的钎料，但时间一长，引线表面产生一层氧化膜，影响焊接。所以，除少数有良好银、金镀层的引线外，大部分元器件在焊接前都要重新镀锡。

镀锡，实际上就是锡焊的核心——液态焊锡对被焊金属表面浸润，形成一层既不同于被焊金属又不同于焊锡的结合层。这一结合层将焊锡同待焊金属这两种性能、成分都不相同的材料牢固连接起来。而实际的焊接工作只不过是用焊锡浸润待焊零件的结合处，熔化焊锡并重新凝结的过程。

不良的镀层未形成结合层，只是焊件表面"粘"了一层焊锡，这种镀层很容易脱落。

镀锡要点：待镀面应清洁。有人以为反正锡焊时要用焊剂，不注意表面清洁。实际上被焊元器件、焊片、导线等都可能在加工、存储的过程中带有不同的污物，轻度污点用酒精或丙酮擦洗，严重的腐蚀性污点则用机械办法去除，包括刀刮或砂纸打磨，直到露出光亮金属为止。

3. 拆焊

在电子产品的焊接和维修过程中，经常需要拆换已焊好的元器件，这即为拆焊，也叫解焊。在实际操作中拆焊比焊接要困难得多，若拆焊不得法，很容易损坏元件或电路板上的焊盘及焊点。

1）拆焊的适用范围

误装误接的元器件和导线；在维修或检修过程中需更换的元器件；在调试结束后需拆除临时安装的元器件或导线等。

2）拆焊的原则与要求

不能损坏需拆除的元器件及导线；拆焊时不可损坏焊点和印制板；在拆焊过程中不要乱拆和移动其他元器件，若确实需要移动其他元件，在拆焊结束后应做好复原工作。

3）拆焊所用的工具

（1）一般工具：拆焊可用一般电烙铁来进行，烙铁头不需要蘸锡，用烙铁使焊点的焊锡熔化时迅速用镊子拔下元件引脚，再对原焊点进行清理，使焊盘孔露出，以便安装元件用。用一般电烙铁拆焊时可配合其他辅助工具来进行，如吸锡器、排焊管、划针等。

（2）专用工具：拆焊的专用工具是带有一个吸锡器的吸锡电烙铁。拆焊时先用它加热焊点，当焊点熔化时按下吸锡开关，焊锡就会被吸入烙铁内的吸管内。此过程往往要进行几次，才能将焊点的焊锡吸干净。专用工具适用于集成电路、中频变压器等多引脚元件的拆焊。

（3）在业余条件下，也可使用多股细铜线（如用做电源线的软导线），将其沾上松香水，然后用烙铁将其压在焊点上使其吸附焊锡，将吸足焊锡的导线夹掉，再重复以上工作也可将多引脚元件拆下。

4）拆焊的操作要求

（1）严格控制加热的时间和温度：因拆焊过程较麻烦，需加热的时间较长，元件的温度比焊接时要高，所以要严格掌握好这一尺度，以免烫坏元器件或焊盘。

（2）仔细掌握用力尺度：因元器件的引脚封装都不是非常坚固的，拆焊时一定要注意用力的大小，不可过分用力拉扯元器件，以免损坏焊盘或元器件。

三、对焊接的要求

电子产品组装的主要任务是在印制电路板上对电子元器件进行锡焊。焊点的个数从几十个到成千上万个，如果有一个焊点达不到要求，就要影响整机的质量，因此，在锡焊时，必须做到以下几点。

1．焊点的机械强度要足够

为保证被焊件在受到振动或冲击时不至脱落、松动，因此，要求焊点要有足够的机械强度。为使焊点有足够的机械强度，一般可采用把被焊元器件的引线端子打弯后再焊接的方法，但不能用过多的焊料堆积，这样容易造成虚焊、焊点与焊点的短路。

2．焊接可靠保证导电性能

为使焊点有良好的导电性能，必须防止虚焊。虚焊是指焊料与被焊物表面没有形成合金结构，只是简单地依附在被焊金属的表面上，如图4-14所示。

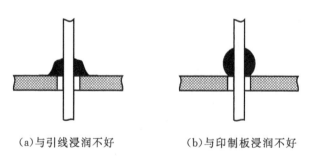

(a)与引线浸润不好　　　　(b)与印制板浸润不好

图4-14　虚焊现象

在锡焊时，如果只有一部分形成合金，而其余部分没有形成合金；这种焊点在短期内也能通过电流，用仪表测量也很难发现问题。但随着时间的推移，没有形成合金的表面就要被氧化，此时便会出现时通时断的现象，这势必造成产品的质量问题。

3．焊点表面要光滑、清洁

（1）为使焊点美观、光滑、整齐，不但要有熟练的焊接技能，而且要选择合适的焊料和焊剂，否则将出现焊点表面粗糙、拉尖、棱角等现象。

（2）加热温度要足够，要使焊锡浸润良好，被焊金属表面温度应接近熔化时的焊锡温度才能形成良好的结合层。因此，应该根据焊件大小供给它足够的热量。但由于考虑到元器件承受温度不能太高，因此，必须掌握恰到好处的加热时间。

（3）要使用有效的焊剂。松香是广泛应用的焊剂，但松香经反复加热后就会失效，发黑的松香实际已不起什么作用，应及时更换。

4．小批量生产的镀锡

在小批量生产中，镀锡可用如图4-15所示的锡锅，也有用感应加热的办法做成专用锡锅的。使用中要注意锡的温度不能太低，这从液态金属的流动性可判定。但也不能太高，否则锡表面氧化较快。电炉电源可用调压器供电，以调节锡锅的最佳温度。使用过程中，要不断用铁片刮去锡表面的氧化层和杂质。

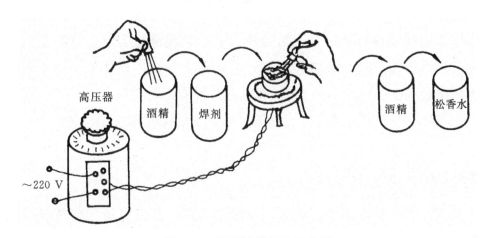

图4-15　锡锅镀锡操作示意图

操作过程如图4-15所示，如果表面污物太多，要预先用机械办法除去。如果镀锡后立即使用，最后一步蘸松香水可免去。良好的镀层均匀发亮，没有颗粒及凹凸。

在大规模生产中，从元器件清洗到镀锡，这些工序都由自动生产线完成。中等规模的生产亦可使用搪锡机给元器件镀锡，还有一种用化学制剂去除氧化膜的办法，也是很有发展前途的措施。

值得庆幸的是，我国目前元器件可焊性研究不断取得新的成果。最新研究成功的锡铈镀层能够在存储15个月后仍具有良好的可焊性。对此类元器件在规定期限完全可免去镀锡的工作。

5．多股导线镀锡

（1）剥导线头的绝缘皮不要伤线。剥导线头的绝缘皮最好用剥皮钳，根据导线直径选择合适的槽口，防止导线在钳口处损伤或有少数导线断掉，要保持多股导线内所有铜线完好无损。用其他工具（剪刀、斜嘴钳、自制工具等）剥绝缘皮时，更应注意上述问题。

（2）多股导线一定要很好地绞合在一起。剥好的导线一定要将其绞合在一起，否则在镀锡时就会散乱，容易造成电气故障。

为了保持导线清洁及焊锡容易浸润，绞合时，最好是手不要直接触及导线。可捏紧已剥断而没有剥落的绝缘皮进行绞合，绞合时旋转角一般约在30°～40°，旋转方向应与原线芯旋转方向一致，如图4-16所示。绞合完成后，再将绝缘皮剥掉。

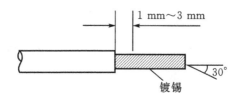

图4-16　多股导线镀锡

（3）涂焊剂镀锡要留有余地。通常镀锡前要将导线蘸松香水，有时也将导线放在有松香的木板上用烙铁给导线上一层焊剂，同时也镀上焊锡，要注意，不要让锡浸入到绝缘皮中，最好在绝缘皮前留1 mm～3 mm间隔使之没有锡，如图4-16所示。这样对穿套管是很有利的。同时也便于检查导线有无断股，以及保证绝缘皮端部整齐。

四、焊接温度与加热时间

适当的温度对形成良好的焊点是必不可少的。这个温度究竟如何掌握，图4-17的曲线可供参考。

1. 关于焊接的三个重要温度

图4-17中三条水平线代表焊接的三个重要温度，由上而下第一条水平阴影区代表烙铁头的标准温度；第二条水平阴影区表示为了焊料充分浸润生成合金，焊件应达到的最佳焊接温度；第三条水平线是焊丝熔化温度，也就是焊件达到此温度时应送入焊丝。

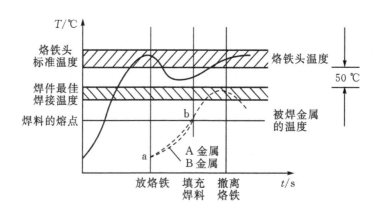

图4-17　焊接三条直要温度曲线

两条曲线分别代表烙铁头的焊件温度变化过程，金属A和B表示焊件两个部分（例如，铜箔与导线，焊片与导线等）。三条竖直线，实际表示的就是前面讲述的五步操作法的时序关系。

准确、熟练地将以上几条曲线关系应用到实际中，这是掌握焊接技术的关键。

2．焊接温度与加热时间

这个问题实际上前面已经可以得出结论了。由焊接温度曲线可看出，烙铁头在焊件上的停留时间与焊件温度的升高是正比关系，即曲线a～b段反映焊接温度与加热时间的关系。同样的烙铁，加热不同热容量的焊件时，要想达到同样的焊接温度，显然可以用控制加热时间实现。其他因素的变化同理可推断。但是，在实际工作中，又不能仅仅以此关系决定加热时间。例如，用一个小功率加热较大焊件时，无论停留时间多长，焊件温度也上不去，因为有烙铁供热容量和焊件、烙铁在空气中散热的问题。此外，有些元器件也不允许长期加热，这在烙铁选用中已有讲述。

3．加热时间对焊件和焊点的影响

加热时间对焊锡、对焊件的浸润性、结合层形成的影响，我们已经有所了解。现在还必须进一步了解加热时间对整个焊接过程的影响及其外部特征。

加热时间不足，造成焊料不能充分浸润焊件，形成夹渣（松香）、虚焊是容易观察和理解的。

过量的加热，除可能造成元器件损坏外，还有如下危害和外部特征：

（1）焊点外观变差。如果焊锡已浸润焊件后还继续加热，造成熔态焊锡过热，烙铁撤离时容易造成拉尖，同时焊点表面出现粗糙颗粒、失去光泽，焊点发白。

（2）焊接时所加松香焊剂在温度较高时容易分解碳化。一般松香在210 ℃开始分解，失去助焊剂作用，而且夹到焊点中造成焊接缺陷。如果发现松香已加热到发黑，肯定是加热时间过长所致。

（3）印制板上的铜箔是采用粘合剂固定在基板上的。过多的受热会破坏粘合层，导致印制板上钢箔的剥落。

因此，准确掌握加热时间是优质焊接的关键。

五、焊接操作手法

具体操作手法，在达到优质焊点的目标下可因人而异，但长期实践经验的总结，对初学者的指导作用亦不可忽略。

1．要蹭去烙铁架上的杂质

因为焊接时烙铁头长期处于高温状态，又接触焊剂等杂质，其表面很容易氧化并沾上一层黑色杂质，这些杂质几乎形成隔热层，使烙铁头失去加热作用。因此，要随时在烙铁架上蹭去杂质。用一块湿布或湿海棉随时擦烙铁头，也是常用方法。

2．采用正确的加热方法

靠增加接触面积加快传热，而不要用烙铁对焊件加力。有人似乎为了焊得快一些，在加热时用烙铁头对焊件加压，这是徒劳无益而危害不小的。它不但加速了烙铁头的损耗，而且更严重的是对元器件造成损坏或不易觉察的隐患，这在后面还要讲到。正确办法应该是根据焊件形状选用不同的烙铁头，或自己修整烙铁头，让烙铁头与焊件形成面接触而不是点或线接触，这就能大大提高效率。

还要注意，加热时应让焊件上需要焊锡浸润的各部分均匀受热，而不是仅加热焊件的一部分。当然，对于热容量相差较多的两个部分焊件，加热应偏向需热较多的部分，这是顺理成章的。

3．加热要靠焊锡桥

非流水线作业中，一次焊接的焊点形状是多种多样的，我们不可能不断更换烙铁头，要提高烙铁头加热的效率，需要形成热量传递的焊锡桥。所谓焊锡桥，就是靠烙铁上保留少量焊锡作为加热时烙铁头与焊件之间传热的桥梁。显然，由于金属液的导热效率远高于空气，而使焊件很快被加热到焊接温度。应注意，作为焊锡桥的锡保留量不可过多。

4．烙铁撤离有讲究

烙铁撤离要及时，而且撤离时的角度和方向对焊点形成有一定关系。如图4-18所示为不同撤离方向对焊料的影响。还有的人总结出撤烙铁时轻轻旋转一下，可保持焊点适当的焊料，这都是在实际操作中总结出的办法。

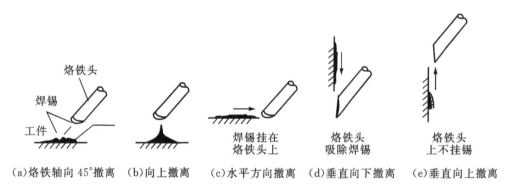

　（a）烙铁轴向45°撤离　　（b）向上撤离　　（c）水平方向撤离　　（d）垂直向下撤离　　（e）垂直向上撤离

图4-18　烙铁撤离方向对焊料的影响

5．在焊锡凝固之前不要使焊件移动或振动

用镊子夹住焊件时，一定要等焊锡凝固后再移去镊子。

这是因为焊锡凝固过程是结晶过程，根据结晶理论，在结晶期受到外力（焊件移动）会改变结晶条件，形成大粒结晶，焊锡迅速凝固，造成所谓"冷焊"。外观现象是表面光泽呈豆渣状。焊点内部结构疏松，容易有气隙和裂缝，造成焊点强度降低，导电性能差。因此，在焊锡凝固前，一定要保持焊件静止，如图4-19所示。

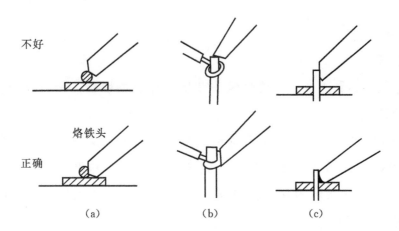

图4-19   在焊锡凝固之前不要使焊件移动或振动

6. 焊锡量要合适

过量的焊锡不但毫无必要地消耗了较贵的锡，而且增加了焊接时间，相应降低了工作速度，如图4-20（a）所示。更为严重的是在高密度的电路中，过量的锡很容易造成不易觉察的短路。

但是焊锡过少不能形成牢固的结合，同样也是不允许的，特别是在板上焊导线时，焊锡不足往往造成导线脱落，如图4-20（b）所示。

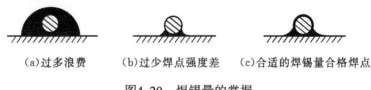

(a)过多浪费   (b)过少焊点强度差   (c)合适的焊锡量合格焊点

图4-20   焊锡量的掌握

7. 不要用过量的焊剂

适量的焊剂是非常有用的。但不要认为越多越好，过量的松香不仅增大焊后焊点周围需要擦的工作量，而且延长了加热时间（松香熔化、挥发需要并带走热量），降低工作效率，而当加热时间不足时，容易夹杂到焊锡中形成"夹渣"缺陷，对开关元件的焊接，过量的焊剂容易流到触点处，从而造成接触不良。

合适的焊剂量应该是松香水仅能浸湿将要形成的焊噗，不要让松香水透过印刷板流到元件面或插座孔里（如IC插座）。对使用松香芯的焊丝来说，基本不需要再涂松香水。

8. 不要用烙铁头作为运载焊料的工具

有人习惯用烙铁沾上焊锡去焊接，这样很容易造成焊料的氧化和焊剂的挥发，因为烙铁头温度一般都在300 ℃左右，焊锡丝中的焊剂在高温下容易分解失效。

在调试、维修工作中，不得已用烙铁焊接时，动作要迅速敏捷，防止氧化造成劣质焊点。

【二】学生动手进行手工焊接。

手工焊接提示：

（1）烙铁的温度要适当。可将烙铁头放到松香上去检验，一般以松香熔化较快又不冒大烟的温度为适宜。

（2）焊接的时间要适当。从加热焊料到焊料熔化并流满焊接点，一般应在三秒钟之内完成。若时间过长，助焊剂完全挥发，就失去了助焊的作用，会造成焊点表面粗糙，且易使焊点氧化。但焊接时间也不宜过短，时间过短则达不到焊接所需的温度，焊料不能充分熔化，易造成虚焊。

（3）焊料与焊剂的使用要适量。若使用焊料过多，则多余的会流入管座的底部，降低管脚之间的绝缘性；若使用的焊剂过多，则易在管脚周围形成绝缘层，造成管脚与管座之间的接触不良。反之，焊料和焊剂过少易造成虚焊。

（4）焊接过程中不要触动焊接点。在焊接点上的焊料未完全冷却凝固时，不应移动被焊元件及导线，否则焊点易变形，也可能出现虚焊现象。焊接过程中也要注意不要烫伤周围的元器件及导线。

【三】教师演示手工焊接。

演示提示：教师演示时，动作要慢，要让学生记住每一个使用工具的动作要领。

【四】观察并记录。

温馨提示：

（1）记住动作要领。

（2）注意动作细节。

温馨提示：完成【二】【三】【四】后，进入总结评价阶段。分自评、教师评两种，主要是总结评价本次安装、调试、演示过程中做得好的地方及需要改进的地方等。根据评分的情况和本次任务的结果，填写如表4-7、表4-8所列的表格。

表4-7　学生自评表格

任务完成进度	做得好的方面	不足、需要改进的方面

表4-8 教师评价表格

学生在本次任务中的表现	学生进步的方面	学生不足、需要改进的方面

【五】写总结报告。

温馨提示：报告可涉及内容为本次任务设计要求、手工焊接要点、焊接前的准备工作、焊接的要求、焊接温度与加热时间、焊接操作手法。理解本课程的性质、内容、任务和要求等，并可谈谈本次实训的心得体会。

🔧 任务小结

本次任务主要是掌握手工焊接要点；掌握焊接前的准备工作；掌握焊接的要求；掌握焊接温度与加热时间；掌握焊接操作手法；理解本课程的性质、内容、任务和要求。

任务 4 典型焊接方法及工艺

⚒ 学习目标

1. 掌握印制电路板的焊接技术。
2. 掌握集成电路的焊接技术。
3. 掌握导线焊接技术。
4. 掌握拆焊技术。
5. 掌握焊点的质量检查技术。

⚒ 工作任务

本任务要求学习典型焊接方法及工艺；掌握印制电路板的焊接技术；掌握集成电路的焊接技术；掌握导线焊接技术；掌握拆焊技术；掌握焊点的质量检查技术；理解本课程的性质、内容、任务和要求。先回顾以前学过的手工焊接工艺，与典型焊接方法及工艺进行对照，引出本次学习任务；再经过本次任务学习后写出学习报告（重点为典型焊接方法及工艺）。

⚒ 任务实施

【一】准备。

一、印制电路板的焊接

印制电路板在焊接之前要仔细检查，看其有无断路、短路、孔金属化不良以及是否涂有助焊剂或阻焊剂等。大批量生产印制板，出厂前，必须按检查标准与项目进行严格检测，只有这样，其质量才能保证。但是，一般研制品或非正规投产的少量印制板，焊前必须仔细检查，否则在整机调试中，会带来很大麻烦的。

焊接前，将印制板上所有的元器件作好焊前准备工作（整形、镀锡）。焊接时，一般工序应先焊较低的元件，后焊较高的和要求比较高的元件等。次序是：电阻→电容→二极管→三极管→其他元件等。但根据印制板上的元器件特点，有时也可先焊高的元件后焊低的元件（如晶体管收音机），使所有元器件的高度不超过最高元件的高度，保证焊好元件的印制电路板元器件比较整齐，并占有最小的空间位置。不论哪种焊接工序，印制板上的元器件都要排列整齐，同类元器件要保持高度一致。

晶体管装焊一般在其他元件焊好后进行，要特别注意的是每个管子的焊接时间不要超过5 s～10 s，并使用钳子或镊子夹持管脚散热，防止烫坏管子。

涂过焊油或氯化锌的焊点，要用酒精擦洗干净，以免腐蚀，用松香作助焊剂的，需清理干净。

焊接结束后，须检查有无漏焊、虚焊现象。检查时，可用镊子将每个元件脚轻轻提一提，看是否摇动，若发现摇动，应重新焊好。

二、集成电路的焊接

MOS电路特别是绝缘栅型，由于输入阻抗很高，稍不慎即可能使内部击穿而失效。

双极型集成电路不像MOS集成电路那样娇气，但由于内部集成度高，通常管子隔离层都很薄，一旦受到过量的热也容易损坏。无论哪种电路，都不能承受高于200 ℃的温度，因此，焊接时必须非常小心。

集成电路的安装焊接有两种方式，一种是将集成块直接与印制板焊接，另一种是通过专用插座（IC插座）在印制板上焊接，然后将集成块直接插入IC插座上。

在焊接集成电路时，应注意下列事项：

（1）集成电路引线如果是镀金银处理的，不要用刀刮，只需用酒精擦洗或绘图橡皮擦干净就可以了。

（2）对CMOS电路，如果事先已将各引线短路，焊前不要拿掉短路线。

（3）焊接时间在保证浸润的前提下，尽可能短，每个焊点最好用3 s时间焊好，最多不超过4 s，连续焊接时间不要超过10 s。

（4）使用烙铁最好是20 W内热式，接地线应保证接触良好。若用外热式，最好采用烙铁断电用余热焊接，必要时还要采取人体接地的措施。

（5）使用低熔点焊剂，一般不要高于150 ℃。

（6）工作台上如果铺有橡皮、塑料等易于积累静电的材料，电路片子及印制板等不宜放在台面上。

（7）集成电路若不使用插座，直接焊到印制板上，安全焊接顺序为：地端→输出端→电源端→输入端。

（8）焊接集成电路插座时，必须按集成块的引线排列图焊好每一个点。

三、导线焊接技术

导线同接线端子、导线同导线之间的焊接有三种基本形式：绕焊、钩焊、搭焊。

1. 导线同接线端子的焊接

（1）把经过镀锡的导线端头在接线端子上缠一圈，用钳子拉紧缠牢后进行焊接，如图4-21所示。注意导线一定要紧贴端子表面，绝缘层不接触端子，一般L等于$1 \sim 3$ mm为宜。这种连接可靠性最好（L为导线绝缘皮与焊面之间的距离）。

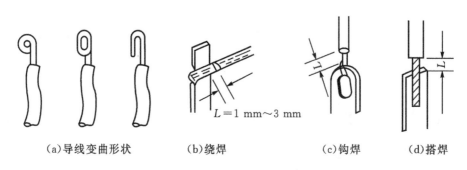

（a）导线变曲形状　　（b）绕焊　　（c）钩焊　　（d）搭焊

图4-21　导线与端子的焊接

（2）钩焊：将导线端子弯成钩形，钩在接线端子上并用钳子夹紧后施焊，如图4-21（c）所示，端头处理与绕焊相同。这种方法强度低于绕焊，但操作简便。

（3）搭焊：把经过镀锡的导线搭到接线端子上施焊，如图4-21（d）所示。这种连接最方便，但强度可靠性最差，仅用于临时连接或不便于缠、钩的地方以及某些接插件上。

2. 导线与导线的焊接

导线之间的焊接以绕焊为主，操作步骤如下：

（1）将导线去掉一定长度绝缘皮。

（2）端头上锡，并穿上合适套管，如图4-22（a）所示。

（3）绞合，施焊。

（4）趁热套上套管，冷却后套管固定在接头处。

对调试或维修中的临时线，也可采用搭焊的办法，如图4-22（c）所示。只是这种接头强度和可靠性都较差，不能用于生产中的导线焊接。

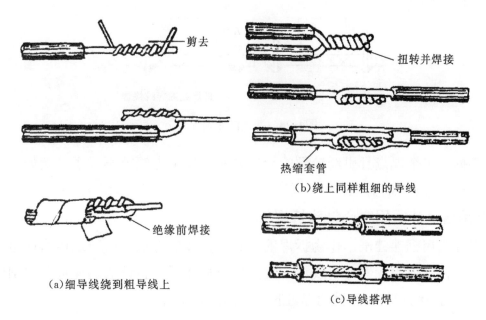

图4-22 导线的焊接

四、拆焊

调试和维修中常须更换一些元器件，如果方法不得当，就会破坏印制电路板，也会使换下而并没失效的元器件无法重新使用。

一般电阻、电容、晶体管等管脚不多，且每个引线能相对活动的元器件可用烙铁直接拆焊。如图4-23所示将印制板竖起来夹住，一边用烙铁加热待拆元件的焊点，一边用镊子或尖嘴钳夹住元器件引线轻轻拉出。

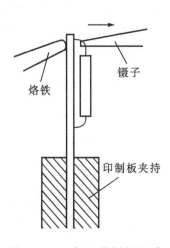

图4-23 一般元件拆焊方法

重新焊接时，需先用锥子将焊孔在加热熔化焊锡的情况下扎通，需要指出的是，这种方法不宜在一个焊点上多次用，因为印制导线和焊盘经反复加热后很容易脱落，造成印制板损坏。在可能多次更换的情况下可用如图4-24所示的断线法。

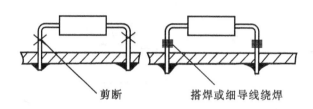

图4-24 断线法更换元件

当需要拆下多个焊点且引线较硬的元器件时，以上方法就不行了，例如，要拆下多线插座。一般有以下几种方法：

1. 选用合适的医用空心针头拆焊

将医用针头用钢锉锉平，作为拆焊的工具，具体的方法是：一边用烙铁熔化焊点，一边把针头套在被焊的元器件引线上，直至焊点熔化后，将针头迅速插入印制电路板的孔内，使器件的引线脚与印制板的焊盘脱开，如图4-25所示。

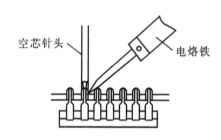

图4-25 用医用空心开关拆焊

2. 用铜编织线进行拆焊

将铜编织线的部分吃上松香焊剂，然后放在将要拆焊的焊点上，再把电烙铁放在铜编织线上加热焊点，待焊点上的焊锡熔化后，就被铜编织线吸去，如焊点上的焊料一次没有被吸完，则可进行第二次、第三次，直至吸完。当编织线吸满焊料后，就不能再用，就需要把已吸满焊料的部分剪去，如图4-26所示。

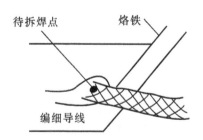

图4-26 用吸锡材料拆焊

3. 用气囊吸锡器进行拆焊

将被拆的焊点加热，使焊料熔化，然后把吸锡器挤瘪，将吸嘴对准熔化的焊料，然后放松吸锡器，焊料就被吸进吸锡器内，如图4-27所示。

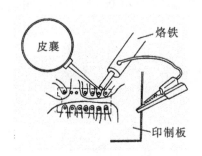

图4-27 用气囊吸锡器拆焊

4. 采用专用拆焊电烙铁拆焊

如图4-28所示，它们都是专用拆焊电烙铁头，能一次完成多引线脚元器件的拆焊，而且不易损坏印制电路板及其周围的元器件。如集成电路、中频变压器等就可用专用拆焊烙铁拆焊。拆焊时也应注意加热时间不能过长，当焊料一熔化，应立即取下元器件，同时拿开专用烙铁，如加热时间略长，就会使焊盘脱落。

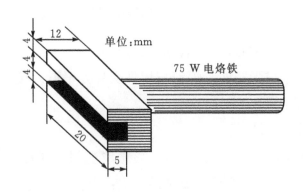

图4-28 专用拆焊电烙铁头

5. 用吸锡电烙铁拆焊

吸锡电烙铁也是一种专用拆焊烙铁，它能在对焊点加热的同时，把锡吸入内腔，从而完成拆焊。

拆焊是一件细致的工作，不能马虎从事，否则将造成元器件的损坏和印制导线的断裂及焊盘的脱落等不应有的损失。为保证拆焊的顺利进行应注意以下两点：

第一，烙铁头加热被拆焊点时，焊料一熔化，就应及时按垂直印制电路板的方向拔出元器件的引线，不管元器件的安装位置如何，是否容易取出，都不要强拉或扭转元器件，以避免损伤印制电路板和其他的元器件。

第二，当插装新元器件之前，必须把焊盘插线孔内的焊料清除干净，否则在插装新元器件引线时，将造成印制电路板的焊盘翘起。

清除焊盘插线孔内焊料的方法是：用合适的缝衣针或元器件的引线，从印制电路板的非焊盘面插入孔内，然后用电烙铁对准焊盘插线孔加热，待焊料熔化时，缝衣针便从孔中穿出，从而清除了孔内焊料。

五、焊点的质量检查

1. 外观检查

图4-29是两种典型焊点的外观，其共同特点是：

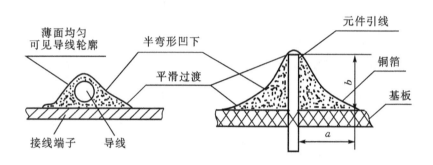

图4-29　典型焊点外观

（1）外形以焊接导线为中心，匀称、成裙形拉开。

（2）焊料的连接呈半弓形凹面，焊料与焊件交界处平滑，接触角尽可能小。

（3）表面有光泽且平滑。

（4）无裂纹、针孔、夹渣。

外观检查，除用目测（或借助放大镜、显微镜观测）焊点是否合乎上述标准，还包括检查是否存在以下各点：①漏焊；②焊料拉尖；③焊料引起导线间短路（即所谓"桥接"）；④导线及元器件绝缘的损伤；⑤布线整形；⑥焊料飞溅。检查时除目测外，还要用指触、镊子拨动、拉线等，检查有无导线断线、焊盘剥离等缺陷。

2. 通电检查

通电检查必须是在外观检查及连接检查无误后才可进行的工作，也是检验电路性能的关键步骤。如果不经过严格的外观检查，通电检查不仅困难较多，而且有损坏设备仪器、造成安全事故的危险。例如，电源连线虚焊，那么通电时，就会发现设备中不上电，当然无法检查。

通电检查可以发现许多微小的缺陷，例如，用目测观察不到的电路桥接、内部虚焊等。图4-30表示通电检查时可能出现的故障与焊接缺陷的关系，可供参考。

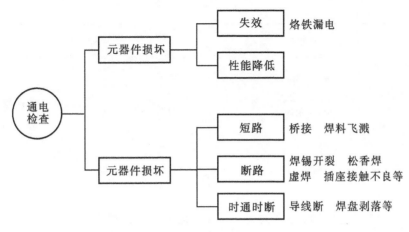

图4-30 通电检查

3. 常见焊点的缺陷及分析

造成焊接缺陷的原因很多，但主要可从四要素中寻找。在材料（焊料与焊剂）与工具（烙铁、夹具）一定的情况下，采用什么方法以及操作者是否有责任心，就是影响焊点质量的决定性的因素了。表4-9为常见焊点的缺陷与分析。

表4-9 常见焊点缺陷及分析

焊点缺陷	外观特点	危　害	原因分析
过热	焊点发白，无金属光泽，表面较粗糙	焊盘容易剥落，强度降低	烙铁功率过大，加热时间过长
冷焊	表面呈豆腐渣状颗粒，有时可有裂纹	强度低，导电性不好	焊料未凝固前焊件拌动或烙铁瓦数不够
浸润不良	焊料与焊件交接面接触角过大，不平滑	强度低，不通或时通时断	①焊件清理不干净 ②助焊剂不足或质量差 ③焊件未充分加热
不对称	焊锡夹流满焊盘	强度不足	①焊料流动性不好 ②助焊剂不足或质量差 ③加热不足

续表

焊点缺陷	外观特点	危　害	原因分析
桥接 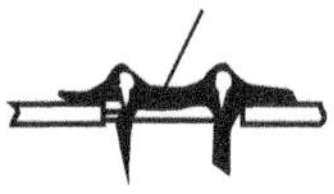	相邻导线连接	电气短路	①焊锡过多 ②烙铁撤离方向不当
针孔 	目测或低倍放大镜可见有孔	强度不足，焊点容易腐蚀	焊盘孔与引线间隙太大
气泡 	引线根部有时有喷火式焊料隆起，内部藏有空洞	暂时导通，但长时间容易引起导通不良	引线与孔间隙过大或引线浸润性不良

【二】学生动手进行印制电路板的焊接，进行集成电路的焊接，进行导线焊接，进行拆焊，进行焊点的质量检查。

拆焊提示：为保证拆焊的顺利进行应注意以下两点：

（1）烙铁头加热被拆焊点时，焊料一熔化，就应及时按垂直印制电路板的方向拔出元器件的引线，不管元器件的安装位置如何，是否容易取出，都不要强拉或扭转元器件，以避免损伤印制电路板和其他的元器件。

（2）当插装新元器件之前，必须把焊盘插线孔内的焊料清除干净，否则在插装新元器件引线时，将造成印制电路板的焊盘翘起。

【三】教师演示印制电路板的焊接、集成电路的焊接、导线焊接、拆焊以及焊点的质量检查。

演示提示：教师演示时，动作要慢，要让学生记住每一个使用工具的动作要领。

【四】观察并记录。

温馨提示：

（1）记住动作要领。

（2）注意动作细节。

温馨提示：完成【二】【三】【四】后，进入总结评价阶段。分自评、教师评两种，主要是总结评价本次安装、调试、演示过程中做得好的地方及需要改进的地方等。根据评分的情况和本次任务的结果，填写如表4-10、表4-11所列的表格。

表4-10　学生自评表格

任务完成进度	做得好的方面	不足、需要改进的方面

表4-11　教师评价表格

学生在本次任务中的表现	学生进步的方面	学生不足、需要改进的方面

【五】写总结报告。

温馨提示：报告可涉及内容为本次任务设计要求；掌握印制电路板的焊接技术；掌握集成电路的焊接技术；掌握导线焊接技术；掌握拆焊技术；掌握焊点的质量检查技术等，并可谈谈本次实训的心得体会。

✸ 任务小结

本次任务主要是掌握印制电路板的焊接技术；掌握集成电路的焊接技术；掌握导线焊接技术；掌握拆焊技术；掌握焊点的质量检查技术。

工业生产中的焊接

✹ 学习目标

1．掌握波峰焊的焊接技术。
2．了解工业焊接技术。

✹ 工作任务

本任务要求学习工业生产中的焊接；掌握波峰焊的焊接技术；了解工业焊接技术；理解本课程的性质、内容、任务和要求。先回顾以前学过的典型焊接方法及工艺，与工业生产中的焊接进行对照，引出本次学习任务；再经过本次任务学习后写出学习报告（重点为波峰焊的焊接技术）。

✹ 任务实施

【一】 准备。

手工焊接只适用于小批量生产和维修加工，而对生产批量很大、质量标准要求较高的电子产品就需要自动化的焊接系统。尤其是集成电路、超小型的元器件、复合电路的焊接，已成为自动化焊接的主要内容。

一、波峰焊

目前工业生产中使用较多的自动化焊接系统多为波峰焊机，它适用于大面积、大批量印制电路板的焊接。下面介绍波峰焊机的主要组成部分和工作过程。

1．波峰焊机的组成

波峰焊机由传送装置、涂助焊剂装置、预热器、锡波喷嘴、锡缸、冷却风扇等组成。

1）生产焊料波的装置

焊料波的产生主要依靠喷嘴，喷嘴向外喷焊料的动力来源于机械泵或是电流和磁场产生的洛仑兹力。焊料从焊料槽向上打入一个装有作分流用挡板的喷射室，然后从喷嘴中喷出。焊料到达其顶点后，又沿喷射室外边的斜面流回焊料槽中，如图4-31所示。

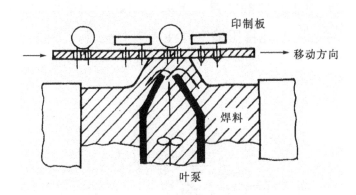

图4-31　波峰焊原理

由于波峰焊机的种类较多，其焊料波峰的形状也有所不同，常用的为单向波峰和双向波峰。焊料向一个方向流动且与印制板移动方向相反的称单向波峰，如图4-32（a）所示。焊料向两个方向流动的称双向波峰，如图4-32（b）所示。

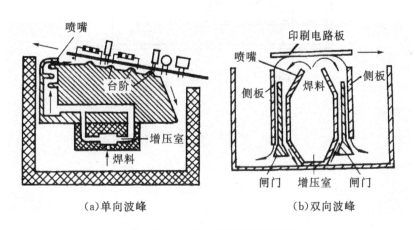

（a）单向波峰　　　　　　　（b）双向波峰

图4-32　单向波峰及双向波峰

锡缸（焊料槽）由金属材料制成，这种金属不易被焊料所润湿，而且不溶解于焊料。锡缸的形状依机型的不同而有所不同。

2）预热装置

预热器可分为热风型与辐射型。热风型预热器，主要由加热器与鼓风机组成，当加热器产生热量时，鼓风机将其热量吹向印制电路板，使印制电路板达到预定的温度。辐射型主要是靠热板产生热量辐射，使印制板温度上升。

预热的作用是把焊剂加热到活化温度，将焊剂中的酸性活化剂分解，然后与氧化膜起反应，使印制板与焊件上的氧化膜清除。另一个作用是减少半导体管、集成电路由于受热冲击而损坏的可能性。同时还能使印制线路板减小经波峰焊后产生的变形，并能使焊点光滑发亮。

3）涂覆助焊剂的装置

在自动焊接中助焊剂的涂覆方法较多，如波峰式、发泡式、喷射式等，其中发泡式得到了广泛的应用。发泡式助焊剂装置，主要采用800～1000的沙滤芯作为泡沫发生器浸没在助焊剂缸内，并且不断地将压缩空气注入多孔瓷管，如图4-33所示。当空气进入焊接槽时，便形成很多的泡沫助焊剂，在压力的作用下，由喷嘴喷出，喷涂在印制电路板上。

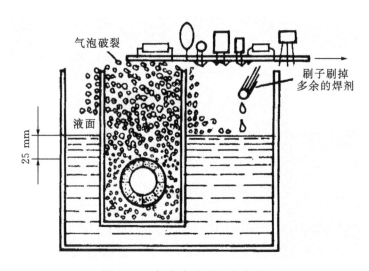

图4-33 发泡式涂覆焊剂装置

4）传送装置

传送装置通常是一种链带水平输送线，其速度可以随时调节，当印制电路板放在传送装置上时应平稳、不产生抖动。

2.波峰焊接的过程

波峰焊接的工作流程如图4-34所示。从插件台送来的已装有元器件的印制电路板夹具送到接口自动控制器上。然后由自动控制器将印制电路板送入涂覆助焊剂的装置内，对印制电路板喷涂助焊剂，喷涂完毕后，再送入预热器，对印制电路板进行预热，预热的温度为60～80 ℃左右，然后送到波峰焊料槽里进行焊接，温度可达240～245 ℃，并且要求锡峰高于钢箔面1.5 mm～2 mm，焊接时间为3 s左右。将焊好的印制电路板进行强风冷却，冷却后的印制电路板再送入切头机进行元器件引线脚的切除，切除引线脚后，再送入清除器用毛刷对残脚进行清除，最后由自动卸板机装置把印制电路板送往硬件装配线。焊点以外不需焊接部分，可涂阻焊剂，或用特制的阻焊板套在印刷板上。

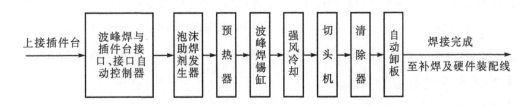

图4-34 波峰焊的流程

二、工业焊接技术

电子产品的工业焊接技术主要是指大批量生产的自动焊接技术，如浸焊、波峰焊、软焊等。这些焊接一般是用自动焊接机完成焊接，而不是用手工操作。

1. 浸焊与浸焊设备

浸焊是将安装好元器件的印制电路板，在装有已熔化焊锡的锡锅内浸一下，一次即可完成印制板上全部元件的焊接方法。此法有人工浸焊和机器浸焊两种方法，常用的是机器浸焊。浸焊可提高生产率，消除漏焊。

浸焊设备包括普通浸焊设备和超声波浸焊设备两种，普通浸焊设备又可分为人工浸焊设备和机器浸焊设备两种。人工浸焊设备由锡锅、加热器和夹具等组成；机器浸焊设备由锡锅、振动头、传动装置、加热电炉等组成。超声波浸焊设备由超声波发生器、换能器、水箱、换料槽、加温设备等几部分组成，适用于一般锡锅较难焊接的元器件，利用超声波增加焊锡的渗透性。

2. 波峰焊与波峰焊机

1）波峰焊接的基础知识

波峰焊接是让安装好元件的印制电路板与熔融焊料的波峰相接触，以实现焊接的一种方法。这种方法适于工业大批量焊接，焊接质量好，如与自动插件机器配合，可实现半自动化生产。

2）波峰焊接的流水工艺

工艺过程为：将印制板（插好元件的）装上夹具→喷涂助焊剂→预热→波峰焊接→冷却→切除焊点上的元件引线头→残脚处理→出线。

印制板的预热温度为60～80 ℃左右，波峰焊的温度为240～245 ℃，并要求锡峰高于铜箔面1.5～2 mm，焊接时间为3 s左右。切头工艺是用切头机对元器件焊点上的引线加以切除，残脚处理是用清除器的毛刷对焊点上残留的多余焊锡进行清除，最后通过自动卸板机把印制电路板送往硬件装配线。

3）波峰焊机简介

波峰焊接机在构造上有圆周型和直线型两种，二者构造都是由涂助焊剂装置、预热装置、焊料槽、冷却风扇和传动机构等组成。

工作过程为：将已插好元器件的印制板放在能控制速度的传送导轨上；导轨下面有温度能自动控制的熔锡缸，锡缸内装有机械泵和具有特殊结构的喷口。机械泵根据要求不断压出平稳的液态锡波，焊锡以波峰的形式源源不断地溢出，进行波峰焊接。

【二】学生动手进行波峰焊接。

【三】教师动手演示波峰焊接。

演示提示：教师演示时，动作要慢，要让学生记住每一个使用工具的动作要领。

【四】观察并记录。

温馨提示：

（1）记住动作要领。

（2）注意动作细节。

温馨提示：完成【二】【三】【四】后，进入总结评价阶段。分自评、教师评两种，主要是总结评价本次安装、调试、演示过程中做得好的地方及需要改进的地方等。根据评分的情况和本次任务的结果，填写如表4-12、表4-13所列的表格。

表4-12　学生自评表格

任务完成进度	做得好的方面	不足、需要改进的方面

表4-13　教师评价表格

学生在本次任务中的表现	学生进步的方面	学生不足、需要改进的方面

【五】写总结报告。

温馨提示：报告可涉及内容为本次任务设计要求、波峰焊的焊接技术、工业焊接技术等，并可谈谈本次实训的心得体会。

⚒ 任务小结

本次任务主要是掌握波峰焊的焊接技术；了解工业焊接技术。

任务 6 常见电子元件的识别及简易测试

✂ 学习目标

1. 掌握万用表使用方法。
2. 掌握电阻的测量。
3. 掌握电容器的测量。
4. 掌握二极管的测量。
5. 掌握三极管的测量。

✂ 工作任务

本任务要求学习常见电子元件的识别及简易测试；掌握数字万用表使用方法；掌握电阻的测量；掌握电容器的测量；掌握二极管的测量；掌握三极管的测量；理解本课程的性质、内容、任务和要求。先回顾以前学过的万用表的使用方法，与工业生产中的焊接进行对照，引出本次学习任务；再经过本次任务学习后写出学习报告（重点为电子元件的识别及简易测试）。

✂ 任务实施

【一】准备。

一、万用表使用方法

1. 指针式万用表的基本使用方法

1) 准备

测试前，首先把万用表放置水平状态，并视其表针是否处于零点（指电流、电压刻度的零点），若不在，则应调整表头下方的"机械零位调整"，使指针指向零点。

2）选择万用表测量项目及量程开关

根据被测项，正确选择万用表上的测量项目及量程开关。

如已知被测量的数量级，则就选择与其相对应的数量级量程。如不知被测量值的数量级，则应从选择最大量程开始测量，当指针偏转角太小而无法精确读数时，再把量程减小。一般以指针偏转角不小于最大刻度的30％为合理量程。

3）万用表作为电流表使用

（1）把万用表串接在被测电路中时，应注意电流的方向。即把红表笔接电流流入的一端，黑表笔接电流流出的一端。如果不知被测电流的方向，可以在电路的一端先接好一支表笔，另一支表笔在电路的另一端轻轻地碰一下，如果指针向右摆动，说明接线正确；如果指针向左摆动（低于零点），说明接线不正确，应把万用表的两支表笔位置调换。

（2）在指针偏转角大于或等于最大刻度30％时，尽量选用大量程挡。因为量程愈大，分流电阻愈小，电流表的等效内阻愈小，这时被测电路引入的误差也愈小。

（3）在测大电流（如500 mA）时，千万不要在测量过程中拨动量程选择开关，以免产生电弧，烧坏转换开关的触点。

4）万用表作为电压表使用

（1）把万用表并接在被测电路上，在测量直流电压时，应注意被测点电压的极性，即把红表笔接电压高的一端，黑表笔接电压低的一端。如果不知被测电压的极性，可按前述测电流时的试探方法试一试，如指针向右偏转，则可以进行测量；如指针向左偏转，则把红、黑表笔调换位置，方可测量。

（2）与上述电流表一样，为了减小电压表内阻引入的误差，在指针偏转角大于或等于最大刻度的30％时，测量尽量选择大量程挡。因为量程愈大，分压电阻愈大，电压表的等效内阻愈大，这对被测电路引入的误差愈小。如果被测电路的内阻很大，就要求电压表的内阻更大，才会使测量精度高。此时需换用电压灵敏度更高（内阻更大）的万用表来进行测量。如MF10型万用表的最大直流电压灵敏度（100 kΩ/V）比ME30型万用表的最大直流电压灵敏度（20 kΩ/V）高。

（3）在测量交流电压时，不必考虑极性问题，只要将万用表并接在被测两端即可。另外，一般也不必选用大量程挡或选高电压灵敏度的万用表。因为一般情况下，交流电源的内阻都比较小。值得注意的是被测交流电压只能是正弦波，其频率应小于或等于万用表的允许工作频率，否则就会产生较大误差。

（4）不要在测较高的电压（如220 V）时拨动量程选择开关，以免产生电弧，烧坏转换开关的触点。

（5）在测量大于或等于100 V的高电压时必须注意安全。最好先把一支表笔固定在被测电路的公共地端，然后用另一支表笔去碰触另一端测试点。

（6）在电路系统中常用电平来表示该点的电压有效值。故万用表在交流电压挡上带有电平刻度，零电平是指600 Ω阻抗上产生1 mW的功率，即对应的电压有效值为0.75 V。如果被测电路阻抗不等于600 Ω，则按下式进行核算：

$$实际电平值＝万用表dB读数＋10\,I_g（600/z）。$$

式中，z为被测电路的阻值。值得指出的是：测电平时应放置在10 V挡上，因为万用表电平刻度是在该挡上设计计算的，如果量程不够，需换另外挡测量。另外万用表只适宜测音量频电平，如电路上有直流电压，还必须串接一只0.1 μF/450 V电容器将直流隔断后再测量。

（7）在测量有感抗的电路中的电压时，必须在测量后先把万用表断开再关电源。不然会在切断电源时，因为电路中感抗元件的自感现象，会产生高压而可能把万用表烧坏。

5）万用表作为欧姆表使用

（1）测量时应首先调零。即把两表笔直接相碰（短路），调整表盘下面的零欧调整器使指针准确指在0 Ω处。这是因为内接干电池随着使用时间加长，其提供的电源电压会下降，在$R_x＝0$时，指针就有可能达不到满偏，此时必须调整R_w，使表头的分流电流降低，来达到满偏电流I_g的要求。

（2）为了提高测试的精度和保证被测对象的安全，必须正确选择合适的量程挡。一般测电阻时，要求指针在全刻度的20％～80％的范围内，这样测试精度才能满足要求。

由于量程挡不同，流过R_x上的测试电流大小也不同。

量程挡愈小，测试电流愈大，否则相反。所以，如果用万用表的小量程欧姆挡$R×1$、$R×10$去测量小电阻R_x（如毫安表的内阻），则R_x上会流过大电流，如果该电流超过了R_x所允许通过的电流，R_x会烧毁，或把毫安表指针打弯。所以在测量不允许通过大电流的电阻时，万用表应置在大量程的欧姆挡上。同时量程挡愈大，内阻所接的干电池电压愈高，所以在测量不能承受高电压的电阻时，万用表不宜置在大量程的欧姆挡上。如测量二极管或三极管的极间电阻时，就不能把欧姆挡置在$R×10k$挡，不然易把管子的极间击穿。只能降低量程挡，让指针指在高阻端。但前面已经指出电阻刻度是非线性的，在高阻端的刻度很密，易造成误差增大。

测量较大电阻时，手不可同时接触被测电阻的两端，不然，人体电阻就会与被测电阻并联，使测量结果不准确，测试值会大大减小。另外，要测电路上的电阻时，应将电路的电源切断，不然不但测量结果不准确（相当再外接一个电压），还会使大电流通过微安表头，把表头烧坏。同时，还应把被测电阻的一端从电路上焊开，再进行测量，不然测得的是电路在该两点的总电阻。

6）使用完毕不要将量程开关放在欧姆挡上

使用完毕不要将量程开关放在欧姆挡，这是为了保护微安表头，以免下次开始测量时不慎烧坏表头。测量完成后，应注意把量程开关拨在直流电压或交流电压的最大量程位置，千万不要放在欧姆挡上，以防两支表笔万一短路时，将内部干电池全部耗尽。

2．数字万用表的使用

1）电压的测量

（1）直流电压的测量，如电池、随身听电源等。首先将黑表笔插进"COM"孔，红表笔插进"VΩ"。把旋钮选到比估计值大的量程（注意：表盘上的数值均为最大量程，"V－"表示直流电压挡，"V～"表示交流电压挡，"A"是电流挡），接着把表笔接电源或电池两端；保持接触稳定。数值可以直接从显示屏上读取，若显示为"1."，则表明量程太小，那么就要加大量程后再测量。如果在数值左边出现"－"，则表明表笔极性与实际电源极性相反，此时红表笔接的是负极。

（2）交流电压的测量。表笔插孔与直流电压的测量一样，不过应该将旋钮打到交流挡"V～"处所需的量程即可。交流电压无正负之分，测量方法跟前面相同。 无论测交流电压还是直流电压，都要注意人身安全，不要随便用手触摸表笔的金属部分。

2）电流的测量

（1）直流电流的测量。先将黑表笔插入"COM"孔。若测量大于200 mA的电流，则要将红表笔插入"10 A"插孔并将旋钮打到直流"10 A"挡；若测量小于200 mA的电流，则将红表笔插入"200 mA"插孔，将旋钮打到直流200 mA以内的合适量程。调整好后，就可以测量了。将万用表串进电路中，保持稳定，即可读数。若显示为"1."，那么就要加大量程；如果在数值左边出现"－"，则表明电流从黑表笔流进万用表。

（2）交流电流的测量。测量方法与直流电流的测量方法相同，不过挡位应该打到交流挡，电流测量完毕后应将红笔插回"VΩ"孔，若忘记这一步而直接测电压，万用表或电源可能会报废。

3）电阻的测量

将表笔插进"COM"和"VΩ"孔中，把旋钮打旋到"Ω"中所需的量程，用表笔接在电阻两端金属部位，测量中可以用手接触电阻，但不要把手同时接触电阻两端，这样会影响测量的精确度——人体是电阻很大但是有限大的导体。读数时，要保持表笔和电阻有良好的接触；注意单位：在"200"挡时单位是"Ω"，在"2k"到"200k"挡时单位为"KΩ"，"2M"以上的单位是"MΩ"。

4）二极管的测量

数字万用表可以测量发光二极管、整流二极管等测量时，表笔位置与电压测量一样，将旋钮旋到"⊳⊢»"挡；用红表笔接二极管的正极，黑表笔接负极，这时会显示二极管的正向压降。肖特基二极管的压降是0.2 V左右，普通硅整流管（1N4000、1N5400系列等）约为0.7 V，发光二极管约为 1.8～2.3 V。调换表笔，显示屏显示"1."则为正常，因为二极管的反向电阻很大，否则此管已被击穿。

5）三极管的测量

表笔插位同上；其原理同二极管。先假定A脚为基极，用黑表笔与该脚相接，红表笔与其他两脚分别接触；若两次读数均为0.7 V左右，然后再用红笔接A脚，黑笔接触其他两脚，若均显示"1"，则A脚为基极，否则需要重新测量，且此管为PNP管。那么集电极和发射极如何判断呢？数字表不能像指针表那样利用指针摆幅来判断，那怎么办呢？我们可以利用"hFE"挡来判断：先将挡位打到"hFE"挡，可以看到挡位旁有一排小插孔，分为PNP和NPN管的测量。前面已经判断出管型，将基极插入对应管型"b"孔，其余两脚分别插入"c""e"孔，此时可以读取数值，即β值；再固定基极，其余两脚对调；比较两次读数，读数较大的管脚位置与表面"c""e"相对应。

二、电阻的测量

电阻是电子电路常用元件，对交流、直流都有阻碍作用，常用于控制电路电流和电压的大小，以下列出的是常规的电阻内容的介绍，如图4-35和图4-36所示。

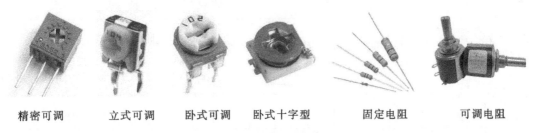

| 精密可调 | 立式可调 | 卧式可调 | 卧式十字型 | 固定电阻 | 可调电阻 |

图 4-35 电阻类型

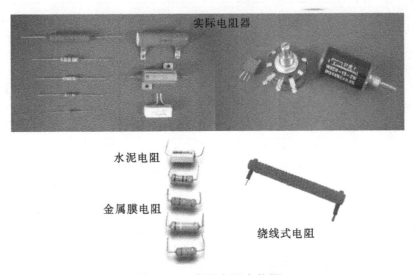

实际电阻器

水泥电阻

金属膜电阻

绕线式电阻

图 4-36 常用电阻实物图

（1）常规电阻知识小结见表4-14。

表4-14　常规知识小结

符号	R	▭ 固定电阻符号 ▭ 可调电位器符号
单位	欧姆	Ω
	千欧	kΩ
	兆欧	MΩ
	吉欧	GΩ
	太欧	TΩ
功率	瓦特	W
额定功率定义及常用电阻的额定功率	电阻器长时间连续工作而不损坏所允许的消耗的最大功率为额定功率	常用电阻的额定功率有： 1/16 W、1/8 W、1/4 W、1/2 W、1 W、 2 W、3 W、5 W、8 W、10 W、15 W
分类与代表符号	RT	碳膜电阻
	RTX	小型碳膜电阻
	RI	金属膜电阻
	RIX	小型金属膜电阻
	RY	氧化膜电阻
	Rt	热敏电阻
	Rx	可变电阻
		注：底色通常为米色是碳膜电阻； 底色为天蓝色是金属膜电阻。

（2）电阻器的色标法见表4-15。

表4-15 电阻器的色标法

内容	第一位	第二位	第三位	第四位
颜色	第一位有效数字	第二位有效数字	乘数	允许误差
黑色	0	0	1	
棕色	1	1	10	±1%
红色	2	2	100	±2%
橙色	3	3	1000	
黄色	4	4	10000	
绿色	5	5	100000	±0.5%
蓝色	6	6	M	±0.2%
紫色	7	7	10M	±0.1%
灰色	8	8	100M	
白色	9	9	1000M	±5%
金色				±5%
银色				±10%

注：该表适用于四环法。

例如，若电阻的四个色环颜色依次为：

黄、紫、棕、银——表示470 Ω、±10%的电阻。

棕、绿、绿、银——表示1.5 MΩ、±10%的电阻。

精密电阻用五条色带表示阻值及误差，五环法中，前三环表示数字，第四环表示乘数，第五环表示允许误差。

例如，若电阻上的五个色环颜色依次为：

棕、蓝、绿、黑、棕——表示165 Ω、±1%的电阻器。

红、蓝、紫、棕、棕——表示2.67 kΩ、±1%的电阻器。

（3）检测——用万用表判别电阻阻值和电位器的好坏。

三、电容器的测量

电容器是电子电路常用元件，在电路中起耦合、滤波、旁路、调谐、振荡等作用，如图4-37所示。

塑胶膜电容　　云母电容　　纸质电容　　电解电容　　独石电容　　瓷片电容

图4-37　常用电容实物图

种类：电容器分为固定电容器、半可变电容器和可变电容器，如图4-37所示。

符号：C。

单位：微法（μF）、纳法（nF）、皮法（pF）。它们之间的换算关系：

1 F（法拉）$=10^6$ μF（微法）$=10^9$ nF（纳法）$=10^{12}$ pF（皮法）。

电容器的数值表示法：前两位为有效数字，第三位为10的n次幂，单位pF。

例如：$102=10.0\times10^2$ pF$=1000$ pF$=1$ nF$=0.001$ μF

$682=68\times10^2$ pF$=6800$ pF$=0.0068$ μF

数字式万用表检测电容的简单方法：表笔两端分别接电容两端，无短路即可。

四、二极管的检测

二极管在电路中常起整流、检波和稳压作用。符号：D。常见二极管的电路符号如图4-38所示。

普通二极管　　发光二极管　　光电二极管　　变容二极管　　稳压二极管

图4-38　二极管的电路符号

特点：具有单向导电性。

检测法：把万用表拨至Ω×100或Ω×1k挡，用两个表笔分别接触二极管的两个引出脚。若表针的示数较小（锗管100～200 Ω，硅管700～1.2 kΩ）时，与黑表笔相接的引出脚为正极。接着调换两个表笔再测量，若表针的示数较大（锗管几百千欧，硅管几兆欧）时，说明该二极管是好的，并且原先判明的极性是正确的。如果正反向电阻均为0或无穷大，表明该管已经击穿或断路，不能使用，如图4-39所示。

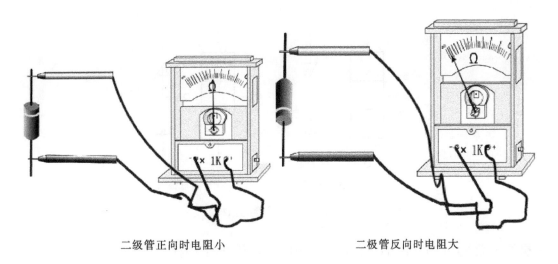

二级管正向时电阻小　　　　　　　　　　二极管反向时电阻大

图4-39　二极管检测

应当注意：测量小功率的二极管，不宜使用R×1 Ω或R×10 kΩ挡，前者通过二极管的电流较大，可能烧坏二极管；后者加在二极管两端的反向电压太高，易将二极管击穿。

使用指针万用表测量的时候，黑色的表笔（"－"极）接的二极管的"＋"级，红色的表笔（"＋"极）接的是二极管的"－"极，才可以获得好坏的判断。

使用数字万用表的时候，黑色的表笔（"－"极）接的二极管的"－"极，红色的表笔（"＋"极）接的是二极管的"＋"极，才可以获得好坏的判断。

五、三极管的测量

三极管的作用：在电子电路中组成震荡电路、放大电路。如图4-40所示为三极管实物图，图4-41为三极管结构图。

图 4-40　三极管实物图

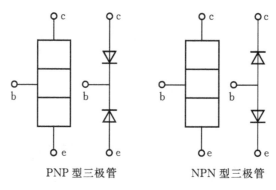

PNP 型三极管　　　　NPN 型三极管

图4-41　三极管的结构

三极管极性的判别（NPN，PNP）：用万用表的hFE挡检测β值。

用数字式万用表检测：红表笔是（表内电源）正极，黑表笔是（表内电源）负极。

基极B的判断：当黑（红）表笔接触某一极，红（黑）表笔分别接触另两个极时，万用表指示为低阻，则该极为基极，该管为PNP（NPN）。

C、E极的判断：基极确定后，比较B与另外两个极间的正向电阻，较大者为发射极E，较小者为集电极C。

最简单方法：对于中小功率塑料三极管使其平面朝向自己，三个引脚朝下放置，则从左到右依次为e、b、c。

【二】学生动手使用数字万用表；对电阻进行测量；对电容器进行测量；对二极管进行测量；对三级管进行测量。

二极管的测量使用提示：

应当注意：测量小功率的二极管，不宜使用R×1 Ω或R×10 kΩ挡，前者通过二极管的电流较大，可能烧坏二极管；后者加在二极管两端的反向电压太高，易将二极管击穿。

使用指针万用表测量的时候，黑色的表笔（"—"极）接的二极管的"+"极，红色的表笔（"+"极）接的是二极管的"—"极，才可以获得好坏的判断。

使用数字万用表的时候，黑色的表笔（"—"极）接的二极管的"—"极，红色的表笔（"+"极）接的是二极管的"+"极，才可以获得好坏的判断。

【三】教师动手使用数字万用表；对电阻进行测量；对电容器进行测量；对二极管进行测量；对三级管进行测量。

演示提示：教师演示时，动作要慢，要让学生记住每一个使用工具的动作要领。

【四】观察并记录。

温馨提示：

（1）记住动作要领。

（2）注意动作细节。

温馨提示：完成【二】【三】【四】后，进入总结评价阶段。分自评、教师评两种，主要是总结评价本次安装、调试、演示过程中做得好的地方及需要改进的地方等。根据评分的情况和本次任务的结果，填写如表4-16、表4-17所列的表格。

表4-16 学生自评表格

任务完成进度	做得好的方面	不足、需要改进的方面

表4-17 教师评价表格

学生在本次任务中的表现	学生进步的方面	学生不足、需要改进的方面

【五】写总结报告。

温馨提示：报告可涉及内容为本次任务设计要求、数字万用表使用、电阻的测量、电容器的测量、二极管的测量、三极管的测量。

任务小结

本次任务主要是掌握数字万用表使用方法；掌握电阻的测量；掌握电容器的测量；掌握二极管的测量；掌握三极管的测量。

项目知识链接：常用半导体器件

一、二极管

1．二极管的概念

二极管又称晶体二极管，简称二极管（Diode），另外，还有早期的真空电子二极管；它是一种单向传导电流的电子器件。在半导体二极管内部有一个PN结和两个引线端子，这种电子器件按照外加电压的方向，具备单向电流的传导性。一般来讲，晶体二极管是一个由P型半导体和N型半导体烧结形成的PN结界面。在其界面的两侧形成空间电荷层，构成自建电场。当外加电压等于零时，由于PN结两边载流子的浓度差引起扩散电流和由自建电场引起的漂移电流相等而处于电平衡状态，这也是常态下的二极管特性。

2．二极管的工作原理

晶体二极管为一个由P型半导体和N型半导体形成的PN结，在其界面处两侧形成空间电荷层，并建有自建电场。当不存在外加电压时，由于PN结两边载流子浓度差引起的扩散电流和自建电场引起的漂移电流相等而处于电平衡状态。当外界有正向电压偏置时，外界电场和自建电场的互相抑消作用使载流子的扩散电流增加引起了正向电流。当外界有反向电压偏置时，外界电场和自建电场进一步加强，形成在一定反向电压范围内与反向偏置电压值无关的反向饱和电流I_0。当外加的反向电压高到一定程度时，PN结空间电荷层中的电场强度达到临界值产生载流子的倍增过程，产生大量电子空穴对，产生了数值很大的反向击穿电流，称为二极管的击穿现象。PN结的反向击穿有齐纳击穿和雪崩击穿之分。

3．二极管的作用

二极管是最常用的电子元件之一，它最大的特性就是单向导电，也就是电流只可以从二极管的一个方向流过，二极管的作用有整流电路、检波电路、稳压电路、各种调制电路，主要都是由二极管来构成的，其原理都很简单，正是由于二极管等元件的发明，才有我们现在丰富多彩的电子信息世界的诞生，既然二极管的作用这么大，那么我们应该如何去检测这个元件呢，其实很简单只要用万用表打到电阻挡测量一下，正向电阻如果很小、反相电阻如果很大，这就说明这个二极管是好的。对于这样的基础元件应牢牢掌握住它的作用原理以及基本电路，这样才能为以后的电子技术学习打下良好的基础。

4. 二极管的特点

二极管（Diode）是电子元件当中一种具有两个电极的装置，它只允许电流由单一方向流过。许多使用是应用其整流的功能。而变容二极管（Varicap Diode）则用来当作电子式的可调电容器。

大部分二极管所具备的电流方向性我们通常称之为"整流（Rectifying）"功能。二极管最普遍的功能就是只允许电流由单一方向通过（称为顺向偏压），反向时阻断 （称为逆向偏压）。因此，二极管可以想成电子版的逆止阀。然而实际上二极管并不会表现出如此完美的开与关的方向性，而是较为复杂的非线性电子特征——这是由特定类型的二极管技术决定的。二极管使用上除了用做开关的方式之外还有很多其他的功能。

早期的二极管包含"猫须晶体（"Cat's Whisker" Crystals）"以及真空管（英国称为热游离阀（Thermionic Valves））。现今最普遍的二极管大多是使用半导体材料如硅或锗。

1）二极管的正向性

外加正向电压时，在正向特性的起始部分，正向电压很小，不足以克服PN结内电场的阻挡作用，正向电流几乎为零，这一段称为死区。这个不能使二极管导通的正向电压称为死区电压。当正向电压大于死区电压以后，PN结内电场被克服，二极管导通，电流随电压增大而迅速上升。在正常使用的电流范围内，导通时二极管的端电压几乎维持不变，这个电压称为二极管的正向电压。

2）二极管的反向性

外加反向电压不超过一定范围时，通过二极管的电流是少数载流子漂移运动所形成反向电流，由于反向电流很小，二极管处于截止状态。这个反向电流又称为反向饱和电流或漏电流，二极管的反向饱和电流受温度影响很大。

3）二极管的击穿

外加反向电压超过某一数值时，反向电流会突然增大，这种现象称为电击穿。引起电击穿的临界电压称为二极管反向击穿电压。电击穿时二极管失去单向导电性。如果二极管没有因电击穿而引起过热，则单向导电性不一定会被永久破坏，在撤除外加电压后，其性能仍可恢复，否则二极管就损坏了。因而使用时应避免二极管外加的反向电压过高。

4）二极管的管压降

硅二极管（不发光类型）正向管压降0.7 V，锗管正向管压降为0.3 V，发光二极管正向管压降会随不同发光颜色而不同。主要有三种颜色，具体压降参考值如下：红色发光二极管的压降为2.0~2.2 V，黄色发光二极管的压降为1.8~2.0 V，绿色发光二极管的压降为3.0~3.2 V，正常发光时的额定电流约为20 mA。

5）二极管的伏安特性曲线

二极管的电压与电流不是线性关系，所以在将不同的二极管并联的时候要接相适应的电阻。

二极管的特性曲线与PN结一样，二极管具有单向导电性。二极管典型伏安特性曲线如图4-42所示。

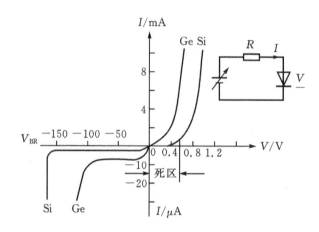

图4-42　二极管的伏安特性曲线

在二极管加有正向电压，当电压值较小时，电流极小；当电压超过0.6 V时，电流开始按指数规律增大，通常称此为二极管的开启电压；当电压达到约0.7 V时，二极管处于完全导通状态，通常称此电压为二极管的导通电压，用符号U_D表示。

对于锗二极管，开启电压为0.2 V，导通电压U_D约为0.3 V。在二极管加有反向电压，当电压值较小时，电流极小，其电流值为反向饱和电流I_S。当反向电压超过某个值时，电流开始急剧增大，称之为反向击穿，称此电压为二极管的反向击穿电压，用符号U_{BR}表示。不同型号的二极管的击穿电压U_{BR}值差别很大，从几十伏到几千伏。

6）二极管的反向击穿

（1）齐纳击穿。反向击穿按机理分为齐纳击穿和雪崩击穿两种情况。在高掺杂浓度的情况下，因势垒区宽度很小，反向电压较大时，破坏了势垒区内共价键结构，使价电子脱离共价键束缚，产生电子-空穴对，致使电流急剧增大，这种击穿称为齐纳击穿。如果掺杂浓度较低，势垒区宽度较宽，不容易产生齐纳击穿。

（2）雪崩击穿。当反向电压增加到较大数值时，外加电场使电子漂移速度加快，从而与共价键中的价电子相碰撞，把价电子撞出共价键，产生新的电子-空穴对。新产生的电子-空穴被电场加速后又撞出其他价电子，载流子雪崩式地增加，致使电流急剧增加，这种击穿称为雪崩击穿。无论哪种击穿，若对其电流不加限制，都可能造成PN结永久性损坏。

7）二极管的导电特性

二极管最重要的特性就是单方向导电性。在电路中，电流只能从二极管的正极流入，负极流出。下面通过简单的实验说明二极管的正向特性和反向特性。

（1）正向特性。在电子电路中，将二极管的正极接在高电位端，负极接在低电位端，二极管就会导通，这种连接方式，称为正向偏置。必须说明，当加在二极管两端的正向电压很小时，二极管仍然不能导通，流过二极管的正向电流十分微弱。只有当正向电压达到某一数值（这一数值称为"门坎电压"，又称"死区电压"，锗管约为0.1 V，硅管约为0.5 V）以后，二极管才能真正导通。导通后二极管两端的电压基本上保持不变（锗管约为0.3 V，硅管约为0.7 V），称为二极管的"正向压降"。

（2）反向特性。在电子电路中，二极管的正极接在低电位端，负极接在高电位端，此时二极管中几乎没有电流流过，此时二极管处于截止状态，这种连接方式，称为反向偏置。二极管处于反向偏置时，仍然会有微弱的反向电流流过二极管，称为漏电流。当二极管两端的反向电压增大到某一数值，反向电流会急剧增大，二极管将失去单方向导电特性，这种状态称为二极管的击穿。

5．二极管的主要参数

用来表示二极管的性能好坏和适用范围的技术指标，称为二极管的参数。不同类型的二极管有不同的特性参数。

1）最大整流电流

最大整流电流是指二极管长期连续工作时允许通过的最大正向电流值，其值与PN结面积及外部散热条件等有关。因为电流通过管子时会使管芯发热，温度上升，温度超过容许限度（硅管为141 ℃左右，锗管为90 ℃左右）时，就会使管芯过热而损坏。所以在规定散热条件下，二极管使用中不要超过二极管最大整流电流值。例如，常用的1N4001－4007型锗二极管的额定正向工作电流为1 A。

2）最高反向工作电压

加在二极管两端的反向电压高到一定值时，会将管子击穿，失去单向导电能力。为了保证使用安全，规定了最高反向工作电压值。例如，1N4001二极管反向耐压为50 V，1N4007反向耐压为1000 V。

3）反向电流

反向电流是指二极管在规定的温度和最高反向电压作用下，流过二极管的反向电流。反向电流越小，管子的单方向导电性能越好。值得注意的是反向电流与温度有着密切的关系，大约温度每升高10 ℃，反向电流增大一倍。例如2AP1型锗二极管，在25 ℃时反向电流若为250 μA，温度升高到35 ℃，反向电流将上升到500 μA，依此类推，在75 ℃时，它的反向电流已达8 mA，不仅失去了单方向导电特性，还会使管子过热而损坏。又如，2CP10型硅二极管，25 ℃时反向电流仅为5 μA，温度升高到75 ℃时，反向电流也不过160 μA。故硅二极管比锗二极管在高温下具有更好的稳定性。

二、三极管

半导体双极型三极管又称晶体三极管，通常简称晶体管或三极管，它是一种电流控制电流的半导体器件，可用来对微弱信号进行放大和作无触点开关。它具有结构牢固、寿命长、体积小、耗电省等一系列独特优点，故在各个领域得到广泛应用。

1．三极管的基本知识

双极性晶体管（Bipolar Transistor），全称双极性结型晶体管（Bipolar Junction Transistor，BJT），俗称三极管，是一种具有三个终端的电子器件。双极性晶体管是电子学历史上具有革命意义的一项发明，其发明者威廉·肖克利、约翰·巴丁和沃尔特·布喇顿被授予了1956年的诺贝尔物理学奖。

这种晶体管的工作，同时涉及电子和空穴两种载流子的流动，因此它被称为双极性的，所以也称双极性载流子晶体管。这种工作方式与诸如场效应管的单极性晶体管不同，后者的工作方式仅涉及单一种类载流子的漂移作用。两种不同掺杂物聚集区域之间的边界由PN结形成。

双极性晶体管由三部分掺杂程度不同的半导体制成，晶体管中的电荷流动主要是由于载流子在PN结处的扩散作用和漂移运动。以NPN晶体管为例，按照设计，高掺杂的发射极区域的电子，通过扩散作用运动到基极。在基极区域，空穴为多数载流子，而电子为少数载流子。由于基极区域很薄，这些电子又通过漂移运动到达集电极，从而形成集电极电流，因此双极性晶体管被归到少数载流子设备。

双极性晶体管能够放大信号，并且具有较好的功率控制、高速工作以及耐久能力，所以它常被用来构成放大器电路，或驱动扬声器、电动机等设备，并被广泛地应用于航空航天工程、医疗器械和机器人等应用产品中。

2．三极管的工作原理

晶体三极管（以下简称三极管）按材料分有两种：锗管和硅管。而每一种又有NPN和PNP两种结构形式，但使用最多的是硅NPN和PNP两种三极管，如图4-43、图4-44所示。两者除了电源极性不同外，其工作原理都是相同的，下面仅介绍NPN硅管的电流放大原理。

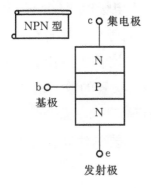

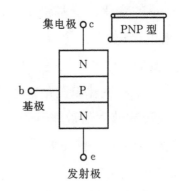

图4-43　NPN型三极管示意图　　　　图4-44　PNP型三极管示意图

NPN管它是由2块N型半导体中间夹着一块P型半导体所组成，发射区与基区之间形成的PN结称为发射结，而集电区与基区形成的PN结称为集电结，三条引线分别称为发射极e、基极b和集电极c。当b点电位高于e点电位零点几伏时，发射结处于正偏状态，而c点电位高于b点电位几伏时，集电结处于反偏状态，集电极电源E_c要高于基极电源E_{bo}。

在制造三极管时，有意识地使发射区的多数载流子浓度大于基区的，同时基区做得很薄，而且，要严格控制杂质含量，这样，一旦接通电源后，由于发射结正偏，发射区的多数载流子（电子）和基区的多数载流子（空穴）很容易地截越过发射结构互相向反方各扩散，但因前者的浓度基大于后者，所以通过发射结的电流基本上是电子流，这股电子流称为发射极电流I_e。由于基区很薄，加上集电结的反偏，注入基区的电子大部分越过集电结进入集电区而形成集电集电流I_c，只剩下很少（1%～10%）的电子在基区的空穴进行复合，被复合掉的基区空穴由基极电源E_b重新补给，从而形成了基极电流I_{bo}根据电流连续性原理得

$$I_e = I_b + I_c$$

这就是说，在基极补充一个很小的I_b，就可以在集电极上得到一个较大的I_c，这就是所谓电流放大作用，I_c与I_b维持一定的比例关系，即

$$\beta_1 = I_c / I_b$$

式中，β称为直流放大倍数。

集电极电流的变化量ΔI_c与基极电流的变化量ΔI_b之比为

$$\beta = \Delta I_c / \Delta I_b$$

式中，β称为交流电流放大倍数，由于低频时β_1和β的数值相差不大，对两者不作严格区分，β值约为几十至一百多。三极管是一种电流放大器件，但在实际使用中常常利用三极管的电流放大作用，通过电阻转变为电压放大作用。

3. 三极管的功能作用

三极管是一种控制元件，主要用来控制电流的大小，以共发射极接法为例（信号从基极输入，从集电极输出，发射极接地），当基极电压U_b有一个微小的变化时，基极电

流I_b也会随之有一小的变化，受基极电流I_b的控制，集电极电流I_c会有一个很大的变化，基极电流I_b越大，集电极电流I_c也越大，反之，基极电流越小，集电极电流也越小，即基极电流控制集电极电流的变化。但是集电极电流的变化比基极电流的变化大得多，这就是三极管的放大作用。I_c的变化量与I_b变化量之比叫做三极管的放大倍数β（$\beta=\Delta I_c/\Delta I_b$，$\Delta$表示变化量），三极管的放大倍数$\beta$一般在几十到几百倍。

三极管在放大信号时，首先要进入导通状态，即要先建立合适的静态工作点，也叫建立偏置，否则会放大失真。

在三极管的集电极与电源之间接一个电阻，可将电流放大转换成电压放大：当基极电压U_b升高时，I_b变大，I_c也变大，I_c在集电极电阻R_c的压降也越大，所以三极管集电极电压U_c会降低，且U_b越高，U_c就越低，$\Delta U_c=\Delta U_b$。

4. 三极管的主要参数

1）直流参数

（1）集电极-基极反向饱和电流I_{cbo}：发射极开路（$I_e=0$）时，基极和集电极之间加上规定的反向电压V_{cb}时的集电极反向电流，它只与温度有关，在一定温度下是个常数，所以称为集电极—基极的反向饱和电流。良好的三极管，I_{cbo}很小，小功率锗管的I_{cbo}约为1～10微安，大功率锗管的I_{cbo}可达数毫安，而硅管的I_{cbo}则非常小，是毫微安级。

（2）集电极-发射极反向电流I_{ceo}（穿透电流）：基极开路（$I_b=0$）时，集电极和发射极之间加上规定反向电压U_{ce}时的集电极电流。I_{ceo}大约比I_{cbo}大β倍，即

$$I_{ceo}=（1+\beta）I_{cbo}$$

I_{cbo}和I_{ceo}受温度影响极大，它们是衡量管子热稳定性的重要参数，其值越小，性能越稳定，小功率锗管的I_{ceo}比硅管大。

（3）发射极-基极反向电流I_{ebo}：集电极开路时，在发射极与基极之间加上规定的反向电压时发射极的电流，它实际上是发射结的反向饱和电流。

（4）直流电流放大系数β_1（或h_{EF}）：这是指共发射接法，没有交流信号输入时，集电极输出的直流电流与基极输入的直流电流的比值，即$\beta_1=I_c/I_b$。

2）交流参数

（1）交流电流放大系数β（或h_{fe}）：这是指共发射极接法，集电极输出电流的变化量ΔI_c与基极输入电流的变化量ΔI_b之比，即

$$\beta=\Delta I_c/\Delta I_b$$

一般晶体管的β大约在10～200之间，如果β太小，电流放大作用差，如果β太大，电流放大作用虽然大，但性能往往不稳定。

（2）共基极交流放大系数α（或h_{fb}）：这是指共基接法时，集电极输出电流的变化是ΔI_c与发射极电流的变化量ΔI_e之比，即

$$\alpha = \Delta I_c / \Delta I_e \text{ 因为 } \Delta I_c < \Delta I_e$$

故 $\alpha < 1$。高频三极管的 $\alpha > 0.90$ 就可以使用 α 与 β 之间的关系：

$$\alpha = \beta / (1+\beta) \quad \beta = \alpha / (1-\alpha) \approx 1 / (1-\alpha)$$

（3）截止频率 f_β、f_a：当 β 下降到低频时的0.707倍的频率，就是共发射极的截止频率 f_β；当 α 下降到低频时的0.707倍的频率，就是共基极的截止频率 f_a。f_β、f_a 是表明管子频率特性的重要参数，它们之间的关系为

$$f_\beta \approx (1-\alpha) f_a$$

（4）特征频率 f_T：因为频率 f 上升时，β 就下降，当 β 下降到1时，对应的 f_T 是全面地反映晶体管的高频放大性能的重要参数。

3）极限参数

（1）集电极最大允许电流 I_{CM}：当集电极电流 I_c 增加到某一数值，引起 β 值下降到额定值的2/3或1/2，这时的 I_c 值称为 I_{CM}。所以当 I_c 超过 I_{CM} 时，虽然不致使管子损坏，但 β 值显著下降，影响放大质量。

（2）集电极-基极击穿电压 BV_{cbo}：当发射极开路时，集电结的反向击穿电压称为 BV_{cbo}。

（3）发射极-基极反向击穿电压 BV_{ebo}：当集电极开路时，发射结的反向击穿电压称为 BV_{ebo}。

（4）集电极-发射极击穿电压 BV_{ceo}：当基极开路时，加在集电极和发射极之间的最大允许电压，使用时如果 $V_{ce} > BV_{ceo}$，管子就会被击穿。

（5）集电极最大允许耗散功率 P_{CM}：集电极流过 I_c，温度要升高，管子因受热而引起参数的变化不超过允许值时的最大集电极耗散功率称为 P_{CM}。管子实际的耗散功率等于集电极直流电压和电流的乘积，即 $P_c = U_{ce} \times I_c$。使用时应使 $P_c < P_{CM}$。P_{CM} 与散热条件有关，增加散热片可提高 P_{CM}。

5．三极管的特性曲线

1）输入特性

三极管的输入特性曲线，如图4-45所示。

（1）当 U_{ce} 在0～2 V范围内，曲线位置和形状与 U_{ce} 有关，但当 U_{ce} 高于2 V后，曲线 U_{ce} 基本无关通常输入特性由两条曲线表示即可。

（2）当 $U_{be} < U_{be}R$ 时，$I_b \approx 0$ 称（$0 \sim U_{be}R$）的区段为"死区"当 $U_{be} > U_{be}R$ 时，I_b 随 U_{be} 增加而增加，放大时，三极管工作在较直线的区段。

（3）三极管输入电阻，定义为：$r_{be} = (\Delta U_{be} / \Delta I_b)$，其估算公式为：

$$r_{be} = r_b + (\beta+1)(26毫伏/I_e毫伏)，r_b 为三极管的基区电阻，对低频小功率管，r_b 约$$

为300 Ω。

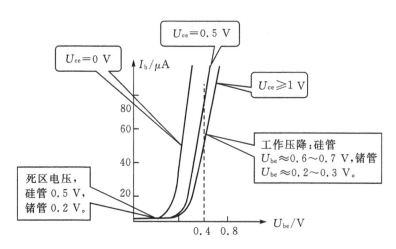

图4-45　三极管输入特性曲线

2）输出特性

如图4-46所示，输出特性表示I_c随U_{ce}的变化关系（以I_b为参数），它分为三个区域：截止区、放大区和饱和区。截止区当$U_{be}<0$时，则$I_b\approx0$，发射区没有电子注入基区，但由于分子的热运动，集电集仍有小量电流通过，即$I_c=I_{ceo}$称为穿透电流，常温时I_{ceo}约为几微安，锗管约为几十微安至几百微安，它与集电极反向电流I_{cbo}的关系是：$I_{cbo}=（1+\beta）I_{cbo}$常温时硅管的I_{cbo}小于1 μA，锗管的I_{cbo}约为10 μA，对于锗管，温度每升高12 ℃，I_{cbo}数值增加一倍，而对于硅管温度每升高8 ℃，I_{cbo}数值增大一倍，虽然硅管的I_{cbo}随温度变化更剧烈，但由于锗管的I_{cbo}值本身比硅管大，所以锗管仍然是受温度影响较严重的管。在放大区，当晶体三极管发射结处于正偏而集电结于反偏工作时，I_c随I_b近似作线性变化，放大区是三极管工作在放大状态的区域。在饱和区，当发射结和集电结均处于正偏状态时，I_c基本上不随I_b而变化，失去了放大功能。根据三极管发射结和集电结偏置情况，可判别其工作状态。

截止区和饱和区是三极管工作在开关状态的区域，三极管导通时，工作点落在饱和区，三极管截止时，工作点落在截止区。

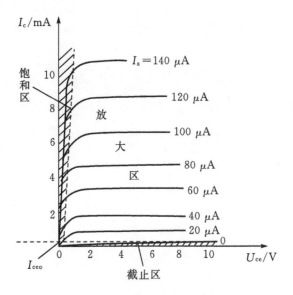

图4-46 输出特性曲线